7小时精通剪映

短视频剪辑/调色/特效/字幕

刘畅◎编著

電子工業出版社
Publishing House of Electronics Industry
北京·BEIJING

内容简介

本书基于剪映（App+专业版，即手机版+电脑版）编写而成，精选了抖音、快手上的热门案例，如创意合成、人物抠像、特殊转场、热门特效等，可以帮助读者快速从视频剪辑小白成长为剪辑高手。

全书共包含14章内容，第1~4章为基础入门篇，为读者详细介绍了剪映的基础操作，循序渐进地讲解了剪映的工作界面和基础功能应用，以及素材处理、音频处理、字幕效果等内容。第5~10章为高手进阶篇，为读者详细介绍了剪映合成、抠像、关键帧、转场、调色以及热门特效制作等相关知识。第11~14章为综合案例篇，结合前面介绍的内容进行汇总，为读者讲解了动态相册、Vlog视频、广告视频、综艺感短片的制作方法，帮助读者迅速掌握使用剪映制作不同短视频效果的方法。

另外，本书提供了操作案例的素材文件和效果文件，同时有专业讲师以视频的形式讲解相关内容，方便读者边学习边消化，成倍提高学习效率。

本书适合广大短视频爱好者、自媒体运营人员，以及想要寻求突破的新媒体平台工作人员、短视频电商营销与运营的个人、企业等学习和使用。

图书在版编目（CIP）数据

7小时精通剪映 : 短视频剪辑/调色/特效/字幕 : 手机版+电脑版 / 刘畅编著. -- 北京 : 电子工业出版社, 2025. 3. -- ISBN 978-7-121-49641-7

Ⅰ. TP317.53

中国国家版本馆CIP数据核字第2025B6U972号

责任编辑：高洪霞　　　文字编辑：戴　新
印　　刷：湖北画中画印刷有限公司
装　　订：湖北画中画印刷有限公司
出版发行：电子工业出版社
　　　　　北京市海淀区万寿路173信箱　　邮编：100036
开　　本：720×1000　1/16　印张：16.25　　字数：312千字
版　　次：2025年3月第1版
印　　次：2025年3月第1次印刷
定　　价：79.00元

凡所购买电子工业出版社图书有缺损问题，请向购买书店调换。若书店售缺，请与本社发行部联系，联系及邮购电话：（010）88254888，88258888。

质量投诉请发邮件至zlts@phei.com.cn，盗版侵权举报请发邮件至dbqq@phei.com.cn。

本书咨询联系方式：faq@phei.com.cn。

前 言

随着短视频的迅速发展，不仅抖音这款App在短短几年内发展成享誉世界的行业翘楚，由抖音官方推出的手机视频编辑工具剪映也逐渐成为数亿用户首选的短视频后期处理工具。如今，剪映在安卓系统、苹果系统、PC端的总下载量超过30亿次，不仅是手机端短视频剪辑领域的强者，而且还得到越来越多的PC端用户的青睐，因此，剪映的商业化应用也与日俱增。

而随着剪映专业版的持续更新，目前几乎可以实现剪映App的所有功能。鉴于这两个版本的剪映软件使用都很广泛，所以本书将同时对它们进行讲解。虽然剪映App和剪映专业版的运行环境不同、界面不同，操作方式也有所区别，但由于剪映专业版其实是剪映App的计算机移植版，因此其使用逻辑与剪映App是完全一样的。在学会使用剪映App后，只要了解剪映专业版各个功能的位置，自然就可以掌握其使用方法。

本书特色

行业首创 · AI深度赋能：国内首部整合DeepSeek大模型的剪映教程，多个AI实战案例覆盖文案优化、智能剪辑全流程。独家附赠《DeepSeek操作指南》+《提问指令模板100例》，揭秘提示词工程与参数调优方法论。

硬核技术适配：基于剪映最新版本，全彩界面图解与实机操作像素级同步；72个商业级教学案例，源自作者10万+学员线下实训精华沉淀。

精选热门案例、边学边练：全书采用“基础讲解+案例实操”的教学方法，通过72个实用性极强的实操案例，深度解析剪映App和剪映专业版的剪辑技巧，涵盖目前流行的多种短视频的制作方法，帮助读者从新手快速成为视频剪辑高手。

AI高效出片、省时省力：为读者介绍了剪映App和剪映专业版AI功能的使用方法，如AI成片、AI特效等，帮助用户提高出片效率，省时又省力。

附赠教学视频、边看边学： 本书提供专业讲师讲解的视频文件，读者扫描书中的二维码即可方便地观看视频讲解。

内容框架

本书基于剪映（App+专业版，即手机版+电脑版）编写而成，由于官方软件升级更新较为频繁，版本之间部分功能和内置素材会有些许差异，建议大家灵活对照自身所使用的版本进行变通学习。全书共分为14章，具体内容框架如下所述（篇幅所限，“综合案例篇”的更详细内容请扫描封底二维码获取）。

第1章 剪辑小白快速入门：介绍了安装与登录剪映的方法、工作界面的布局、剪映云盘的使用等内容。

第2章 掌握素材处理的关键技能：主要讲解了剪映的素材编辑功能，如分割、删除、倒放、定格、复制、替换、变速等。

第3章 添加音乐为视频注入灵魂：主要讲解在剪映中添加和处理音频的方法，如音频提取、音频变声、音频淡入淡出、音乐卡点等。

第4章 添加字幕将短视频做出专业效果：主要讲解了在剪映中添加字幕的方法、字幕样式的编辑、文本动画的应用、以及常见的短视频爆款字幕的制作方法。

第5章 创意合成秒变技术流：主要讲解了剪映的画中画、蒙版、混合模式的应用方法，以及常见的合成效果的制作方法，如分屏效果、文字消散效果、镂空字幕效果等。

第6章 万物皆可抠像：主要讲解了剪映三大抠像功能的应用方法，以及热门抠像效果的制作方法，如人物分身、抠像转场、穿越文字等。

第7章 神奇关键帧让画面动起来：介绍了剪映关键帧的相关知识，包括关键帧的制作方法、常用的关键帧动画、关键和其他功能的结合应用。

第8章 创意转场让画面切换更流畅：为读者介绍了常见的技巧性转场和无技巧性转场，以及剪映内置转场效果的应用方法，和特殊转场效果的制作，如蒙版转场、瞳孔转场、遮罩转场等。

第9章 剪映也能调出风格大片：为读者介绍了剪映的调色功能和调色方法，

如调滤镜、HSL、曲线、色轮等功能的应用。

第10章 抖音热门特效制作：为读者介绍剪映特效功能的应用方法，如画面特效、人物特效、抖音玩法、AI特效等。

第11章 动态相册剪辑实操：结合之前学习的内容进行汇总，制作双屏滚动相册和动态翻页相册。

第12章 Vlog视频剪辑实操：结合之前学习的内容进行汇总，制作日常碎片Vlog和高级旅拍Vlog。

第13章 广告视频剪辑实操：结合之前学习的内容进行汇总，制作饮品广告视频和潮流女包广告。

第14章 综艺感短片剪辑实操：结合之前学习的内容进行汇总，制作旅行综艺片头和综艺人物出场效果。

致谢与建议

本书由哈尔滨学院刘畅、刘伟编写，其中，刘伟编写了第7~10章，其余部分均为刘畅编写。由于作者水平有限，书中疏漏之处在所难免，在感谢你选择本书的同时，也希望你能够把对本书的意见和建议告诉我们。

编者

2025年1月

本书阅读提示

为了给读者带来更好的阅读体验，本书基于剪映移动端（Android/iOS）及剪映专业版（Windows/macOS）最新版本编写，同时整合了DeepSeek大模型工具提升创作效能。

书中还附有二维码、电子书等供感兴趣的读者使用，相关说明如下。

（1）书中多个案例右侧附有二维码，读者用手机扫码即可观看该案例的全流程操作演示视频，方便随时随地学习剪辑技巧。

（2）书中多处案例整合了DeepSeek大模型工具，帮忙读者掌握DeepSeek工具如何在剪映中使用，深度应用DeepSeek模型优化剪映的创作流程，可以强化作品的表现力。

（3）除在线二维码外，本书还附赠了价值不菲的电子资料，满足用户学习DeepSeek工具、拍摄、剪辑、后期处理的全方位需求，并赠送多套剪映模板等，需要的读者可以扫描封底二维码获取。

注意，本书所涉技术工具、案例数据及市场信息均基于成书时行业现状整理，相关内容的时效性与适用性可能随软件版本更新、技术发展产生变化，建议读者结合实际情况辩证参考。

本书数字资源仅供个人学习使用，未经授权不得擅自传播！

目 录

基础入门篇

高手进阶篇

第7章 神奇关键帧让画面动起来 / 151

第8章 创意转场让画面切换更流畅 / 174

第9章 剪映也能调出风格大片 / 193

第10章 抖音热门特效制作 / 217

综合案例篇

基础入门篇

第1章

剪辑小白快速入门

“工欲善其事，必先利其器。”要想成为视频剪辑高手，首先要正确认识视频剪辑是什么，然后选择一个好的视频剪辑工具，这样才能做到事半功倍，迅速从剪辑“小白”进阶为剪辑高手。本章将为读者介绍抖音官方推出的一款视频剪辑工具——剪映。

1.1 认识抖音剪辑神器

市面上PC端和移动端的剪辑工具非常多，剪映能在短短几年内从中脱颖而出，和其“轻而易剪”的特点是分不开的，本节将为读者分析选择剪映做视频剪辑的原因和剪映的两个版本。

1.1.1 视频剪辑为什么选择剪映

剪辑，是将影片制作中所拍摄的大量素材，经过选择、取舍、分解与组接，最终制作成一个连贯流畅、主题鲜明并有艺术感染力的作品。随着智能手机的普及和短视频平台的兴起，视频剪辑的需求也越来越大，除专业的视频制作人员外，也有越来越多的普通用户想要用视频来记录和分享自己的生活。

然而，视频剪辑并不是一件容易的事情，它需要一定的专业知识和技能，以及强大的软件和硬件支持。市面上的视频剪辑软件大都是针对专业人士设计的，界面复杂、操作难度高、价格昂贵，而且往往只能在电脑上使用，不适合移动端用户。移动端的视频剪辑软件则大多功能简单、效果单一，不能满足用户的创作需求。

而剪映的设计初衷是“轻而易剪”，如图1-1所示，它将剪辑所需的多种效果进行了组合和封装，用户只需要在视频中添加各种剪辑效果，没有任何剪辑基础也能轻松上手。并且剪映支持PC端、Pad端、移动端应用，用户可以在任何场景下进行视频剪辑，不再受到剪辑设备和条件的制约。此外，剪映中还有许多内置的文字效果、贴纸、音频和滤镜等资源，这对于剪辑抖音视频或制作Vlog等各种长/短视频是非常实用的。

图1-1

1.1.2　剪映App

剪映App是抖音官方于2019年5月推出的一款移动端视频剪辑工具，带有全面的剪辑功能和丰富的曲库资源，拥有多样滤镜和美颜效果，一经上线便深受用户喜爱。据调查，截至2024年4月，剪映在各平台（国内安卓市场）的总下载量高达116.42亿次，如图1–2所示。

图1–2

以下是剪映的一些特色功能，后面的章节会对各项功能的具体操作进行详细的讲解。

1. 视频编辑剪辑

- 分割：快速自由分割视频，一键剪切视频
- 变速：0.1倍速至100倍速，节奏快慢自由掌控
- 倒放：时间倒流，感受不一样的视频效果
- 画布：多种比例和颜色随心切换
- 转场：支持交叉互溶、闪黑、擦除等多种效果
- 贴纸：独家设计手绘贴纸，多种款式任意挑选
- 字幕：多种风格字体，字幕效果和标题样式
- 曲库：海量音乐曲库，抖音独家歌曲
- 变声：一秒变声，包含萝莉、大叔、机器人等音效

- 一键同步：抖音收藏音乐，一键轻松同步到剪映
- 滤镜：多种高级专业的滤镜效果，让视频不再单调
- 美颜：智能识别脸型，定制独家专属美颜方案

2. 视频剪同款

模板类型丰富，Vlog、卡点、旅行、美食、片头/片尾等多款模板任意选择。操作方法简单易学，用户选好模板后点击“剪同款”，上传对应照片/视频素材即可一键生成炫酷大片。

3. 视频创作学院

课程内容覆盖脚本构思、拍摄、剪辑、调色、账号运营等多种主题。从新手入门、创作进阶到高阶大神，海量课程可以满足不同阶段的用户诉求。部分课程支持用户边学边剪，通过即时实操提升学习成效。

1.1.3 剪映专业版

剪映专业版的启动，源于客服邮箱收到的用户源源不断的询问。2019年6月剪映移动端上线，逐渐积累用户口碑，从2020年初，剪映的产品经理每个月都能在产品反馈官方邮箱看到几十封用户邮件，大家都问同一个问题：剪映什么时候能出PC版？

当时的用户之所以会提出这样的诉求，主要有以下几个原因。

- 由于手机屏幕尺寸、素材大小和手机性能的限制，App软件显然已无法满足大部分西瓜视频和抖音头部创作者们的创作需求，越来越多的用户开始学习使用电脑端工具编辑视频。
- 市面上没有能完全满足国内用户创作习惯的主导型编辑软件，专业创作者普遍在混用编辑软件，例如用某个软件编辑，同时还不得不安装一大堆插件做特效、调色、字幕等，这说明新工具仍有机会。
- 现有的电脑端视频编辑软件体验不佳，功能复杂的软件操作门槛很高，简单的软件又无法实现复杂多变的效果。许多好的工具来自海外，但不一定贴合国内用户的使用习惯。

2020年11月，剪映团队推出了剪映专业版macOS系统版本，进而又快马加鞭地在2021年2月推出了剪映专业版Windows系统版本，实现了广大用户在电脑端也能“轻而易剪”的创作诉求。图1-3所示为剪映官方推出的剪映专业版宣传效果。

图1-3

提示　剪映专业版（电脑版）是由抖音官方推出的一款全能易用的桌面端剪辑软件，由深圳脸萌科技有限公司推出，现有macOS系统版本与Windows系统版本，以下统称“剪映专业版”。

1.2　剪映App详解

剪映App的工作界面非常简洁明了，各工具按钮下方附有相关文字，用户可以对照文字轻松地管理和制作视频。下面将剪映App的工作界面分为“主界面”和“编辑界面”两个部分，分别进行介绍。

1.2.1　主界面

打开剪映App，首先映入眼帘的是默认的剪辑界面，也是剪映App的主界面，如图1-4所示。通过点击界面底部的“剪同款”、“消息”、“我的”按钮，可以切换至对应的功能界面，各功能界面的说明如下。

- 剪同款：包含了各种各样的模板，用户可以根据菜单分类选择模板后进行套用，也可以通过搜索框搜索自己想要的模板进行套用。
- 消息：接收官方的通知及消息、粉丝的评论及点赞提示等。
- 我的：展示个人资料情况及收藏的模板。

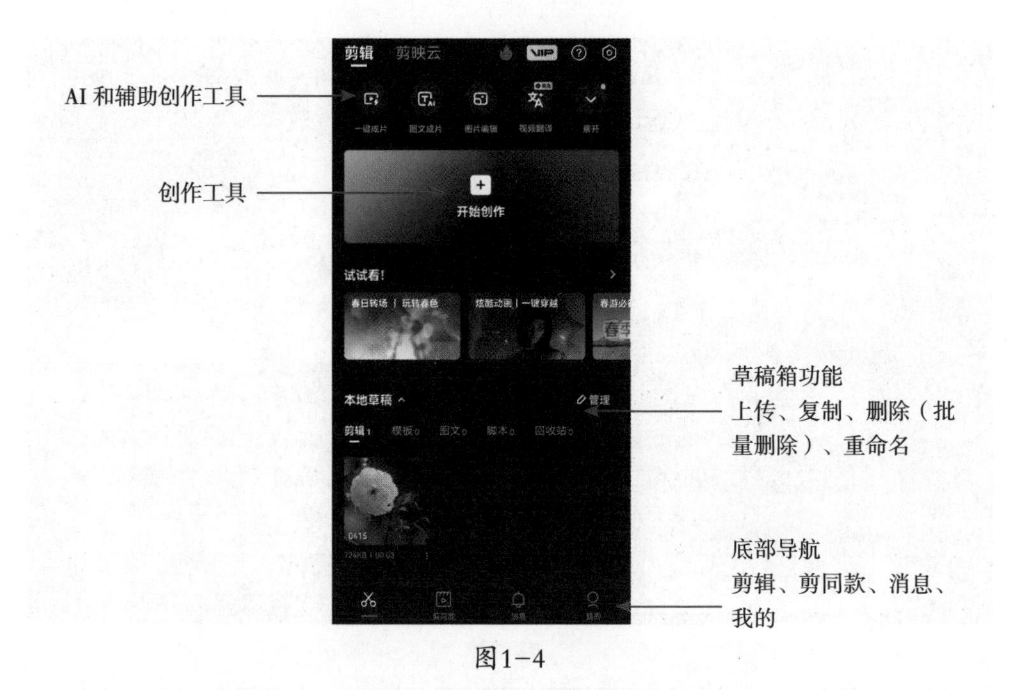

图1-4

1.2.2 编辑界面

在主界面点击“开始创作”按钮[+]，进入素材添加界面，在选择相应素材并点击“添加”按钮后，即可进入视频编辑界面，如图1-5所示，该界面由三部分组成，分别为预览区、时间线和工具栏。

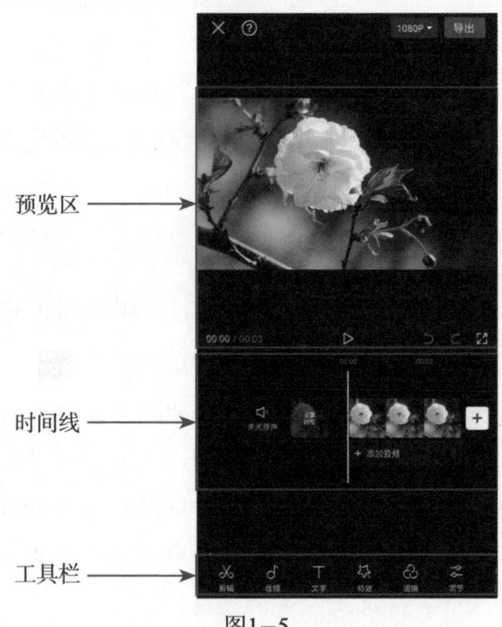

图1-5

1. 预览区

预览区的作用在于可以实时查看视频画面，随着时间指示器所处视频轨道的位置不同，预览区会显示当前时间指示器所在那一帧的画面。可以说，视频剪辑过程中的任何一个操作，都需要在预览区中确定其效果。当对完整视频进行预览后，发现已经没有必要继续修改时，一个视频的剪辑工作就完成了。

在图1-5中，预览区左下角显示的00:00/00:03，表示当前时间指示器所处位置的时间刻度为00:00，00:03则表示视频总时长为3s。

点击预览区下方的▷图标，即可从当前时间指示器所处位置播放视频；点击图标，即可撤回上一步的操作；点击图标，即可在撤回操作后，再将其恢复；点击图标可全屏预览视频。

2. 时间线

在使用剪映进行视频后期剪辑时，90%以上的操作都是在“时间线”区域中完成的，该区域包含三大元素，分别是“轨道”“时间指示器”和“时间刻度”。当需要对素材长度进行裁剪或者要添加某种效果时，就需要同时运用这三大元素来精确控制裁剪和添加效果的范围。

3. 工具栏

剪映编辑界面的最下方即为工具栏，剪映中的所有功能几乎都需要在工具栏中找到相关选项进行操作，在不选中任何轨道的情况下，剪映所显示的为一级工具栏，点击相应按钮，即会进入二级工具栏。

需要注意的是，当选中某一轨道后，剪映工具栏会随之发生变化，变成与所选轨道相匹配的工具。图1-6所示为选中图像轨道时的工具栏，图1-7所示则为选中音频轨道时的工具栏。

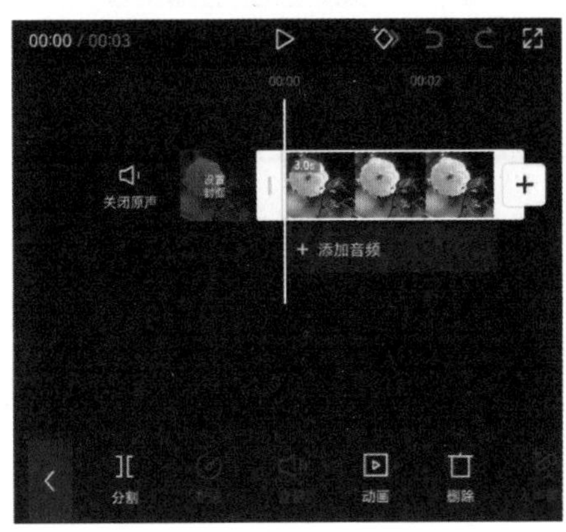

图1-6

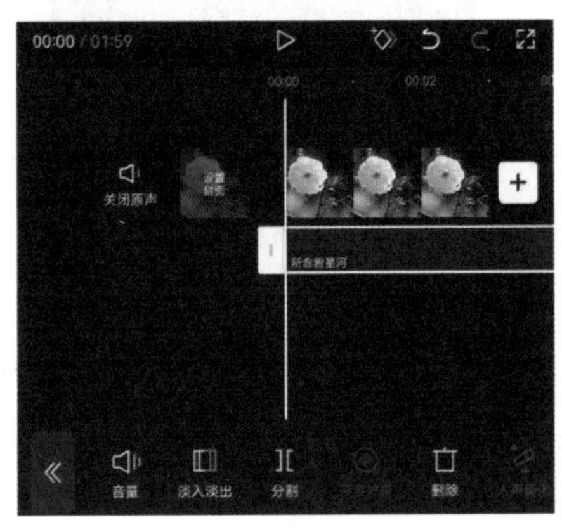

图1-7

1.2.3　实操：抖音与剪映账号互联

剪映有移动端（剪映App）和电脑端（剪映专业版）两个版本，两个版本还可以协同操作，但前提条件是，剪映App和剪映专业版登录的必须是同一账号，而剪映作为抖音官方推出的视频剪辑软件，支持用户使用抖音账号登录，这样用户不仅可以实现剪映App和剪映专业版的协同操作，还可以实现剪映与抖音之间的无缝对接。下面将介绍使用抖音账号登录剪映App的操作方法。

打开剪映App，在主界面点击“我的”按钮，打开如图1-8所示的登录界面，点击“抖音登录”按钮，即可使用抖音账户登录剪映App，如图1-9所示。

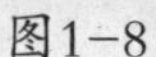

图1-8

图1-9

1.3　剪映专业版详解

剪映专业版是抖音继剪映移动版之后推出的在电脑端使用的一款视频剪辑软件。相较于剪映移动版，剪映专业版的界面及面板更为清晰，布局更适合电脑端用户，也更适用于专业剪辑场景，能帮助用户制作更专业、更高阶的视频效果。

1.3.1　首页

启动剪映专业版后，首先映入眼帘的是首页界面，如图1–10所示。在首页界面中，用户可以创建新的视频剪辑项目，还可以对已有的剪辑项目进行重命名、删除等基本操作。

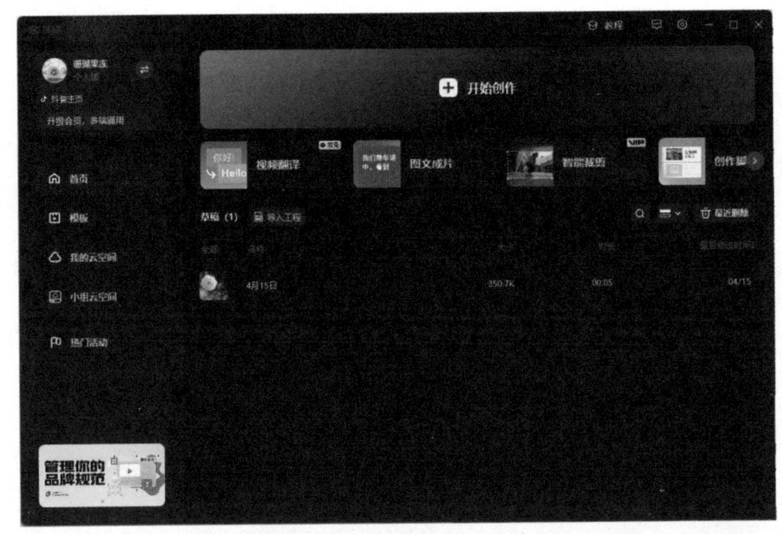

图1–10

假设用户需要为剪辑项目更换名称，便可在草稿箱中选中剪辑项目单击右键，弹出快捷菜单，选择“重命名”选项，如图1–11所示，然后将剪辑项目的名称修改为“樱花”，如图1–12所示，执行操作后，即可为剪辑项目更换名称。

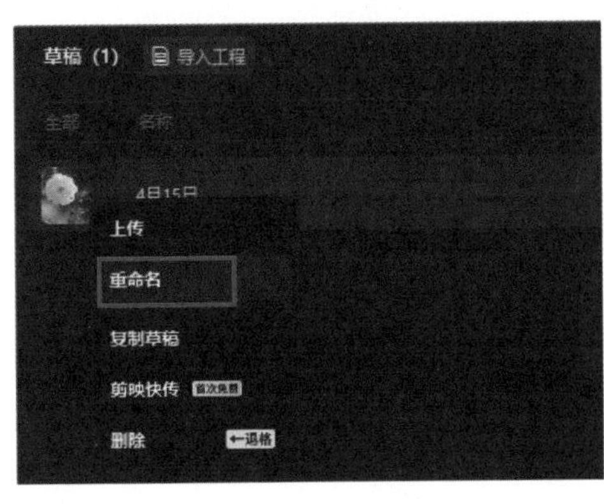

图1–11

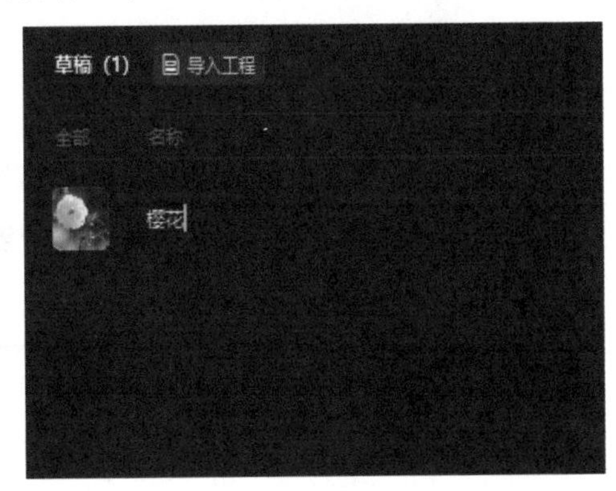

图1–12

1.3.2　编辑界面

剪映专业版界面如图1–13所示，主要包含六大区域，分别为顶部菜单栏、素材库、播放器、素材调整区、工具栏和时间线。在这六大区域中，分布着剪映专业版的所有功能和选项。其中占据空间最大的是“时间线”区域，而该区域也是视频剪辑的主战场。剪辑的绝大部分工作，都是对时间线区域中的“轨道”进行编辑，从而实现预期的视频效果。

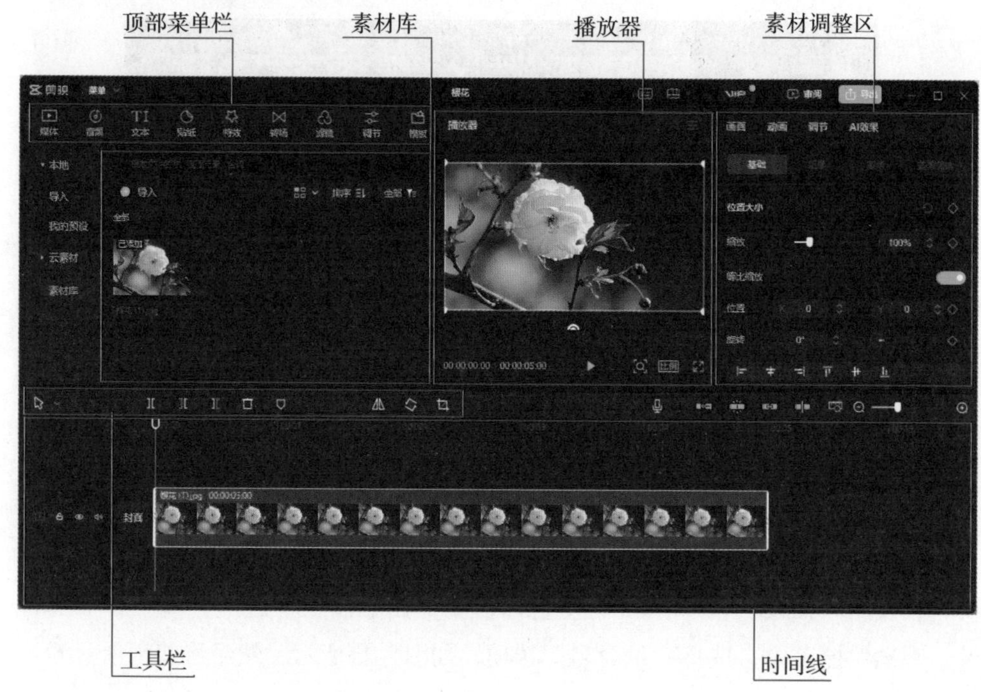

图1-13

剪映专业版各区域功能的说明如下。

- 顶部菜单栏：包含媒体、音频、文本、贴纸、特效、转场、滤镜、调节、模板共9个选项。其中只有“媒体”选项没有在手机版剪映中出现。在剪映专业版中单击“媒体”按钮后，可以选择从“本地”或者“素材库”导入素材至“素材区”。
- 素材库：无论是从本地导入的素材，还是选择工具栏中的“贴纸”“特效”“转场”等工具，其可用素材、效果均会在素材库中显示。
- 播放器：在后期剪辑过程中，可随时在播放器的显示区中查看效果，单击播放器右下角的按钮可进行全屏预览；单击右下角的按钮比例，可调整画面比例。
- 素材调整区：在时间线区域选中某一轨道后，在素材调整区会出现针对该轨道进行的效果设置。选中“视频轨道”“音频轨道”“文字轨道”时，“素材调整区”分别如图1-14~图1-16所示。

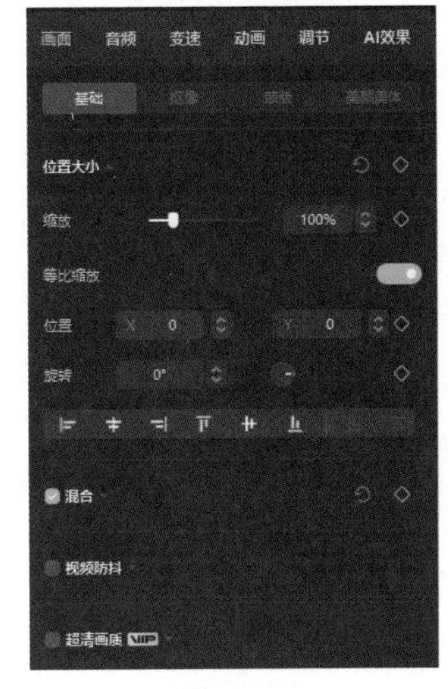

图1-14

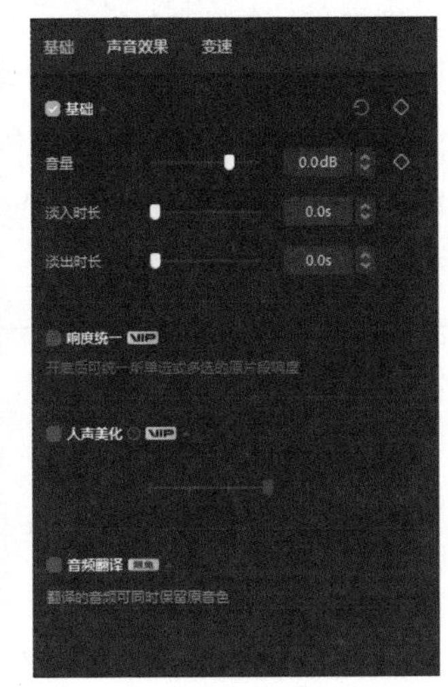

图1-15

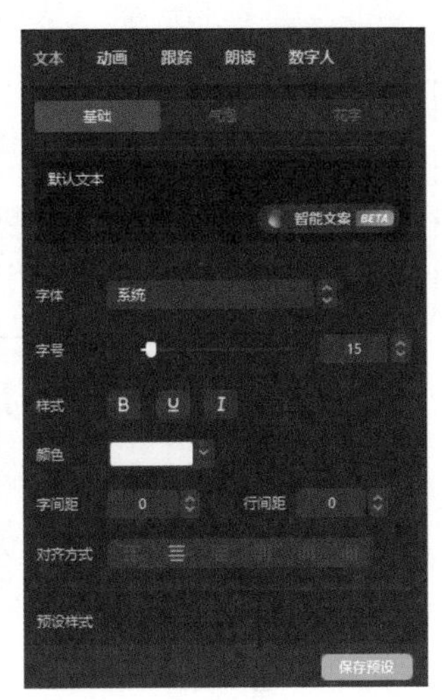

图1-16

- 工具栏：在工具栏中，可以快速对视频轨道进行分割、删除、定格、倒放、镜像、旋转和裁剪等操作。另外，如果操作失误，单击工具栏中的“撤销”按钮，即可将上一步操作撤回；单击按钮，即可将鼠标的作用设置为“选择”“分割”“向左全选”“向右全选”。当选择“分割”时，在视频轨道上单击，即可在当前位置分割视频。
- 时间线：时间线区域中包含三大元素，分别为“轨道”“时间指示器”“时间刻度”。由于剪映专业版的界面较大，因此不同的轨道可以同时显示在时间线中，如图1-17所示，相比剪映App，剪映专业版的时间线更具优势，可以提高后期处理的效率。

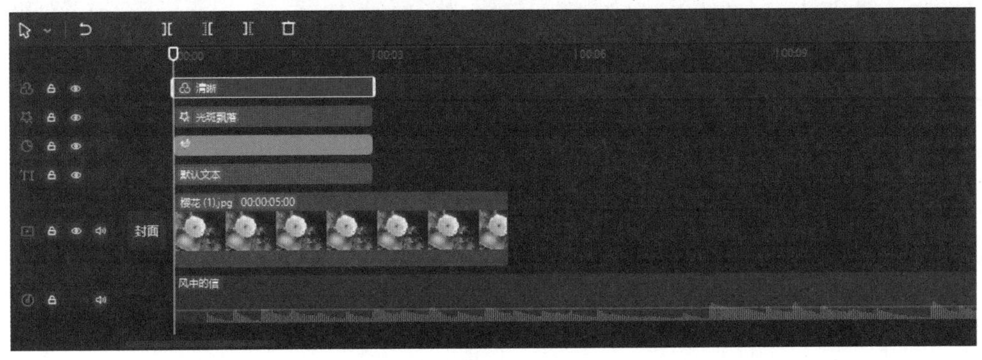

图1-17

> **提示** 在使用剪映App时，由于图片和视频都是从“相册”中找到的，因此“相册”就相当于剪映的“素材库”。但对于剪映专业版而言，因为计算机中没有一个固定的、用于储存所有图片和视频的文件夹，所以剪映专业版会出现单独的“素材库”。使用剪映专业版进行后期处理的第一步，就是将准备好的一系列素材全部添加到“素材库”中，在后期处理过程中，需要哪个素材时，直接将其从素材库拖至时间线中即可。

1.3.3 实操：安装并登录剪映专业版

剪映App和剪映专业版下载与安装的方式不同，剪映App只需要在手机应用商店中搜索“剪映”并安装即可，而剪映专业版则需要在计算机浏览器中搜索“剪映专业版”，进入官方网站后，在主页单击“立即下载”按钮进行安装。下面以安装Windows版本为例，为大家讲解具体的下载及安装方法。

扫码观看示例操作

01 在计算机浏览器的搜索框中，输入关键词“剪映专业版”查找相关内容。进入官方网站后，在主页单击“立即下载”按钮，如图1-18所示，浏览器将弹出下载任务框，用户可以自定义安装程序的存放位置。

02 完成上述操作后，在计算机的路径文件夹中找到安装程序文件并双击，即可开始安装剪映专业版，如图1-19所示。

图1-18

图1-19

03 等待程序自动安装完成后，在计算机桌面上双击“剪映”图标，启动剪映专业版软件，在首页中单击“点击登录账户”按钮，如图1-20所示。

04 进入登录对话框，勾选“已阅读并同意剪映用户协议和剪映隐私政策”，并单击“通过抖音登录”按钮，如图1-21所示。

图1-20

图1-21

05　打开抖音App，在首页点击“搜索”图标，再点击“扫一扫”图标，扫描剪映界面中的快捷安全登录二维码，进入抖音的授权界面，点击“同意授权”按钮，即可完成登录，如图1-22和图1-23所示。

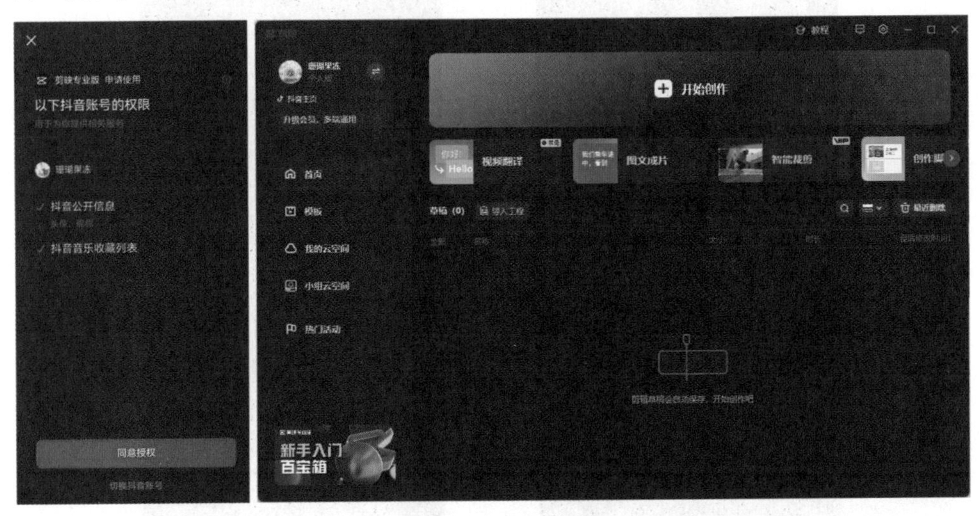

图1-22　　　　图1-23

提示　本书的编写基于剪映专业版Windows版本完成，若使用版本不同，实操部分功能操作可能会存在差异，建议大家灵活对照自身所使用的版本进行变通学习。

1.4 剪映App和剪映专业版联动

在利用剪映编辑视频的时候，系统会自动将剪辑好的视频保存至草稿箱，可是草稿箱的内容一旦就删除就找不到了，为了避免这种情况，用户可以将重要的视频上传至云空间，这样不仅可以将视频备份存储，还可以实现剪映App和剪映专业版的协同操作。

1.4.1 认识剪映云盘

剪映App和剪映专业版能够实现协同操作的一个十分重要的因素就是“剪映云”，它是连接剪映App和剪映专业版的桥梁。它的直接作用便是存储，其操作方法也很简单，在剪映App主界面点击项目缩览图右下角的按钮▮，然后再点击底部浮窗中的“上传”按钮，如图1-24和图1-25所示。

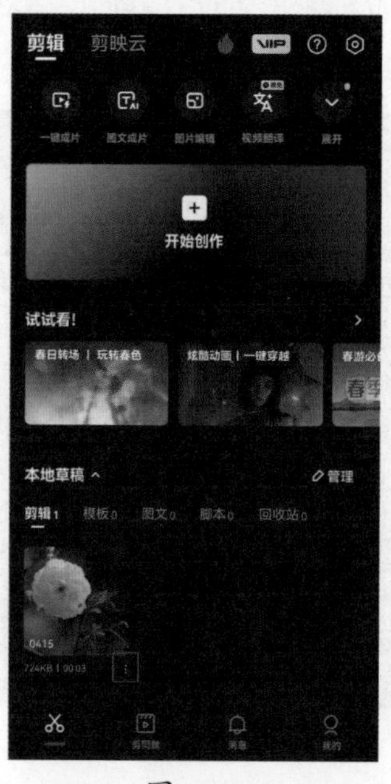

图1-24

图1-25

进入上传界面，选择“我的云空间”选项，然后点击“上传到此”按钮，如图1-26和图1-27所示，稍等片刻，即可将剪辑项目上传至剪映云，用户将剪辑项目上传至云空间之后，即可将其下载至剪映专业版中。

图1-26

图1-27

1.4.2　实战：将云端项目下载至剪映专业版

在剪映App中将剪辑项目上传至云端之后，用户可以在云端将剪辑项目下载至剪映专业版中，对该项目进行二次加工。下面将通过实操的方式讲解将云端项目下载至剪映专业版中的方法。

01　启动剪映专业版软件，在首页中单击“我的云空间”选项，如图1-28所示。

图1-28

02 进入云空间，单击在剪映App中上传的剪辑项目，如图1-29所示。

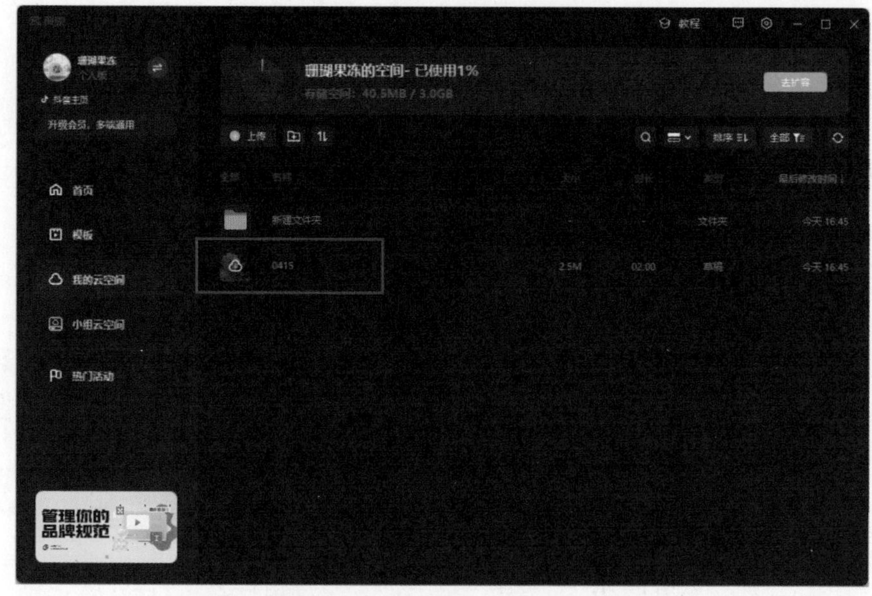

图1−29

03 在界面弹出的“确定下载到本地？”对话框中单击“确定”按钮，如图1-30所示。

04 执行操作之后，单击切换至首页，可以看到该项目已被下载至本地草稿中，如图1-31所示。

图1−30

图1−31

1.4.3 实战：将其他软件的剪辑项目导入剪映专业版

剪映专业版的首页界面中有一个“导入工程”按钮，单击该按钮，可以导入Premiere的工程文件，实现剪映专业版和Premiere的协同操作，下面将通过实操的方式讲解将Premiere的剪辑项目导入剪映专业版的方法。

扫码观看示例操作

01 启动剪映专业版软件，在首页界面单击“导入工程”按钮，如图1-32所示。

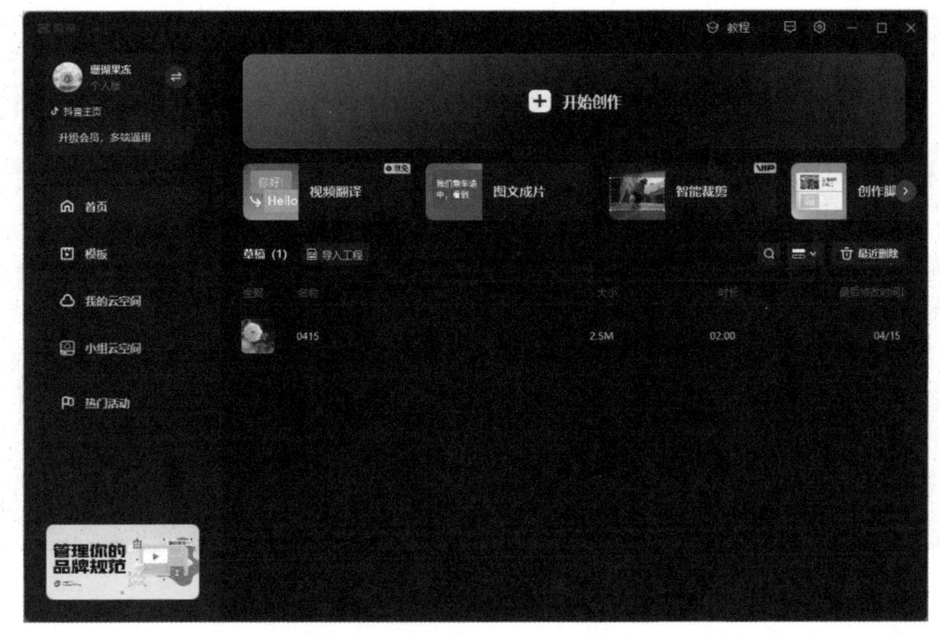

图1-32

02　进入“打开”对话框，打开Premiere工程文件所在的文件夹，选择该文件，单击对话框底部的“打开”按钮，如图1-33所示。

图1-33

03　执行操作后，即可将Premiere的工程文件在剪映专业版软件中打开，如图1-34所示。

剪映
菜单
素材文件
导出
媒体
音频
文本
贴纸
特效
转场
滤镜
调节
模板
本地
导入
我的预设
云素材
素材库
全部
已添加
播放器
草稿参数
草稿名称：
素材文件
保存位置：
C:/Users/Admin/AppData/Local/JianyingPro/User Data/Projects/com.lveditor.cdraft/素材文件
比例：
适应
分辨率：
适应
色彩空间：
Rec.709 SDR
草稿帧率：
30.00帧/秒
导入方式：
保留在原有位置
修改
汉服美女.mp4
音乐.wav
音效.mp3

图1-34

第2章

掌握素材处理的关键技能

在进行短视频创作时，如何快速创建项目并添加素材？如何高效编辑素材并为素材添加或制作各种吸睛效果？这些问题对于短视频创作者来说可能都是目前亟待解决的。本章将介绍这些问题的解决方法，从创建项目、导入素材、编辑素材等方面入手，帮助初学者解决难题，掌握素材处理的关键技能。

2.1　视频素材的高效编辑

本节将讲解剪映App的素材编辑技巧，如添加素材、分割并删除素材、复制和替换素材、定格视频画面、视频防抖和降噪、制作关键帧动画、视频倒放以及设置视频比例和背景等，帮助读者快速且高效地编辑素材。

2.1.1　创建项目添加素材

在使用剪映App进行后期编辑之前，需要先将素材导入时间线面板中，才能对素材进行分割、删除、定格、变速等一系列操作。下面将介绍在剪映App中创建项目并添加素材的操作方法。

打开剪映App，在主界面点击“开始创作”按钮[+]，如图2-1所示，打开手机相册，用户可以在该界面中选择一个或多个视频或图像素材，完成选择后，点击底部的“添加”按钮，如图2-2所示。执行上述操作后，即可创建一个剪辑项目，并将选中的素材添加至剪辑项目中，进入视频编辑界面，可以看到选择的素材分布在同一条轨道上，如图2-3所示。

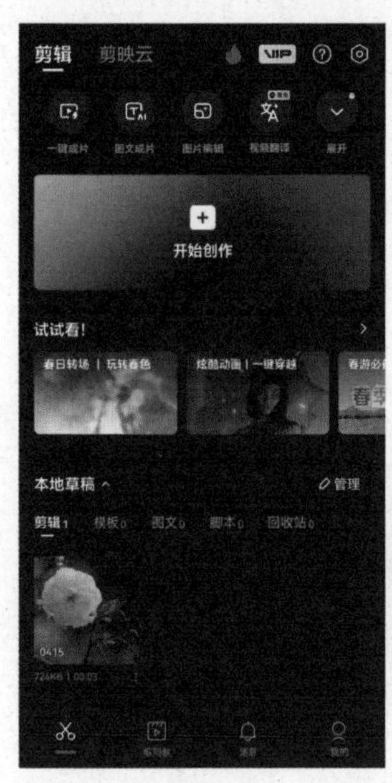

图2-1

图2-2

图2-3

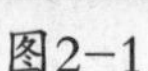

提示　在选择素材时，点击素材缩览图右上角的圆圈可以选中目标，若直接点击素材缩览图，则可以展开素材进行全屏预览。

2.1.2　分割并删除素材

在导入一段素材后，往往需要截取其中需要的部分。当然，通过选中视频片段，然后拉动“白框”同样可以实现截取片段的目的。但在实际操作中，该方法的精确度不是很高。因此，如果需要精确截取片段，最好使用“分割”功能。

“分割”功能很简单，首先将时间指示器定位至需要进行分割的时间点，如图2-4所示，接着选中需要进行分割的素材，在底部工具栏中点击“分割”按钮][，即可将选中的素材在时间线的位置一分为二，如图2-5和图2-6所示。

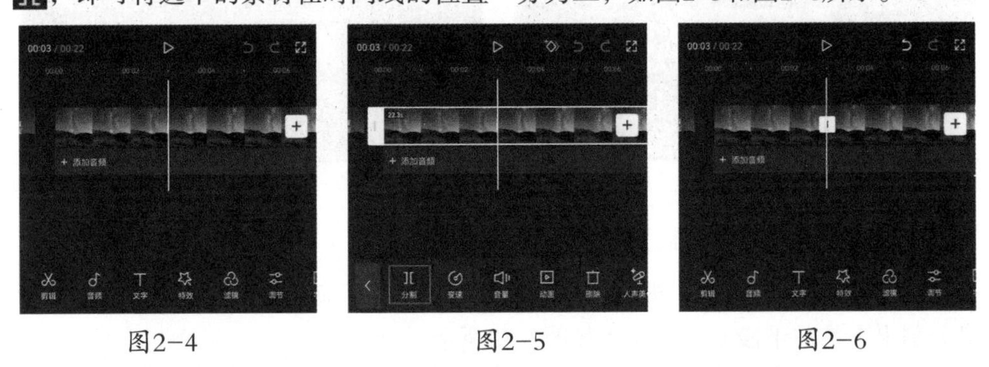

图2-4　　　　图2-5　　　　图2-6

在时间线区域选中分割出来的后半段素材，在底部工具栏中点击“删除”按钮，即可将选中的素材片段删除，如图2-7和图2-8所示。

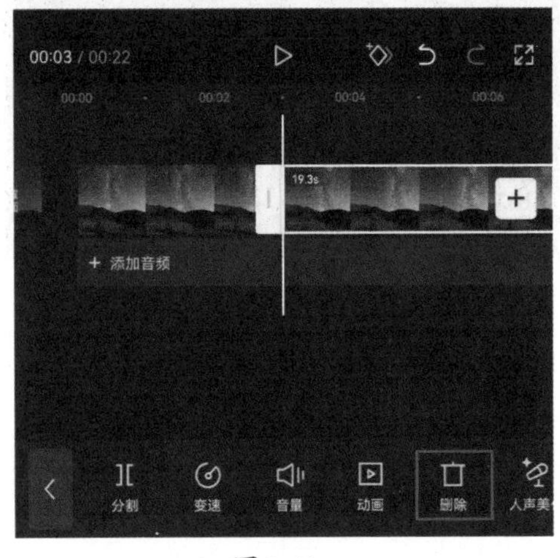

图2-7

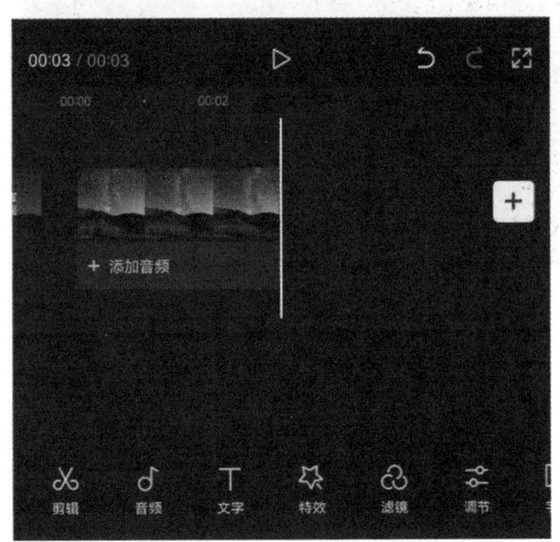

图2-8

2.1.3　向左/向右裁剪素材

在剪映专业版中，在将素材添加至“时间线”面板之后，用户可以以拖动的形式剪辑视频，也可以使用“向左/向右裁剪”工具剪辑视频，下面进行具体介绍。

将时间指示器移动至需要进行剪辑的时间点，在工具栏中单击“向右裁剪”按钮，如图2-9所示，即可在时间指示器所在位置对素材进行分割，并自动将分割出来的后半段素材删除，如图2-10所示。

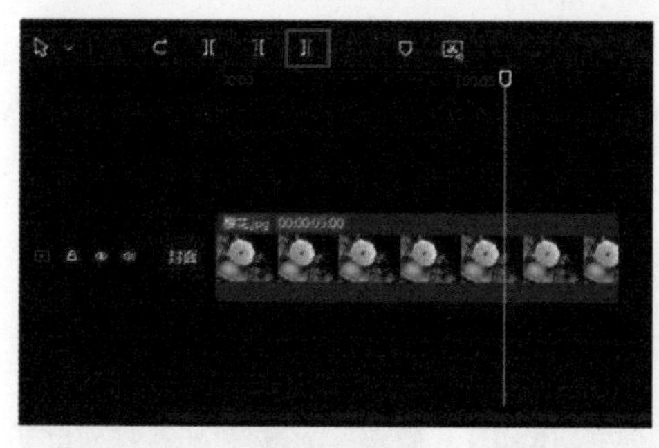

图2-9

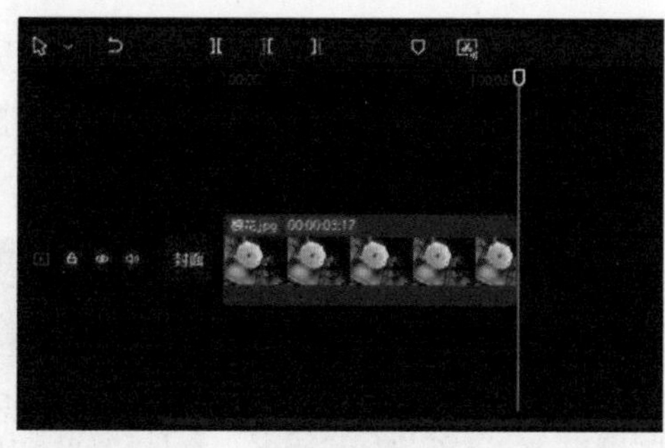

图2-10

将时间指示器移动至需要进行剪辑的时间点，在工具栏中单击“向左裁剪”按钮，如图2-11所示，即可在时间指示器所在位置对素材进行分割，并自动将分割出来的前半段素材删除，如图2-12所示。

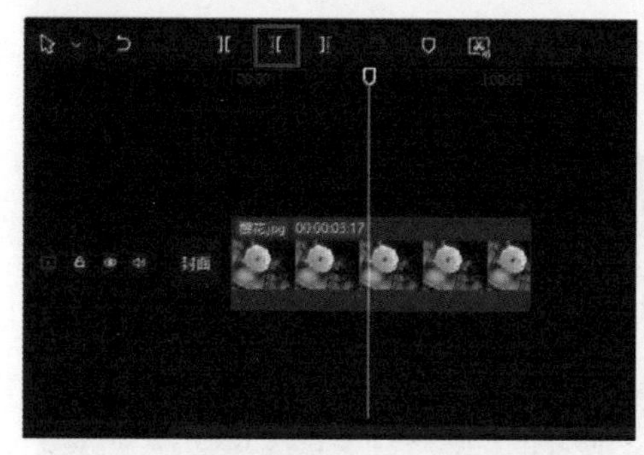

图2-11

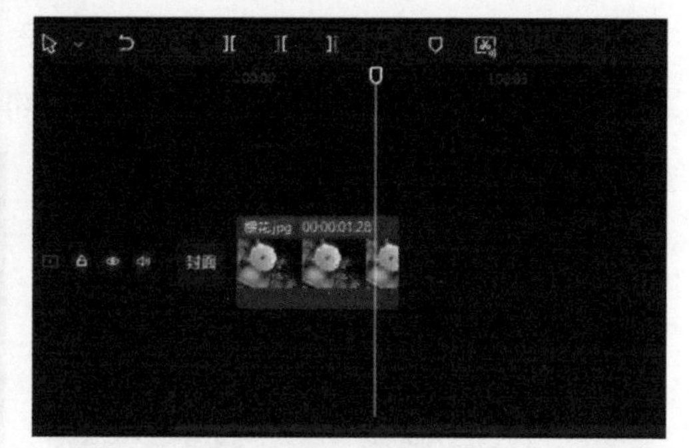

图2-12

2.1.4 实操：复制并替换素材

剪映的“复制”功能可以在时间线区域帮助用户直接复制图像、视频、文字和贴纸等素材，也可以复制滤镜、特效等效果片段，而“替换”功能则可以在不影响整个剪辑项目的情况下，帮助用户替换掉不需要使用的素材。合理地使用这两个功能，可以避免很多重复性操作，大大提高剪辑效率。下面将通过实操的方式讲解“复制”和“替换”功能的使用方法，效果如图2-13所示。

图2-13

01　打开剪映App，在素材添加界面选择一张美食图像素材添加至剪辑项目中。进入视频编辑界面，在时间线区域选中素材，按住素材右侧的白色边框将其向左拖动，使其时长缩短至1s，如图2-14所示。在底部工具栏中点击“复制”按钮，如图2-15所示。

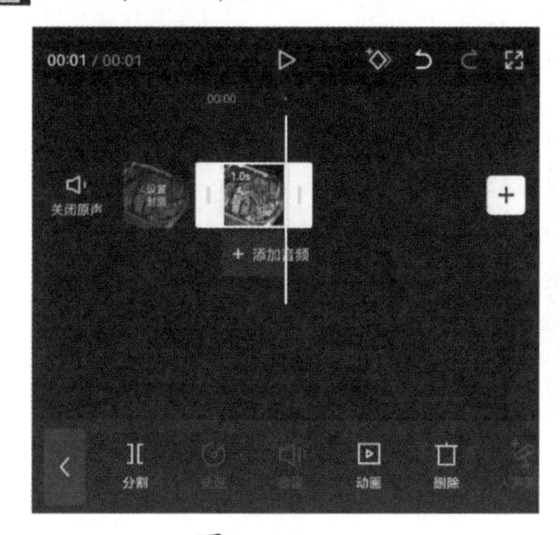

图2-14

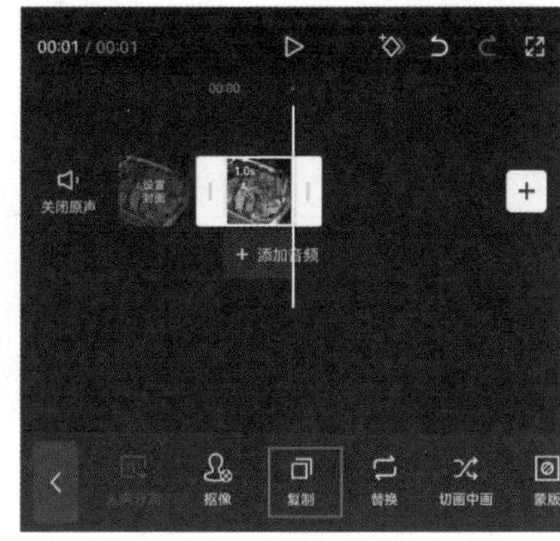

图2-15

02　执行操作后，即可在轨道中复制出一段一模一样的素材，如图2-16所示。参照上述操作方法，再在轨道中复制4段素材，如图2-17所示。

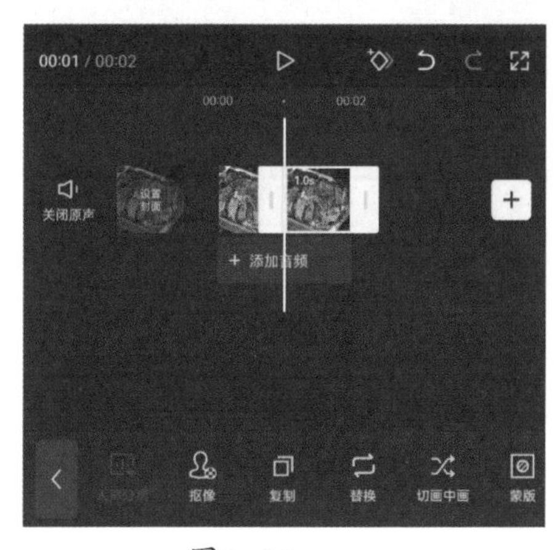

图2-16

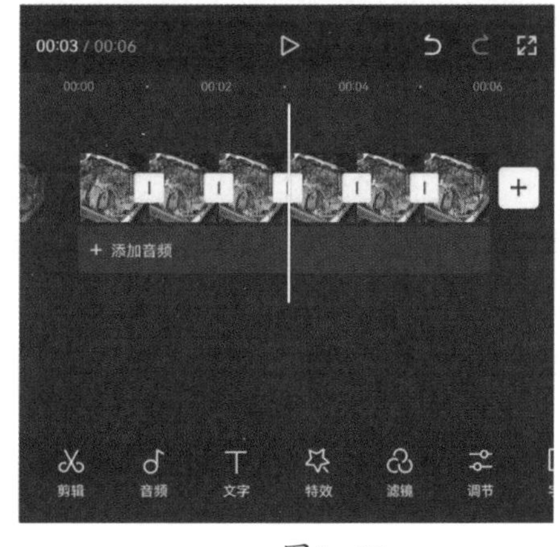

图2-17

03 在时间线区域选中第2段素材，点击底部工具栏中的“替换”按钮，如图2-18所示，进入素材添加界面，选择一段需要使用的美食素材，如图2-19所示。

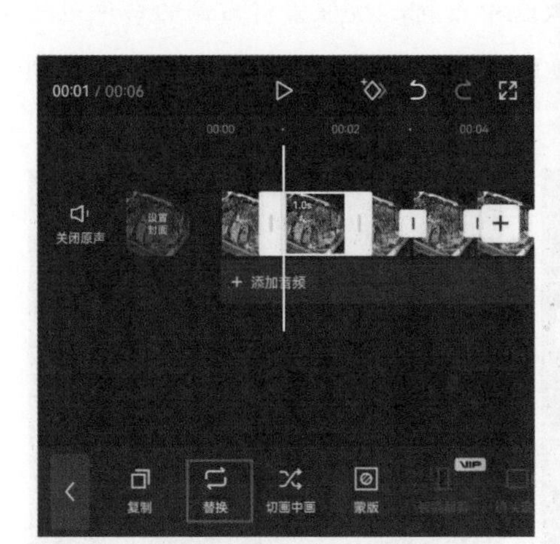

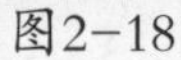
图2-18

图2-19

04 执行操作后，即可将第2段素材替换为新的素材片段，如图2-20所示。参照步骤03的操作方法，将余下素材替换为新的素材，如图2-21所示。

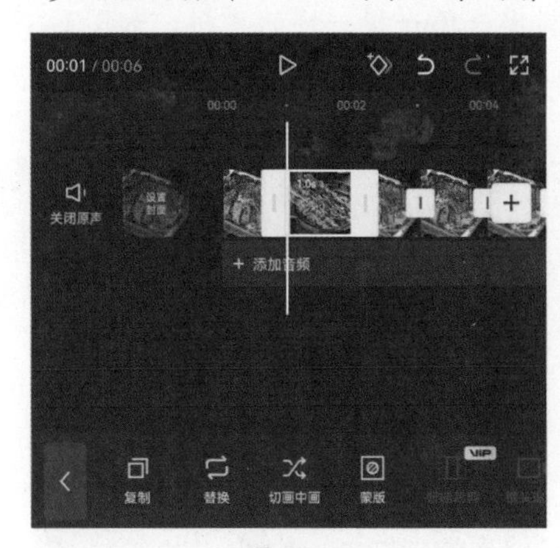

图2-20

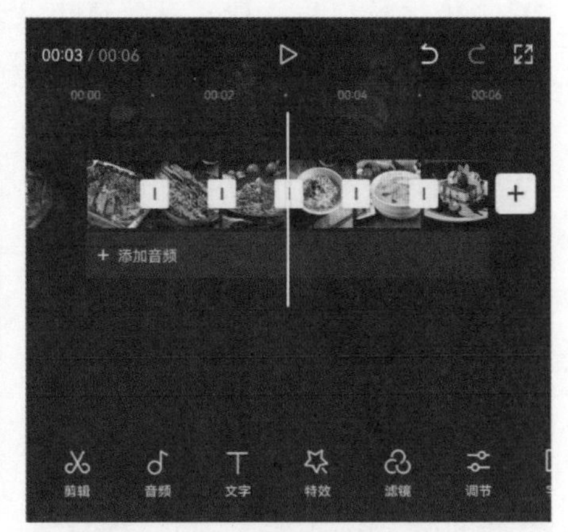

图2-21

05 将时间指示器移至视频的起始位置，点击轨道区域右侧的按钮+，如

图2-22所示。进入素材添加界面，切换至“素材库”，在片头选项中选择图2-23中的视频素材，然后点击界面右下角的“添加”按钮。

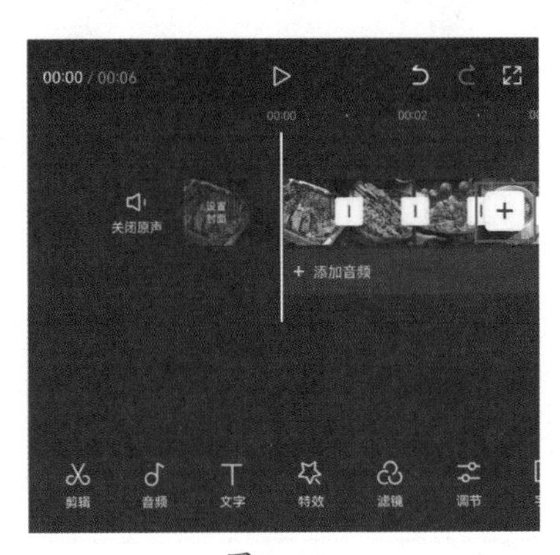

图2-22

图2-23

> **提示** 在添加素材的过程中，若时间指示器位于一段素材的前端，则新增素材会衔接在该段素材的前方；若时间指示器停靠的位置靠近一段素材的后端，则新增素材会衔接在该段素材的后方。

06 执行操作后，即可将片头素材添加至剪辑项目中，如图2-24所示。

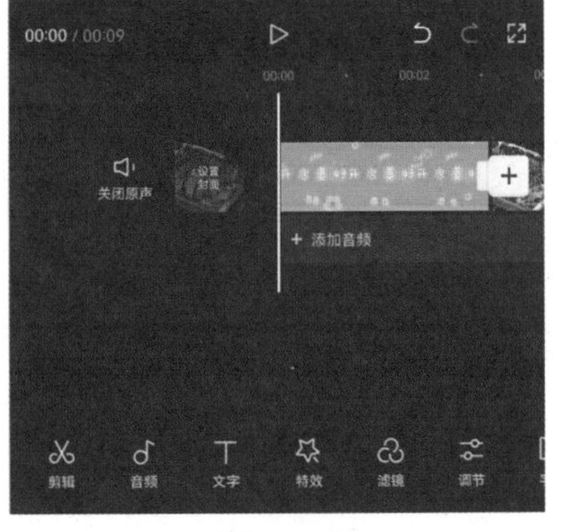

图2-24

07 完成所有操作后，即可点击界面右上角的“导出”按钮，将视频保存至相册。

> **提示** 导出设置界面的下方有两个选项，当用户点击按钮后，制作好的视频会被自动保存至手机相册，但通过这种方式保存的视频会带有“剪映”的水印；而当用户点击“无水印保存并分享”按钮后，视频会自动保存至手机相册并跳转至抖音的发布界面。

2.1.5 实操：设置入点出点选取素材

在剪映专业版中添加素材的时候，除可以通过拖曳的方式将整段素材添加至视频轨道上外，还可以为素材设置入点和出点，将素材的某一部分添加至视频轨道上。下面将以实操的方式讲解设置入点和出点选取素材的方法，视频效果如图2-25所示。

图2-25

01 启动剪映专业版软件，在首页界面中单击“开始创作”按钮，进入视频编辑界面，打开视频素材所在的文件夹，选择一段视频素材直接拖曳至剪映专业版的本地素材库中，如图2-26所示。执行操作后，即可将选择的素材导入本地素材库中。

扫码观看示例操作

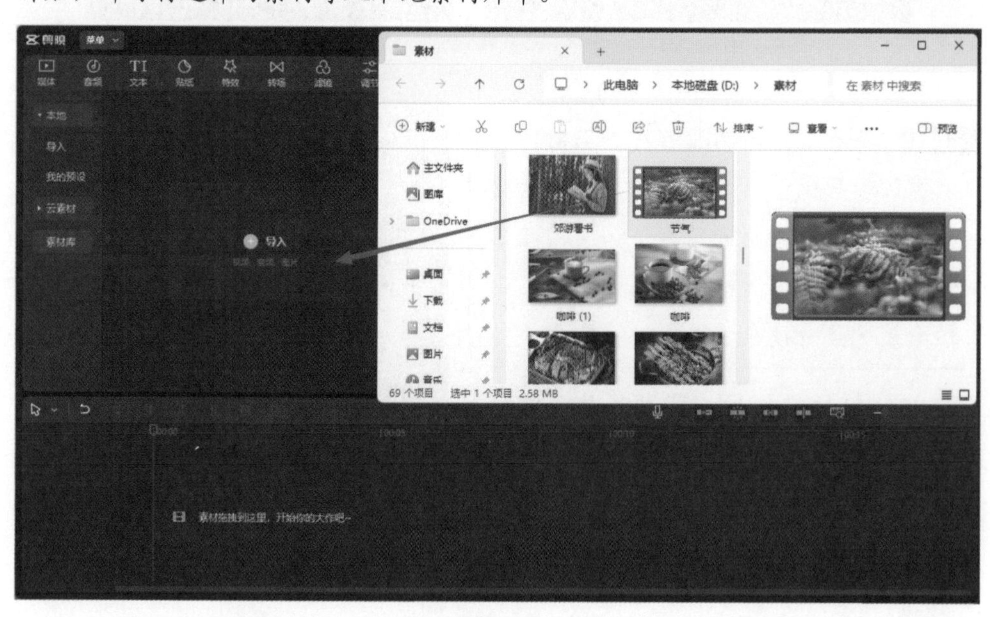

图2-26

02 在本地素材库中选中素材，将素材左侧的白色拉杆向右拖动至00:00:02处（或将光标在素材缩览图上移动至相应位置，然后按I键），即可为素材设置入点，如图2-27所示。

03 将素材右侧的白色拉杆向左拖动至00:00:14处（或将光标在素材缩览图上移动至相应位置，然后按O键），即可为素材设置出点，如图2-28所示。

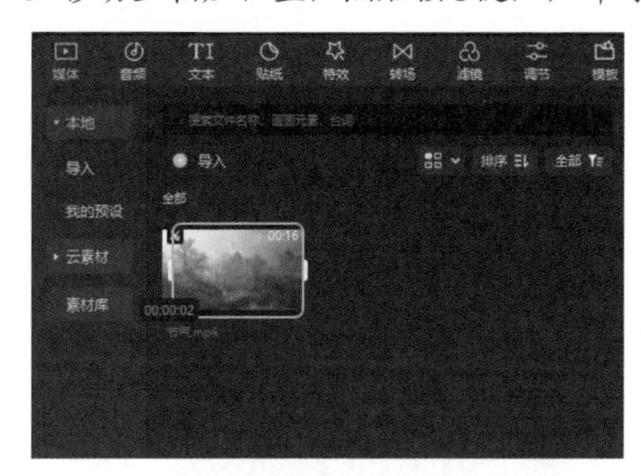

图2–27

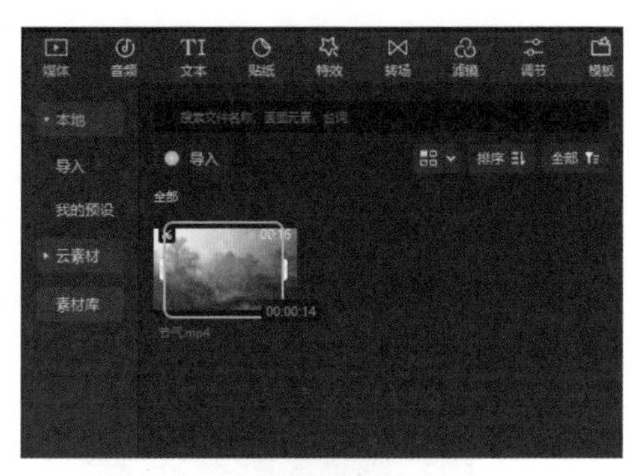

图2–28

04 在本地素材库中，选择设置好的素材，按住鼠标左键，将其拖入时间线区域，而后释放鼠标左键，即可将入点和出点中间时段的素材添加至视频轨道上，如图2-29所示。

图2–29

2.2 素材画面的调整技巧

视频编辑离不开画面调整这一环节，在剪映中，用户既可以在预览区域手动调整素材，也可以使用“比例”“背景”“编辑”等功能进行调整。

2.2.1 在预览区域手动调整素材

在剪映中手动调整画面很方便，用户可以任意调整画面大小或对画面进行旋转，这种方式能有效帮助用户节省操作时间，具体操作如下。

1. 手动调整画面大小

在轨道区域中选中需要调整的素材，然后在预览区域中，通过双指开合来调整画面。双指背向滑动，可以将画面放大；双指相向滑动，可以将画面缩小，如图2-30和图2-31所示。

图2-30

图2-31

2. 手动旋转视频画面

在时间线区域选中素材，然后在预览区域中，通过双指旋转操控完成画面的旋转，双指的旋转方向即为画面的旋转方向，如图2-32和图2-33所示。

图2-32

图2-33

2.2.2　在剪映专业版中调整素材位置和大小

在剪映专业版中导入素材后，用户可以在播放器中手动调整素材画面的大小及位置。在播放器中单击选中素材，执行操作后，可以看到画面中出现了一个白色边框和4个控制点，如图2-34所示。

图2-34

将光标置于画面右下方的控制点上，按住鼠标左键向左上方拖曳，即可将画面缩小，如图2-35所示。再将光标置于播放器的显示区域（即视频画面中），按住鼠标左键向左拖曳，即可将视频画面移至播放器的左侧，如图2-36所示。

图2-35

图2-36

2.2.3 实操：将横版视频转为竖版

扫码观看示例操作

画幅比例是用来描述画面宽度与高度关系的一组对比数值。合适的画幅比例不但可以为观众带来更好的视觉体验，还可以改善构图，将信息准确地传递给观众，从而与观众建立更好的连接。而背景画布则可以填充视频中没有铺满的画面，改善视频观感。下面将通过实操的方式来讲解设置视频比例和背景的方法，效果如图2-37所示。

图2-37

01 打开剪映App，在素材添加界面选择一段视频素材添加至剪辑项目中，点击底部工具栏中的“比例”按钮，如图2-38所示。打开比例选项栏，选择9:16选项，如图2-39所示，完成操作后点击右下角的按钮。

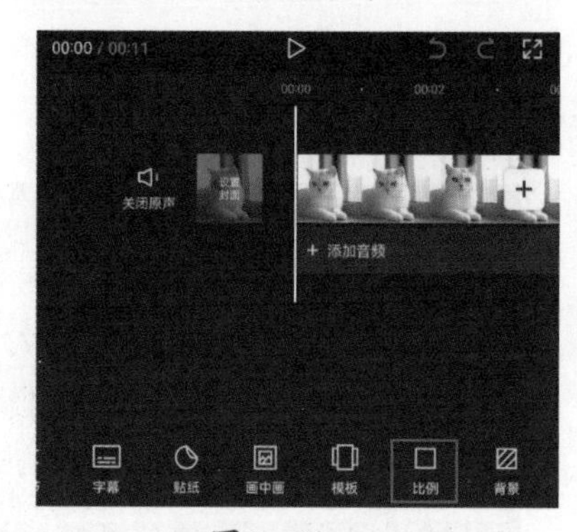

图2-38

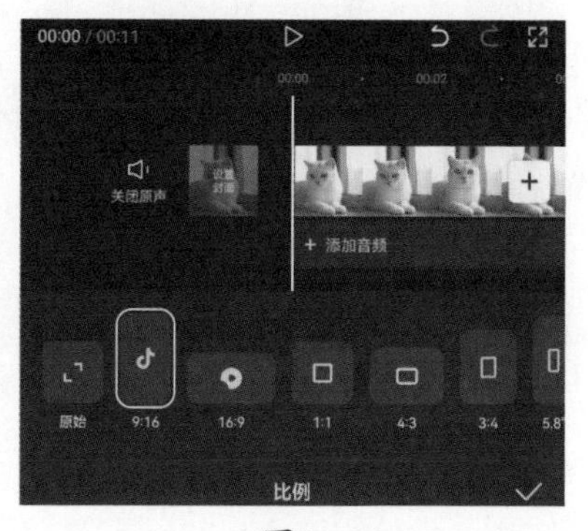

图2-39

02 在未选中素材的状态下，点击底部工具栏中的“背景”按钮，如图2-40所示，打开背景选项栏，点击“画布样式”按钮，如图2-41所示，在打开的样式选项栏中选择一款喜欢的样式，如图2-42所示。

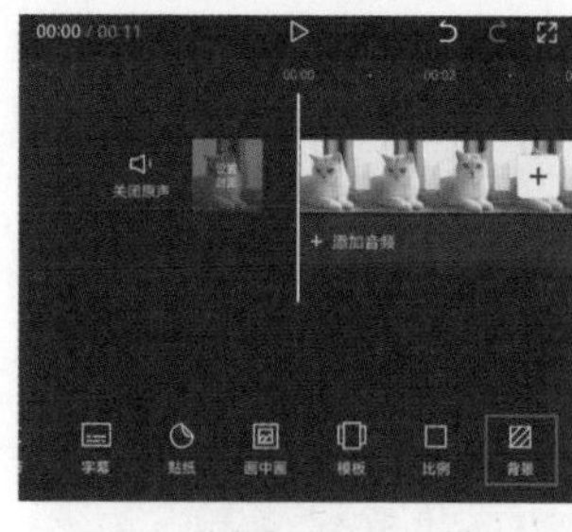
图2-40

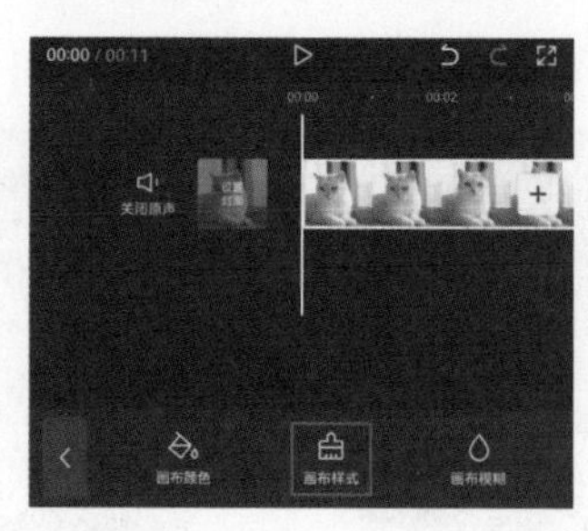

图2-41

图2-42

03 完成所有操作后，即可点击“导出”按钮，将视频保存至相册。

2.2.4　实操：为视频制作动态模糊背景

扫码观看示例操作

在剪映中，用户可以通过“背景”功能添加彩色画布、模糊画布或自定义图案画布，以达到丰富画面效果的目的。下面将通过实操的方式介绍动态模糊背景的制作方法，效果如图2–43所示。

图2−43

01　打开剪映App，在素材添加界面选择一段风景视频添加至剪辑项目中，点击底部工具栏中的“比例”按钮，如图2-44所示。打开比例选项栏，选择9:16选项（如图2-45所示），完成操作后点击右下角的按钮。

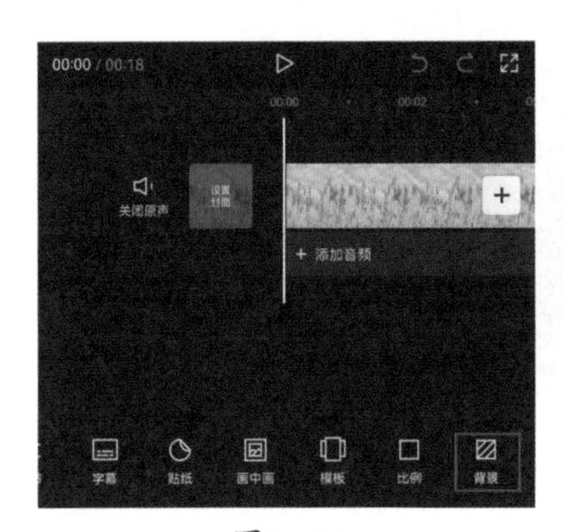

图2−44

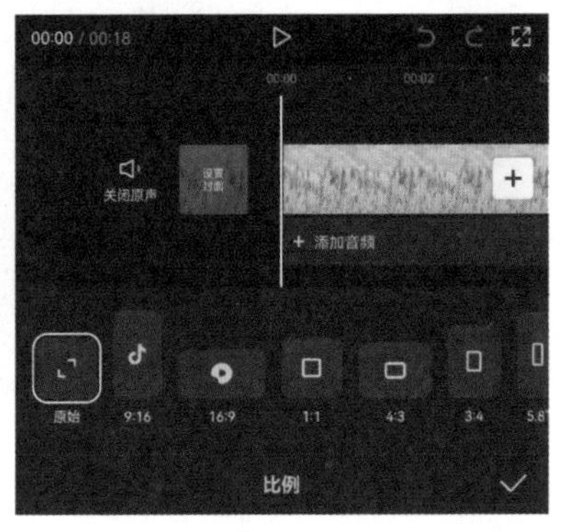

图2−45

02　在未选中素材的状态下，点击底部工具栏中的“背景”按钮，如图2-46所示，打开背景选项栏。点击“画布模糊”按钮，如图2-47所示，在打开的模糊选项栏中选择第2个选项，如图2-48所示。

图2−46

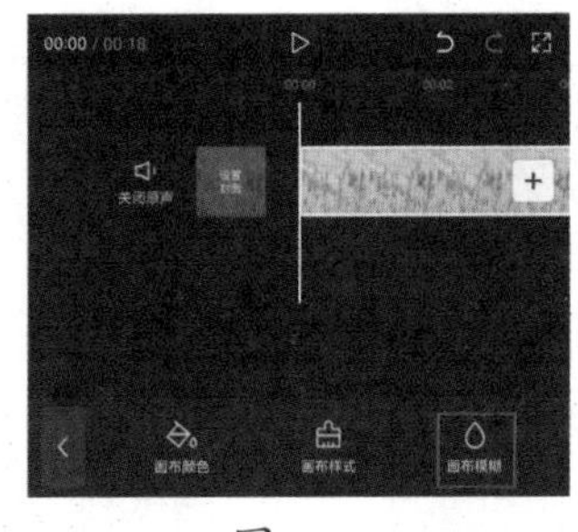

图2−47

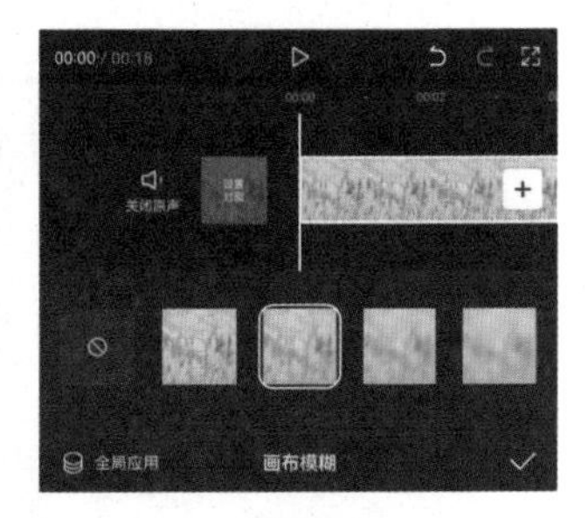

图2−48

03　完成所有操作后，即可点击“导出”按钮，将视频保存至相册。

提示 在使用“背景”功能时，不需要手动选中素材，只需要将时间指示器定位至某一段素材上，点击“背景”按钮之后将自动选中该素材。

2.2.5 实操：制作盗梦空间视频效果

本案例将使用城市夜景视频来制作盗梦空间效果，通过实操的方式帮助读者掌握“编辑”功能的使用方法。下面介绍具体的操作，效果如图2-49所示。

扫码观看示例操作

图2-49

01 打开剪映App，在素材添加界面选择一段城市夜景的视频素材添加至剪辑项目中，点击底部工具栏中的“比例”按钮■，选择9:16比例，如图2-50和图2-51所示。

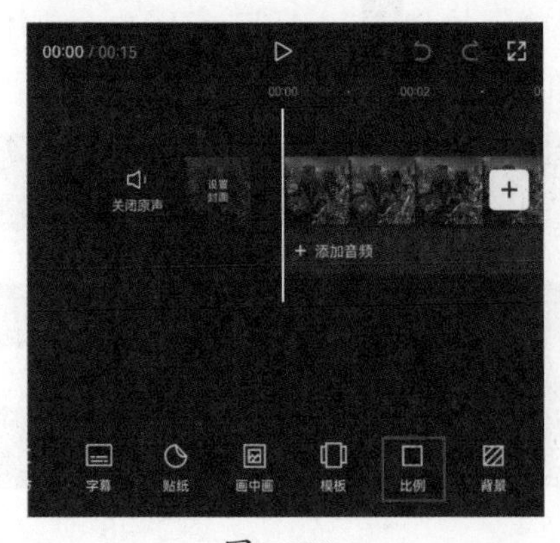

图2-50

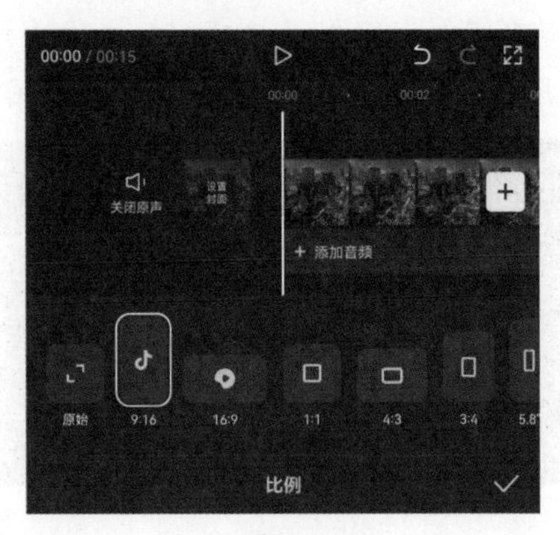

图2-51

02　点击“画中画”按钮，再点击“新增画中画”按钮，如图2-52和图2-53所示，进入素材添加界面，导入同一段视频素材。

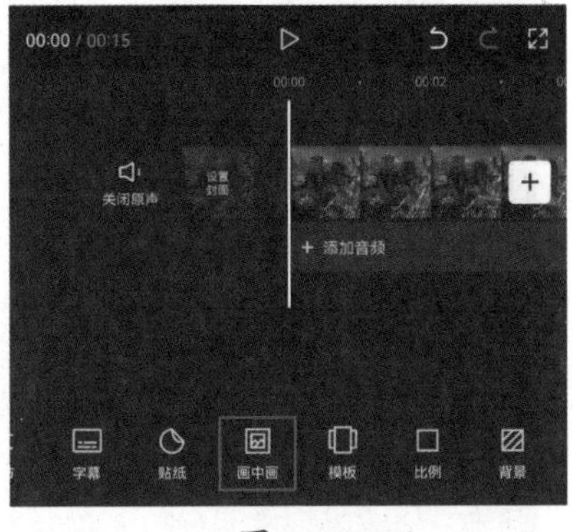

图2−52

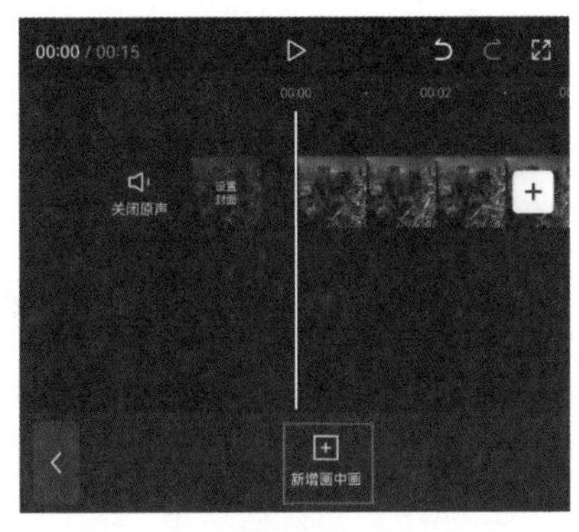

图2−53

03　在时间线区域选中画中画素材，点击“编辑”按钮，如图2-54所示，进入编辑选项栏。再点击“镜像”按钮，如图2-55所示。

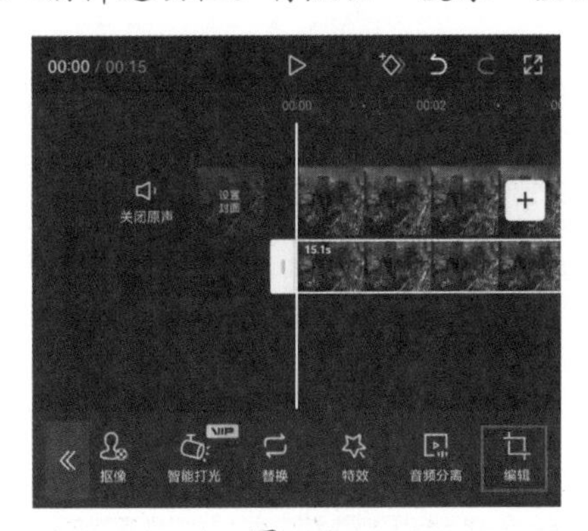

图2−54

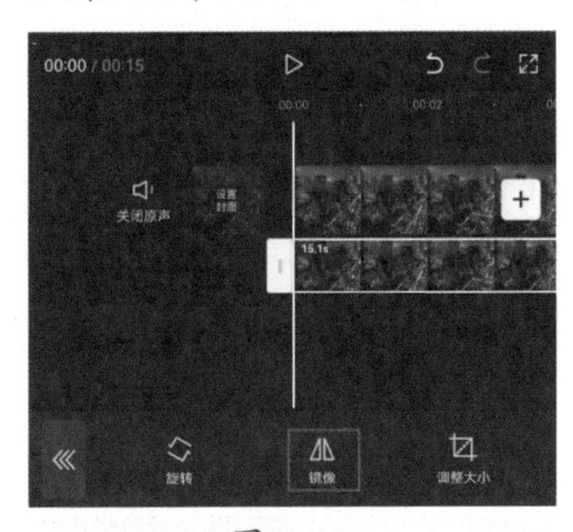

图2−55

04　在底部工具栏中点击两次“旋转”按钮，如图2-56所示，执行操作后，预览区域的画面如图2-57所示。

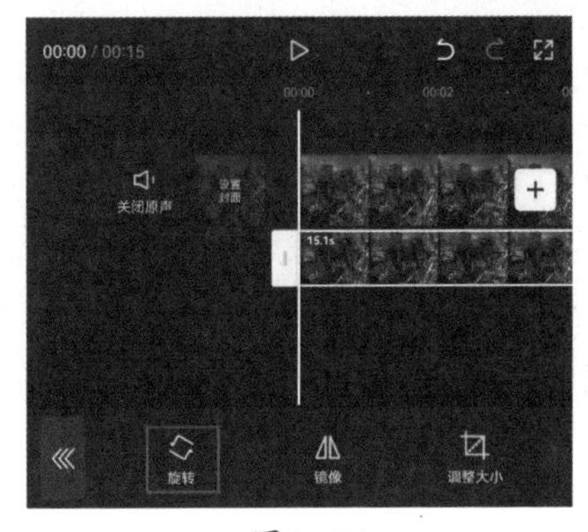

图2−56

图2−57

05 在预览区域将画中画素材放大并移动至显示区域的上方，将原视频移动至显示区域的下方，如图2-58所示。

06 完成所有操作后，即可点击“导出”按钮，将视频保存至相册。

图2-58

2.3 丰富视频效果的实用技能

基础的剪辑操作只能帮助我们完成一个完整的视频。如果想让视频抓住观众的眼球，达到引人入胜的效果，还需要借助其他功能，比如定格、变速、动画等。

2.3.1 倒放视频

所谓“倒放”功能，顾名思义，就是可以让视频从后往前播放。当视频记录的是一些随时间发生变化的画面时，如花开花落、日出日暮等，应用此功能可以营造出一种时光倒流的视觉效果。

在剪映中导入一段视频素材，进入视频编辑界面后，点击底部功能工具栏中的“剪辑”按钮，如图2-59所示。在界面下方的工具栏中，向左滑动，找到并点击“倒放”按钮，如图2-60所示。执行操作后，在视频编辑界面点击“播放”按钮预览素材效果，即可看到视频以倒放的形式进行播放。

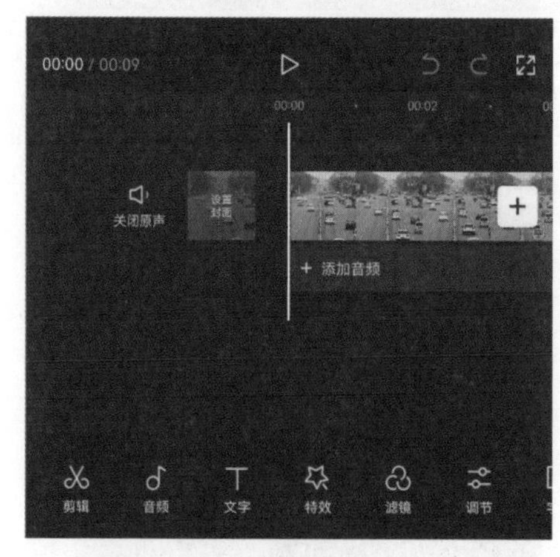

图2-59

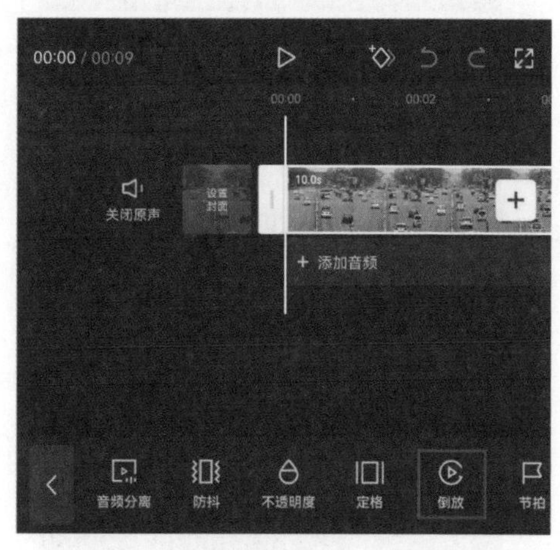

图2-60

2.3.2 定格画面

定格功能可以将一段视频中的某个画面“凝固”，从而起到突出某个瞬间的效果。另外，如果一段视频中多次出现定格画面，并且其时间点与音乐节拍相匹配，可让视频具有律动感。

打开剪映App，在主界面点击“开始创作”按钮[+]，进入素材添加界面，选择一段视频素材添加至剪辑项目中。进入视频编辑界面后，点击“播放”按钮▷预览素材效果，如图2-61所示。通过预览素材确定定格的时间点。在时间线区域中，双指相背滑动，将轨道区域放大，如图2-62所示。

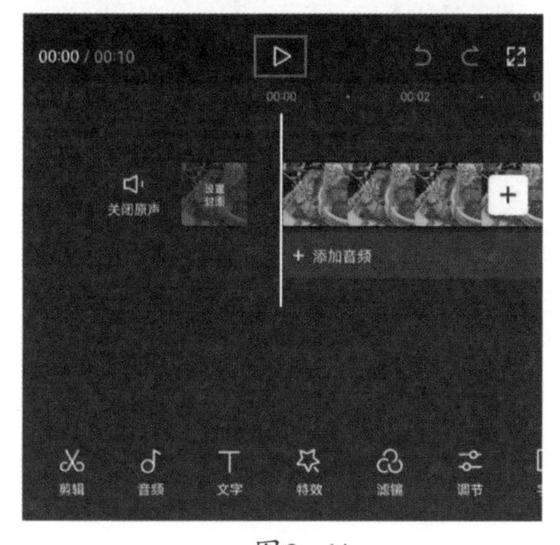

图2-61

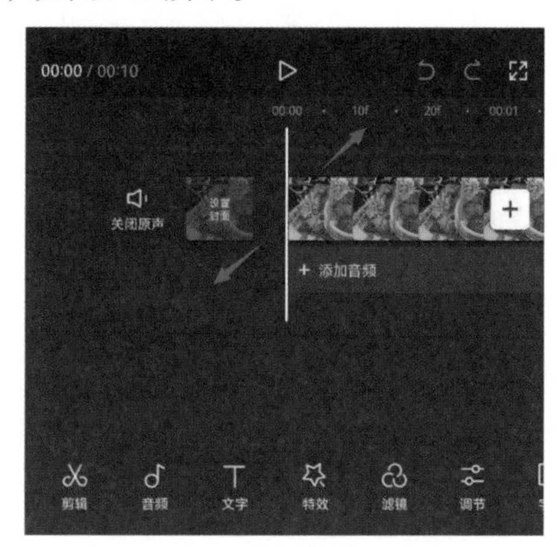

图2-62

将时间指示器移动至第9秒的第20帧位置，如图2-63所示。在时间线区域选中素材，点击底部工具栏中的“定格”按钮▣，如图2-64所示。

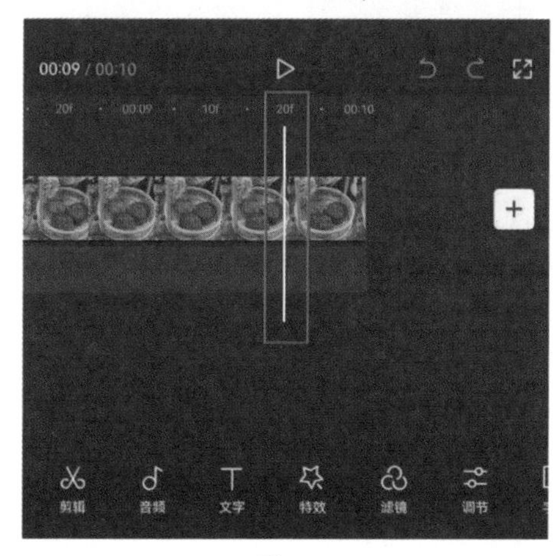

图2-63

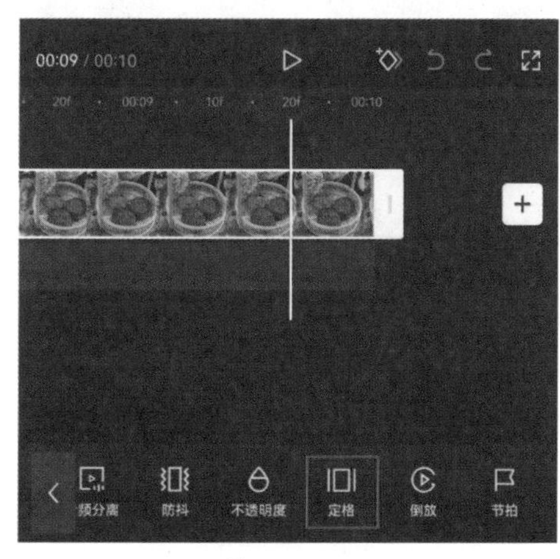

图2-64

执行操作后，轨道中将生成一段时长为3秒的静帧画面，同时视频片段的时长也由10秒变成了13秒，如图2–65所示。

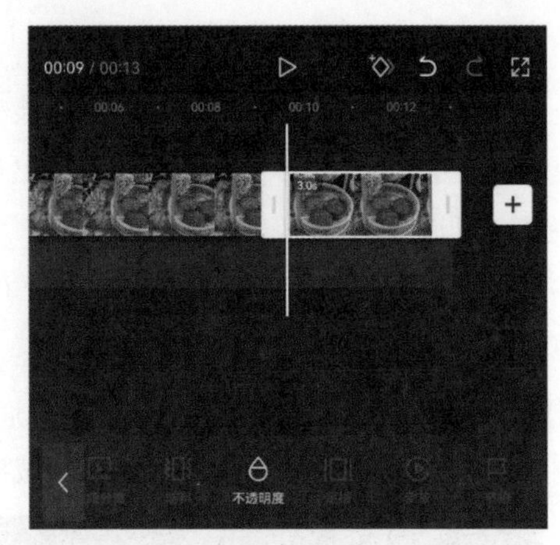

图2–65

2.3.3 常规变速和曲线变速

当录制一些运动中的景物时，如果运动速度过快，那么通过肉眼是无法清楚地观察到每一个细节的。此时可以使用“变速”功能来降低画面中景物的运动速度，形成慢动作效果，从而令每一个瞬间都能清楚呈现。而对于一些变化太过缓慢，或者单调、乏味的画面，则可以通过“变速”功能适当提高播放速度，形成快动作效果，从而缩短画面的时间，让视频更生动。另外，通过曲线变速功能，还可以让画面的快与慢形成一定的节奏感，从而大幅度提高观看体验。

1. 常规变速

剪映中的常规变速功能用来对所选视频素材进行统一的调速。在时间线区域选中需要进行变速处理的视频素材，点击底部工具栏中的“变速”按钮，如图2–66所示。此时可以看到底部工具栏中有两个变速选项，如图2–67所示。

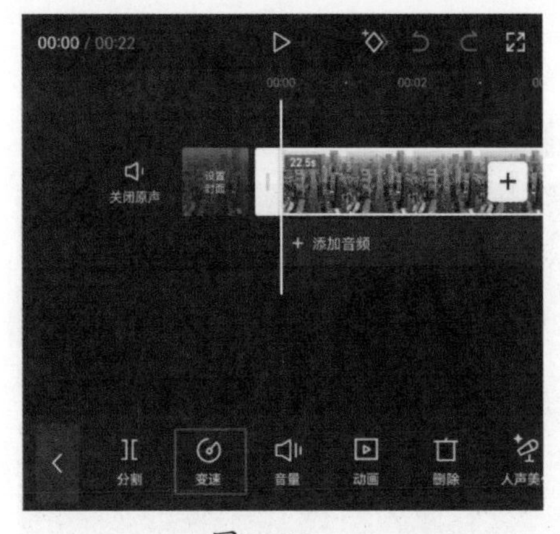

图2–66

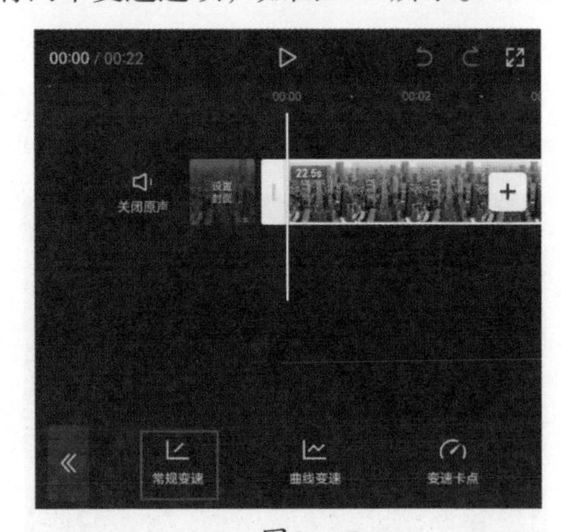

图2–67

点击“常规变速”按钮，可打开对应的变速选项栏，如图2–68所示。一般情况下，视频素材的原始倍速为1x，拖动变速按钮可以调整视频的播放速度。当数值大于1x时，视频的播放速度将变快；当数值小于1x时，视频的播放速度将变慢。

当用户拖动变速按钮时，上方会显示当前视频倍速，在视频素材的左上角也会显示倍速，如图2-69所示。完成变速调整后，点击右下角的按钮✓即可保存。

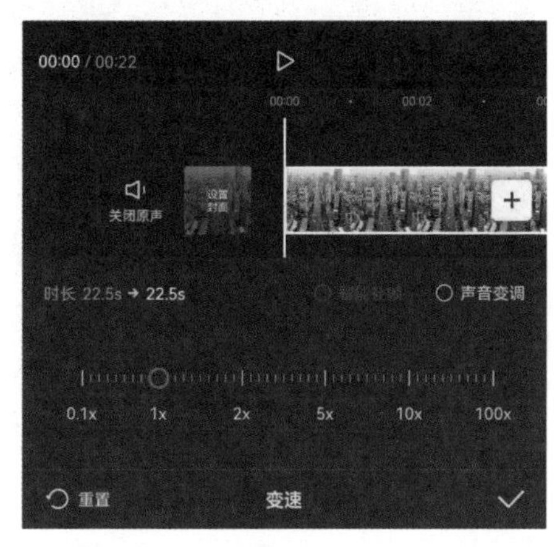

图2-68

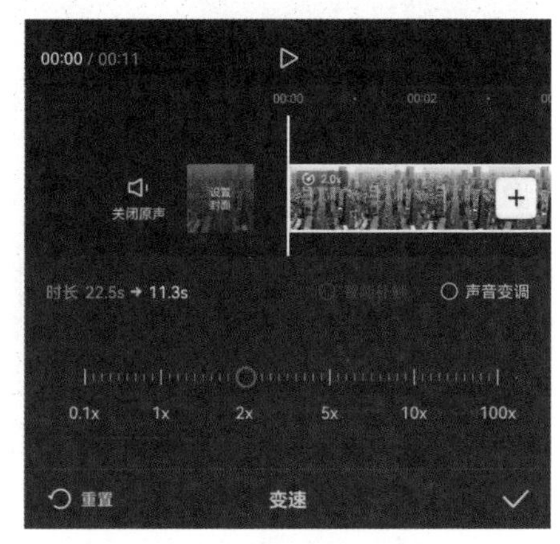

图2-69

提示　需要注意的是，当用户对素材进行常规变速操作时，素材的长度也会发生相应的变化。简单来说，就是当倍速数值增加时，视频的播放速度会变快，素材的持续时间会变短；当倍速数值减小时，视频的播放速度会变慢，素材的持续时间会变长。

2. 曲线变速

曲线变速区别于只能直线加速或直线放慢的常规变速效果，它可以让画面同时呈现加速和放慢的效果，像绵延的山脉一样，既有山峰也有山谷。

“自定”也叫手动模式，是剪辑中最常用的功能之一。在打开曲线变速选项栏后，选择其中的“自定”选项，在该图标变为白色后，点击图标中的“点击编辑”按钮，如图2-70所示，执行操作后即可打开曲线编辑面板，如图2-71所示。

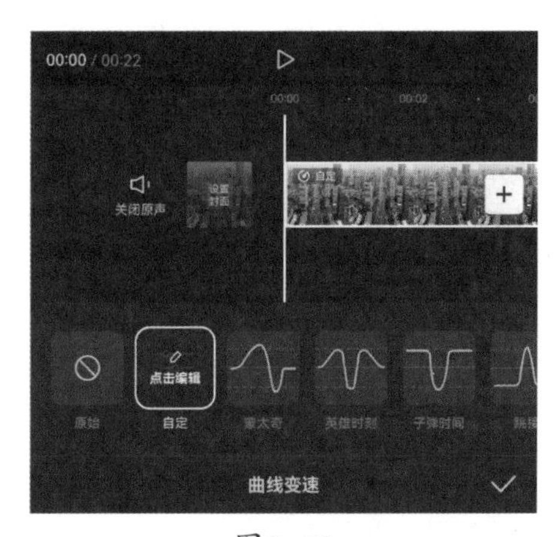

图2-70

图2-71左上角显示的第二个时间代表当前状态下的素材时长，点击按钮可以播

放或暂停。滑动白色线条，可预览对应位置上的画面，点击“添加点”则可在白色线条停下的位置增加一个控制点。当白色线条滑到某个控制点处，该控制点变成白色时，可以选择“删除点”对该控制点进行删除，如图2-72所示。

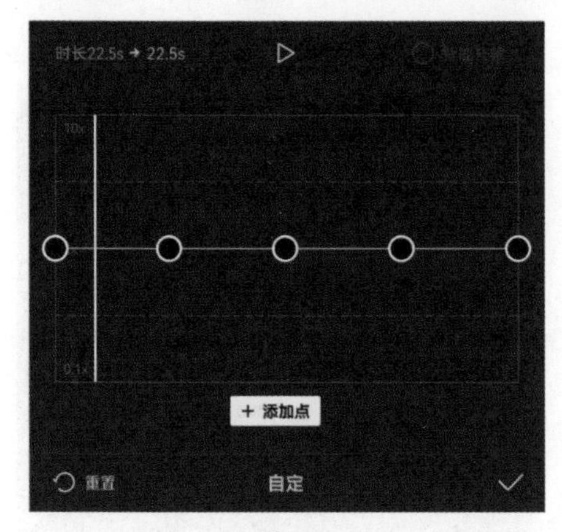

图2-71

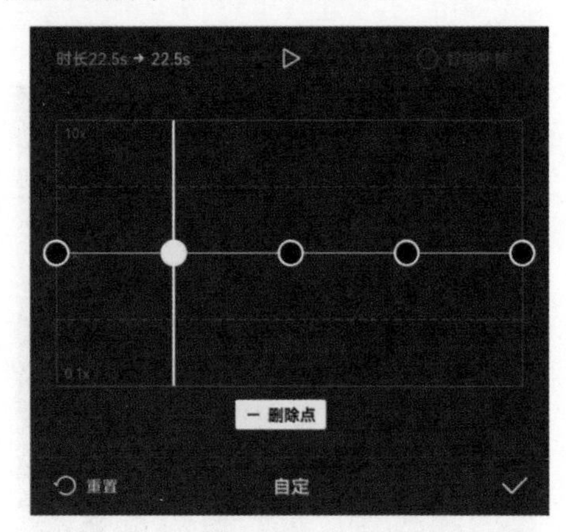

图2-72

将控制点往上滑，代表该位置的视频加速，这时整个视频的时长会缩短；将控制点向下滑，代表该位置的视频减速（放慢），这时整段的时长会增加。如果对该段视频的调节结果不满意，可以点击“重置”进行重新调节，操作完毕点击按钮即可。

在剪辑过程中，一般来说，会先找出需要放慢的帧，用户可以通过滑动白色线条找到对应的帧，从而确保精彩瞬间得到强调。同时，通过滑动白色线条以及上下移动控制点，还能使画面在加速点或降速点上匹配音乐的节奏，让画面更有节奏感。

2.3.4 实操：制作慢动作效果

扫码观看示例操作

通过剪映中的常规变速，减慢视频播放速度，可制作出氛围感柔光慢动作效果，下面将通过实操的方式介绍慢动作的制作方法，效果如图2-73所示。

图2-73

01　打开剪映App，在素材添加界面选择一段视频素材添加至剪辑项目中，选中该素材，点击底部工具栏中的“变速”按钮，如图2-74所示，打开变速选项栏，点击其中的“常规变速”按钮，如图2-75所示，在底部浮窗中滑动变速滑块，将数值设置为1.5x，如图2-76所示。

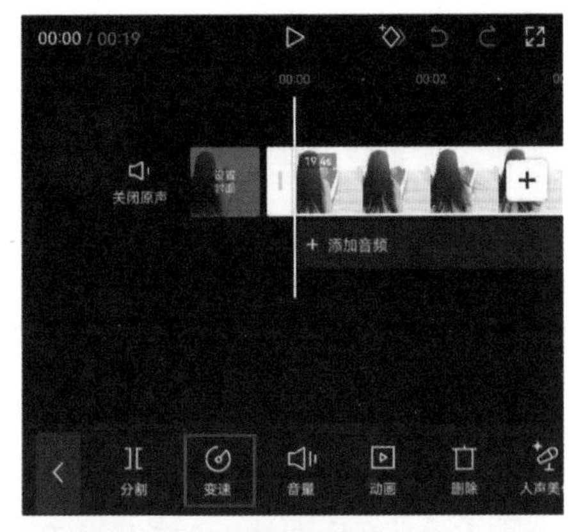

图2-74

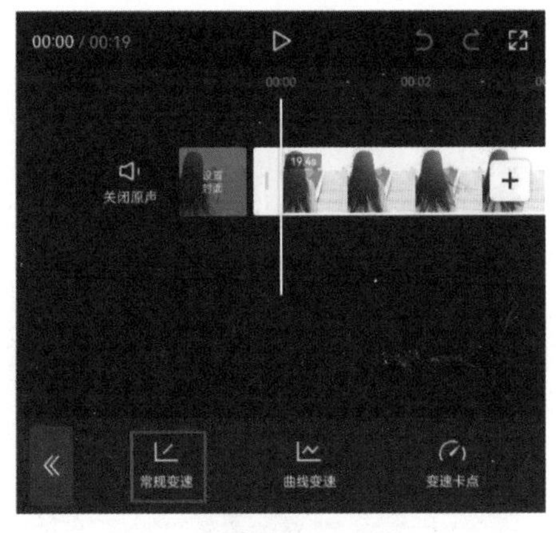

图2-75

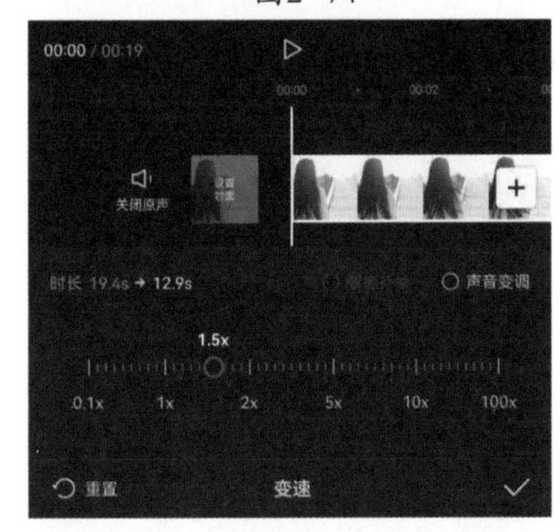

图2-76

02　在选中素材的状态下，将时间指示器移动至00:03处（即视频画面中人物将要转身的位置），点击底部工具栏中的“分割”按钮，如图2-77所示，选中分割出来的前半段素材，点击底部工具栏中的“删除”按钮，如图2-78所示。

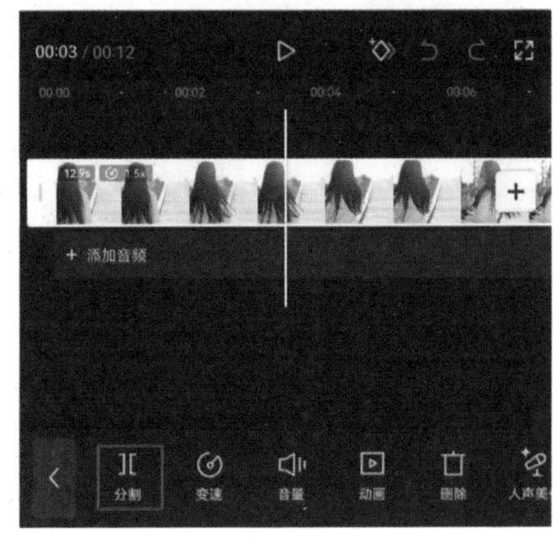

图2-77

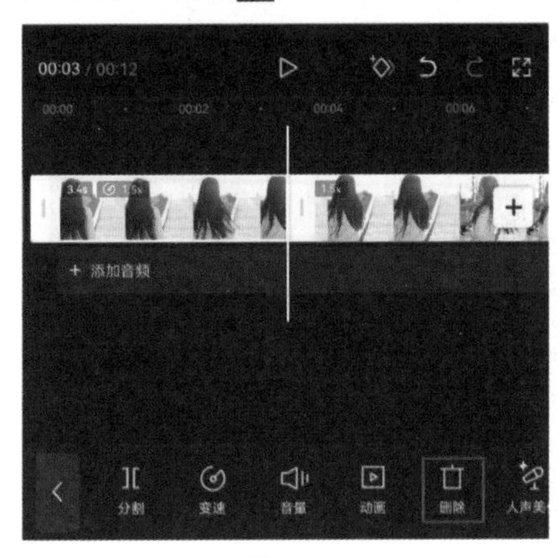

图2-78

03 选中素材，将时间指示器移动至00:02处（即视频画面中人物将要转头的位置），点击底部工具栏中的“分割”按钮，如图2-79所示。

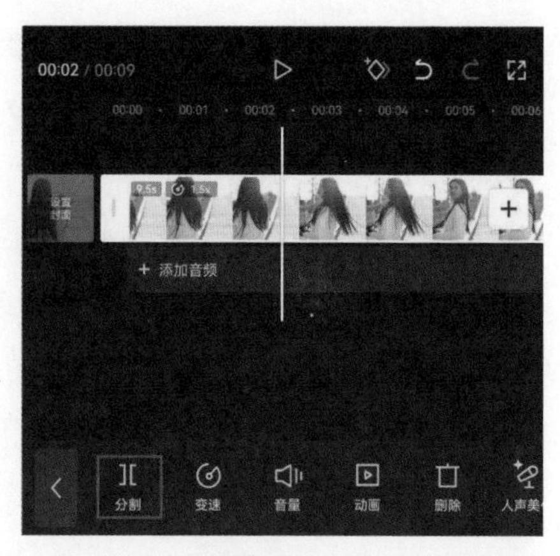

图2-79

04 选中分割出来的后半段素材，将时间指示器移动至00:03处（即画面中人物转过头露出正脸的位置）。点击底部工具栏中的“分割”按钮，如图2-80所示，选中分割出来的后半段素材。点击底部工具栏中的“删除”按钮，如图2-81所示。

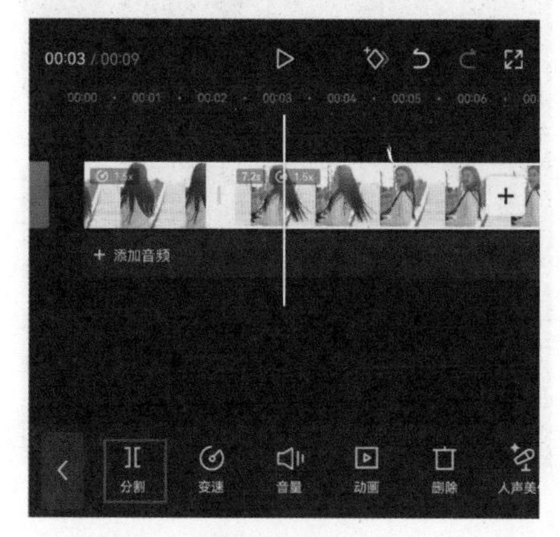

图2-80

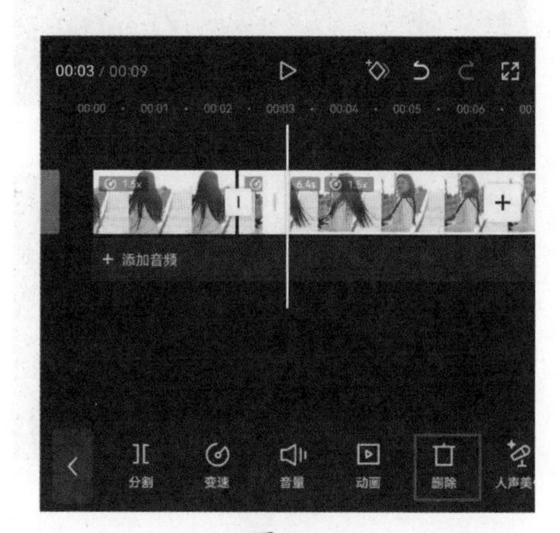

图2-81

05 在时间线区域选中第2段素材，点击底部工具栏中的“变速”按钮，如图2-82所示，打开变速选项栏，点击其中的“常规变速”按钮，如图2-83所示。

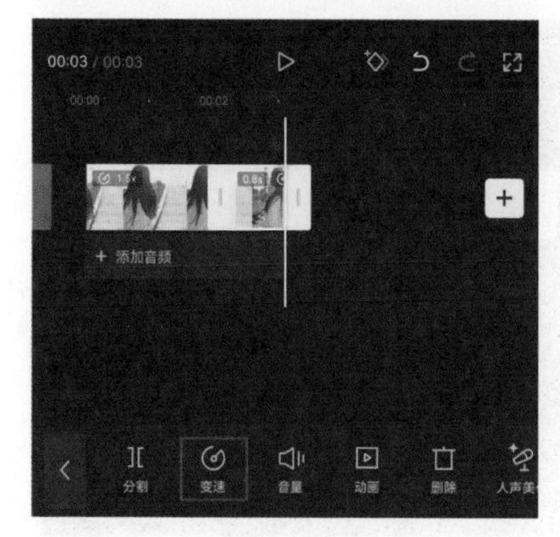

图2-82

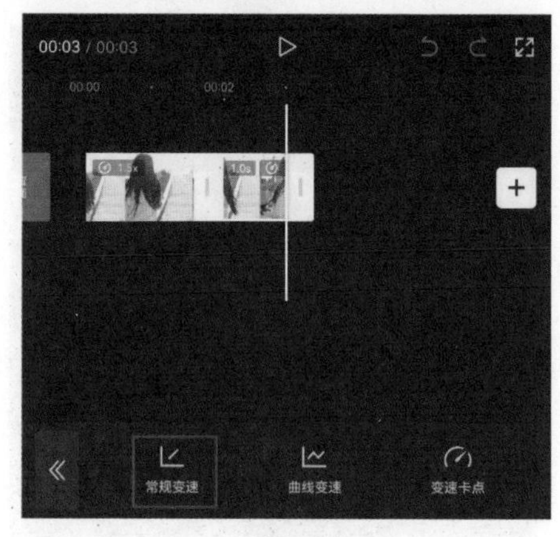

图2-83

06　在底部浮窗中滑动变速滑块，将数值设置为0.2x，如图2-84所示，选择“智能补帧”选项，并点击界面右下角的按钮✓，如图2-85所示。

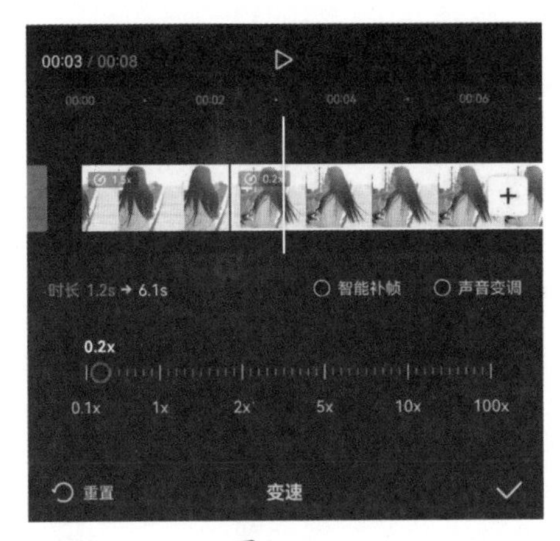

图2-84

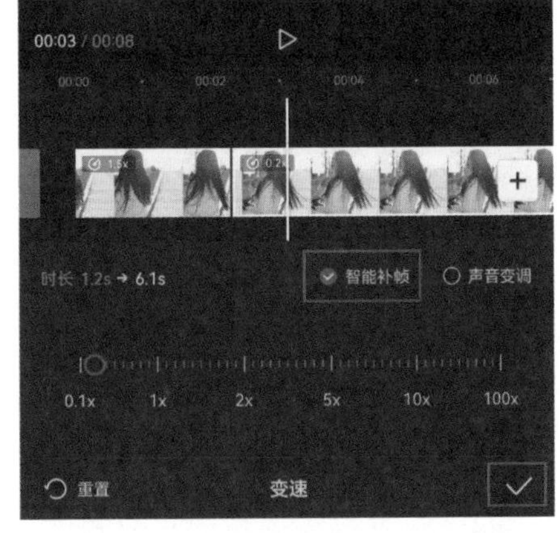

图2-85

07　在时间线区域选中第2段素材，点击底部工具栏中的“滤镜”按钮，如图2-86所示，打开滤镜选项栏，选择“人像”选项中的“晴颜”效果，如图2-87所示。

08　完成所有操作后，再为视频添加一首合适的音乐，即可点击“导出”按钮，将视频保存至相册。

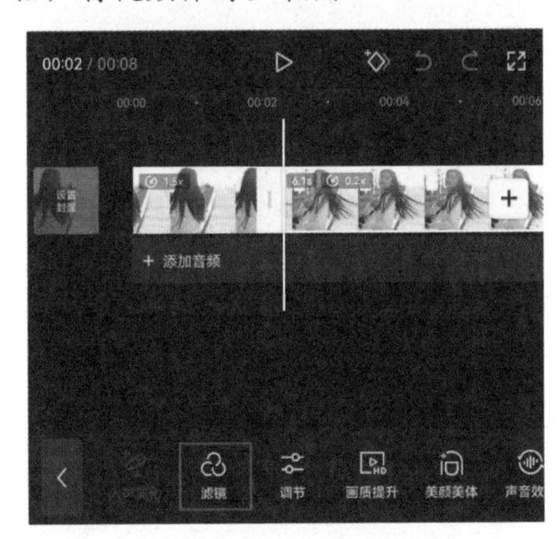

图2-86

图2-87

2.3.5　实操：添加动画效果

扫码观看示例操作

剪映的“动画”功能包含“入场动画”“出场动画”“组合动画”三个选项。“入场动画”应用于视频开场，“出场动画”应用于视频结束时，而“组合动画”因具有连续、重复且有规律的动画效果，多应用于视频中间。下面将通过实操的方式帮助读者掌握“动画”功能的使用方法，效果如图2-88所示。

图2-88

01 打开剪映App，在素材添加界面选择一段视频素材添加至剪辑项目中。

02 在时间线区域选中视频素材，点击底部工具栏中的“动画”按钮▶，如图2-89所示，展开默认的入场动画选项栏，选择其中的“渐显”效果，并拖动底部滑块，将动画时长设置为1.5s，如图2-90所示。

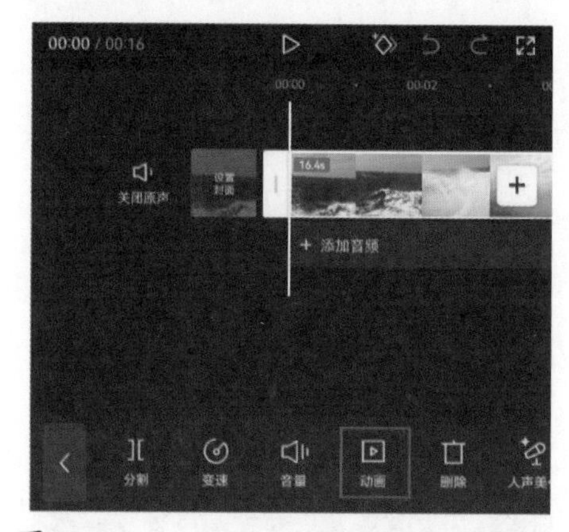

图2-89

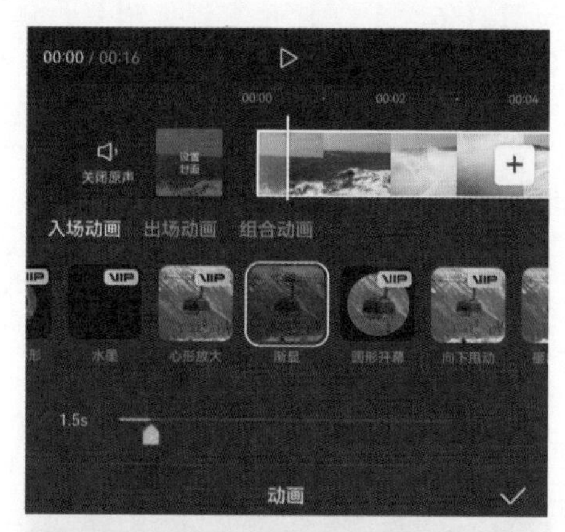

图2-90

03 切换至“出场动画”选项栏，选择其中的“旋转闭幕”效果，并拖动底部滑块，将动画时长设置为1.7s，如图2-91所示。

04 完成所有操作后，点击界面右上角的“导出”按钮，将视频保存至相册。

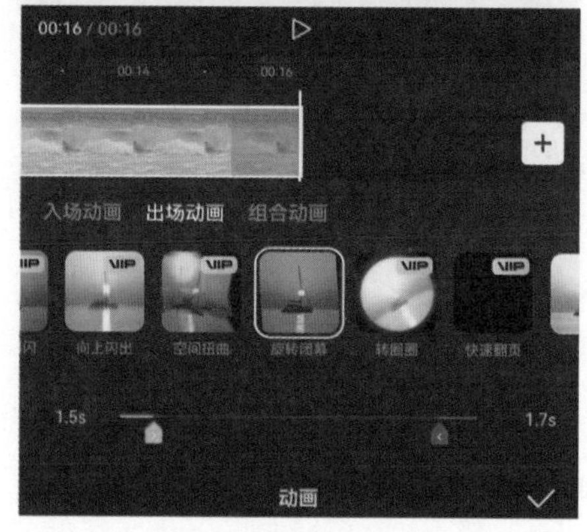

图2-91

> **提示** 动画时长的可设置范围是根据所选片段的时长变动的。在设置动画时长后，具有动画效果的时间范围会在轨道上有浅浅的绿色/红色覆盖，从而可以直观地看出动画时长与整个视频片段时长的关系。

2.3.6　实操：使用模板一键剪同款

扫码观看示例操作

剪映的“剪同款”里面包含了很多不同类型的视频模板，用户可以根据自己的喜好进行选择。下面将通过实操的方式讲解使用剪映的“剪同款”功能制作多屏卡点视频的方法，效果如图2-92所示。

图2-92

01 打开剪映App，在主界面点击“剪同款”按钮，如图2-93所示，跳转至模板界面，选择卡点选项，打开“卡点”模板选项栏，如图2-94所示。

图2-93

图2-94

02 点击需要应用的视频模板进入播放界面，再点击界面右下角的“剪同款”按钮，如图2-95所示，进入素材选取界面，按照底部的提示选好需要使用的素材，点击“下一步”按钮，如图2-96所示。

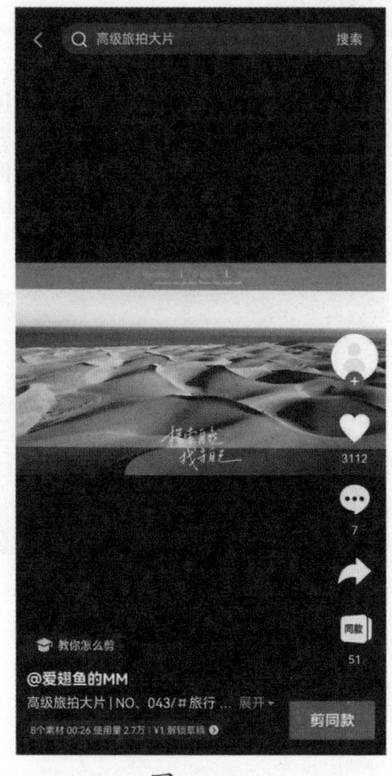

图2−95

图2−96

03 进入视频编辑界面，如图2-97所示，预览视频，选择一段需要进行编辑的素材，在界面浮现的工具栏中点击“裁剪”按钮，如图2-98所示，在裁剪界面中滑动裁剪框选取需要显示的视频片段，完成操作后点击界面右下角的“确认”按钮，如图2-99所示。

04 完成所有操作后，点击页面右上角的“导出”按钮，将视频保存至相册。

图2-97

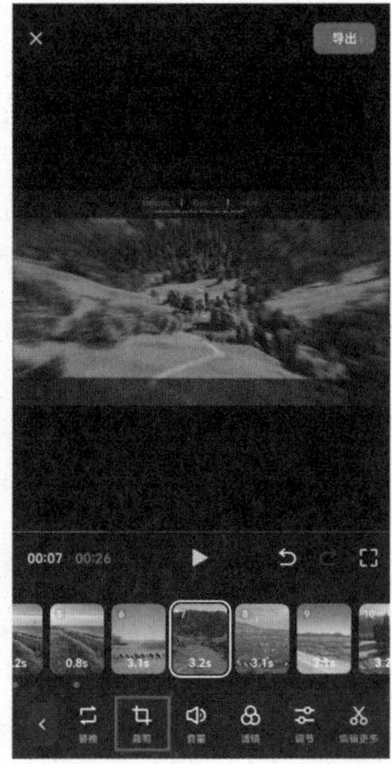

图2-98

图2-99

第3章

添加音乐为视频注入灵魂

一个完整的短视频通常是由画面和音频这两个部分组成的，视频中的音频可以是视频原声、后期录制的旁白，也可以是特殊音效或背景音乐。对于视频来说，音乐是不可或缺的组成部分，原本普通的视频画面，只要配上调性明确的背景音乐，就会变得更加打动人心。

3.1　音频素材的使用

在短视频剪辑的过程中，选取合适的背景音乐和背景音效令人头痛，因为选择是很主观的，需要创作者根据视频的内容主旨、整体节奏来进行选择，没有固定的标准和答案。本节将介绍有关背景音乐和音效的一些使用技巧。

3.1.1　BGM的使用技巧

对于短视频创作者来说，选择与视频内容关联性较强的音乐，有助于带动用户的情绪，提高用户对视频的体验感，让自己的短视频更有代入感。下面就为大家介绍选择短视频配乐的一些技巧。

1. 把握整体节奏

在短视频创作中，镜头切换的频次与音乐节奏一般是成正比的。如果短视频中的长镜头较多，就适合使用节奏较快的配乐，视频的节奏和音乐匹配程度越高，视频画面的效果也会越好，如图3–1所示。

为了使视频内容更契合，在添加背景音乐前，最好按照拍摄的时间顺序对视频进行简单的粗剪。在分析视频的整体节奏之后，再根据整体感觉去寻找合适的音乐。

此外，用户也可以寻找节奏鲜明的音乐来引导剪辑思路，这样既能让剪辑有章可循，又能避免声音和画面不匹配。一段素材通过强节奏的音乐，使画面转换和节奏变化完美契合，会令整个画面充满张力。

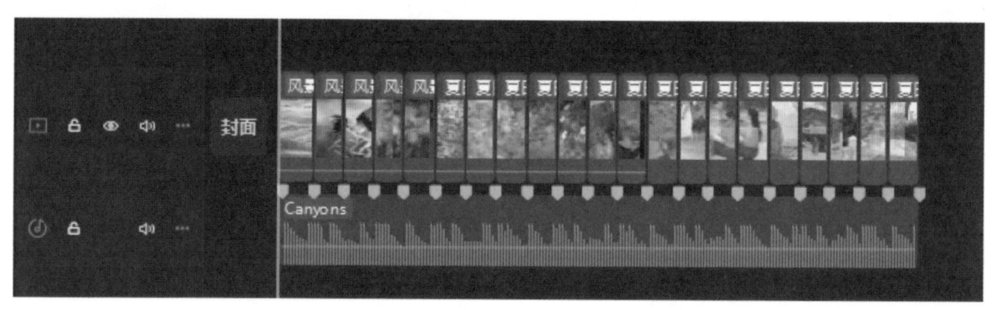

图3–1

2. 选择符合视频内容基调的音乐

如果要做搞笑类的视频，配乐就不能太抒情；如果要做情感类的视频，配乐就不能太搞笑。不同配乐会带给用户不同的情感体验，因此需要根据短视频想要表达的搞笑，来选择与视频属性相配的音乐。

在进行短视频拍摄时，要很清楚短视频表达的主题和想要传达的情绪，先弄清楚情绪的整体基调，才能进一步对短视频中的人、事物及画面进行背景音乐的选择。

针对以上特点，下面以常见的美食短视频、时尚类短视频和旅行类短视频为例，分别来分析不同类型短视频的配乐技巧。

- 大部分美食类短视频的特点是画面精致、内容治愈，大多会配以让人听起来有幸福感和悠闲感的音乐，让观众在观看视频时，产生享受美食的愉悦感和满足感。
- 时尚类短视频的主要用户是年轻人，因此配乐大多会选择年轻人喜爱的充满时尚气息的流行音乐和摇滚音乐，这类音乐能很好地提升短视频的潮流气息。
- 旅行类短视频大多展示的是一些景色、人文和地方特色，这些短视频适合搭配一些大气、清冷的音乐。大气的音乐能让观众在看视频时产生放松的感觉，而清冷的音乐与轻音乐一样，包容性较强，音乐时而舒缓时而澎湃，是提升剪辑质量的一大帮手，能够将旅行的格调充分体现出来。

3. 音乐配合情节反转

我们经常会在短视频平台上看到一些故事情节前后反转明显的视频，这类视频前后的反差很能勾起观众点赞的欲望。这里为大家列举一个场景，上一秒，人物身处空无一人的树林中，发现背后似乎有人跟踪自己，镜头在主人公和黑暗的场景之间快速切换，配上悬疑的背景音乐渲染紧张气氛，就在观众觉得主人公快要遇见危险的时候，悬疑的背景音乐瞬间切换为轻松搞怪的音乐，主人公发现从黑暗中蹿出一只可爱的小猫咪。

通过上述例子，我们得知，音乐是为视频内容服务的，音乐可以配合画面进行情节的反转，在短视频中灵活利用两种音乐的反差，有时候能适时地制造出期待感和幽默感。

3.1.2 音效的使用技巧

平时在看一些剪辑教学视频的时候，会发现很多剪辑大师的时间线上都铺满了很多音效素材，那么，音效到底有哪些分类？具体又要怎么匹配和使用呢？在剪辑中，常用的音效一般分为环境音效、动作音效、转场音效和氛围音效，下面将分别为大家进行介绍。

1. 环境音效

环境音效又可以细分为场景音效和天气音效。场景音效一般是指生活中经常听到的大环境音，比如城市、森林的声音等；天气音效则是比较具象的环境音，比如刮风、下雨、打雷的声音等。

在使用音效时，通常可以长段地插入一些大环境音铺底，画面里具象的场景再加入具象的音效，可以使画面的声音表现力更加真实，给观众一种身临其境的感觉。图3-2为剪映为用户提供的环境音部分截图。

图3-2

2. 动作音效

动作音效需要声音和画面本身有明确的关联，比如坐公交刷公交卡时，会听到“滴”的一声，水滴滴落会发出“咚”的声音，小鸟振翅飞过时会听到“噗噗”的声音，门打开会有“吱呀”的声音……

在后期制作的过程中，有时会特意放大一些动作的音效，比如在特写的场景，去插入呼吸、心跳、汽水开盖的声音，这些声音可以让画面更真实，使观众观看的时候更有代入感。

3. 转场音效

转场音效是指一个场景切换到另一个场景的时候，用一些音效去铺垫和烘托，比如飞机呼啸而过的声音、穿梭声或者其他声音，使用这种音效可以让画面更有质感和冲击力。

4. 氛围音效

氛围音效一般用于烘托画面想要表达的一种情绪、氛围，比如在剧情逐渐紧张、惊悚的时候插入低沉的音效。这种音效一般也用于铺底，可以在此基础上根据画面加上具象音效，加剧情绪和氛围烘托，让人在观看的过程中能产生更多的联想和情绪共鸣。

3.1.3 添加抖音收藏的音乐

作为一款与抖音直接关联的短视频剪辑软件，剪映支持用户在剪辑项目中添加抖音中的音乐。在进行该操作前，用户需要在剪映主界面中切换至“我的”界面，登录自己的抖音账号。通过这一操作，建立剪映与抖音的连接，之后用户在抖音中收藏的音乐就可以直接在剪映的“抖音收藏”中找到并进行调用了，下面介绍具体的操作方法。

打开抖音App，在视频播放界面点击界面右下角的CD形状的按钮，如图3-3所示，进入拍同款界面，点击“收藏原声”按钮☆，即可收藏该视频的背景音乐，如图3-4和图3-5所示。

图3-3

图3-4

图3-5

进入剪映，打开需要添加音乐的剪辑项目，进入视频编辑界面，在未选中素材的状态下，将时间指示器定位至视频起始位置，然后点击底部工具栏中的“音频”按钮，如图3–6所示。在打开的音频选项栏中点击“抖音收藏”按钮，如图3–7所示。

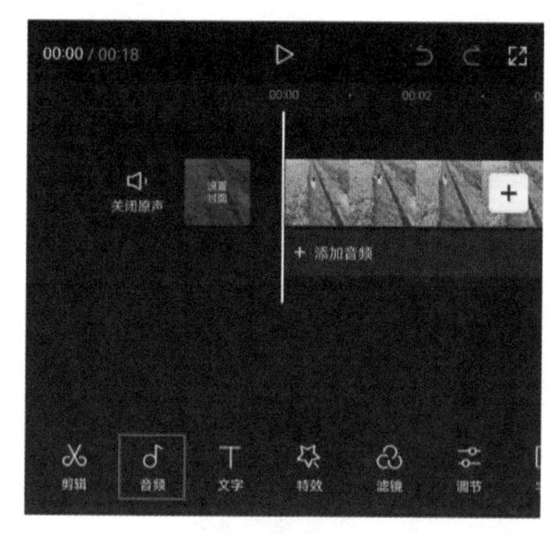

图3–6

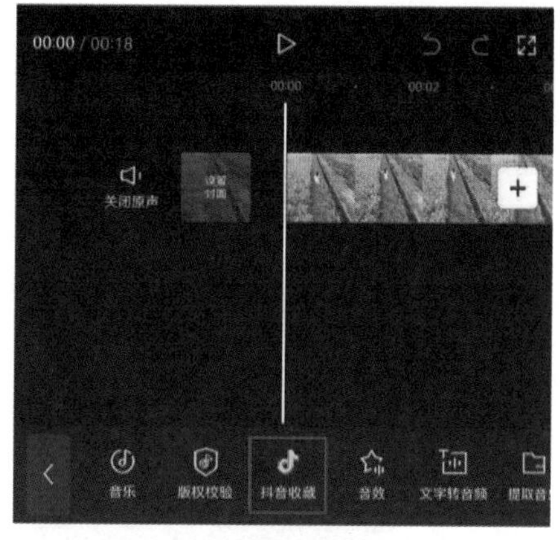

图3–7

进入剪映的音乐素材库，即可在界面下方的抖音收藏列表中看到刚刚收藏的音乐，如图3–8所示，点击下载音乐，再点击按钮，即可将收藏的音乐添加至剪辑项目中，如图3–9所示。

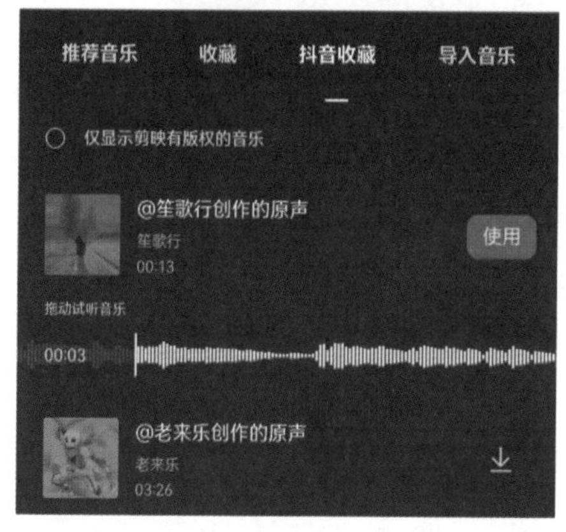

图3–8

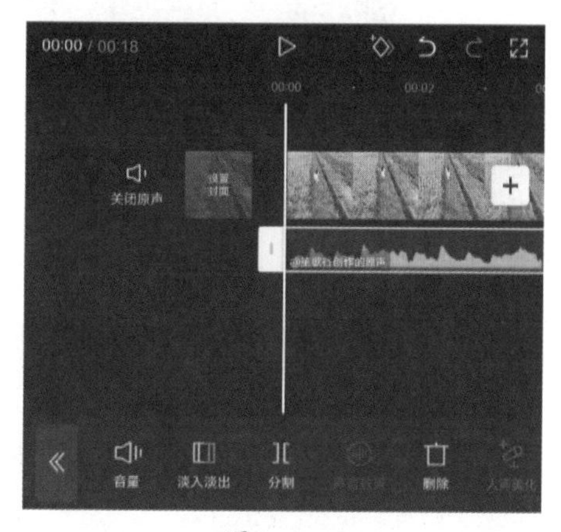

图3–9

提示 如果想在剪映中将“抖音收藏”中的音乐素材删除，只需要在抖音中取消对该音乐的收藏即可。

3.1.4 提取本地音乐

剪映支持用户对本地相册中拍摄和存储的视频进行音乐提取操作，简单来说就是将其他视频中的音乐提取出来并单独应用到剪辑项目中。

提取视频音乐的方法非常简单，在音乐素材库中，切换至“导入音乐”选项，然后在选项栏中点击“提取音乐”按钮，接着点击“去提取视频中的音乐”按钮，如图3-10所示。在打开的素材选取界面中选择带有音乐的视频，然后点击“仅导入视频的声音”按钮，如图3-11所示。

图3-10

图3-11

执行操作后，即可将视频中的背景音乐提取出来，如图3-12所示。点击音频右侧的“使用”按钮，即可将提取的音乐添加至剪辑项目中，如图3-13所示。

图3-12

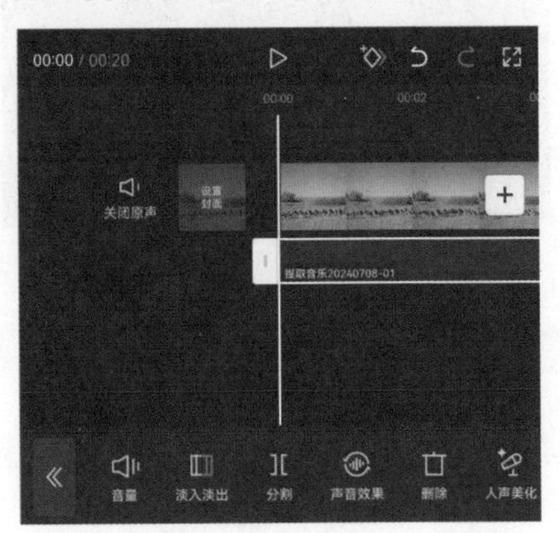

图3-13

除可以在音乐素材库中进行音乐的提取操作外，用户还可以选择在视频编辑界面中完成音乐提取操作。在未选中素材的状态下，点击底部工具栏中的“音频”按钮，如图3-14所示，然后在打开的音频选项栏中点击“提取音乐”按钮，如图3-15所示，即可进行视频音乐的提取操作。

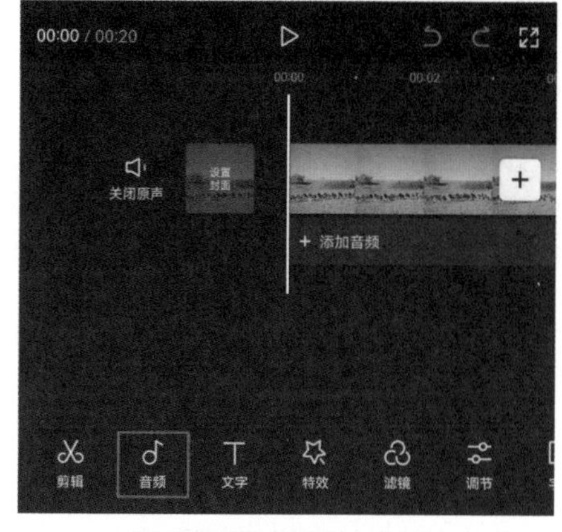

图3−14

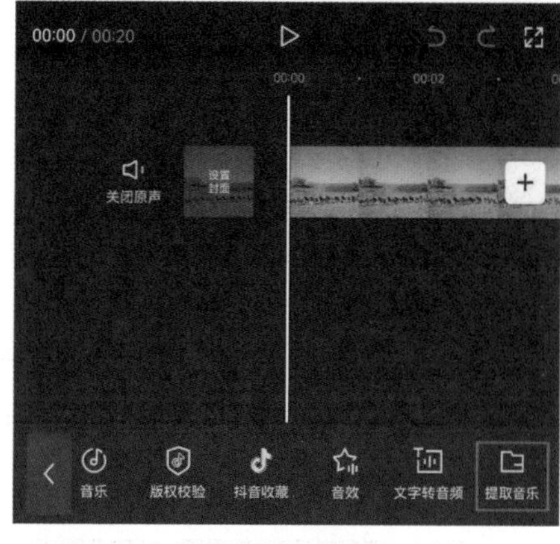

图3−15

3.1.5　实操：为视频添加音乐和音效

剪映拥有丰富的曲库资源和音效素材，方便用户为视频添加背景音乐和音效，下面将通过实操的方式介绍在剪映中为视频添加音乐和音效的方法，图3–16为视频画面效果。

扫码观看示例操作

图3−16

01　打开剪映App，在素材添加界面选择一段关于美食的视频素材添加至剪辑项目中，将时间指示器定位至视频的起始位置，在未选中任何素材的状态下，点击底部工具栏中的“音频”按钮，如图3-17所示，打开音频选项栏，点击其中的“音乐”按钮，如图3-18所示。

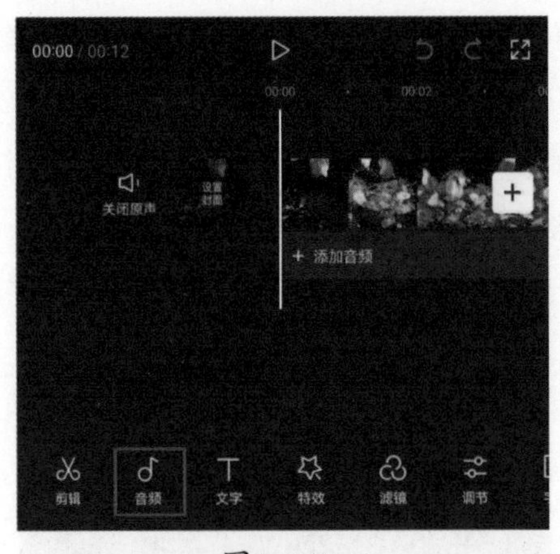

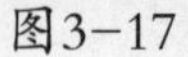
图3-17

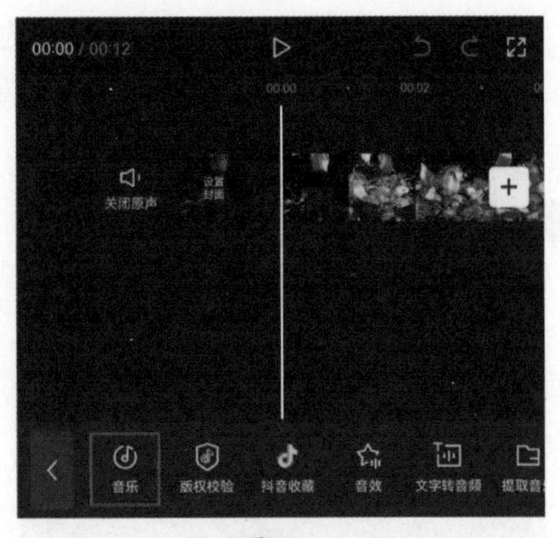

图3-18

02 进入剪映音乐库，如图3-19所示，在界面顶部的搜索框中输入关键词，在搜索出的音乐选项中选择图3-20中的音乐，点击“使用”按钮，将其添加至剪辑项目中。

图3-19

图3-20

03 在时间线区域选中音乐素材，将其右侧的白色边框向左拖动，使其尾端和视频素材的尾端对齐，如图3-21所示。

04 取消选择音乐素材，将时间指示器移动至00:04/00:12处（即视频画面中炸小龙虾的时刻），在底部工具栏中点击“音效”按钮，如图3-22所示。

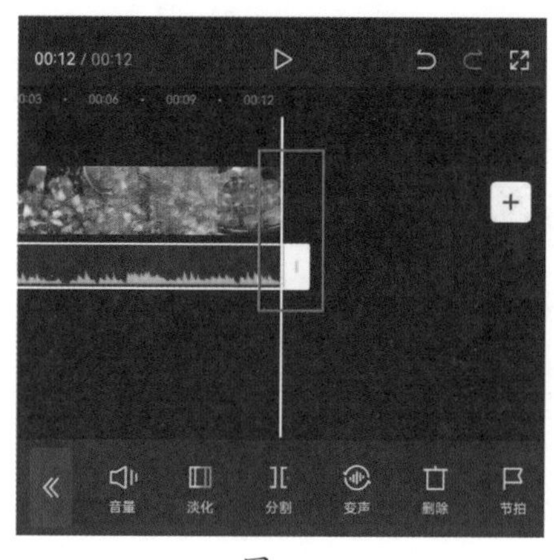

图3-21

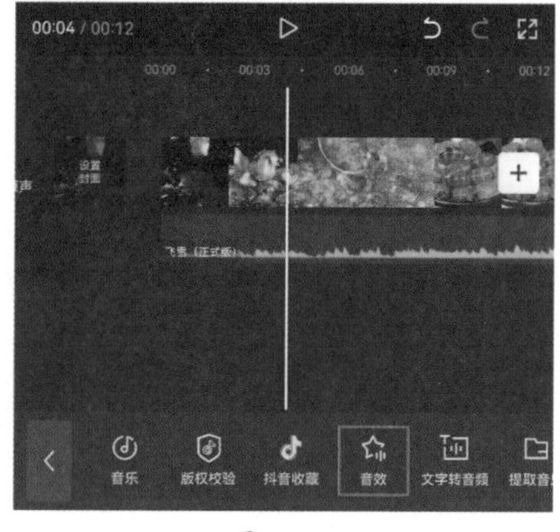

图3-22

05 进入音效选项栏，在美食选项中选择“油炸声”音效，如图3-23所示，点击“使用”按钮，将其添加至剪辑项目中。

06 将时间指示器移动至00:08/00:12处（即视频画面即将切换的时候），在时间线区域选中音效素材，将其右侧的白色边框向左拖动，使其尾端和时间指示器对齐，如图3-24所示。

07 完成所有操作后，即可点击“导出”按钮，将视频保存至相册。

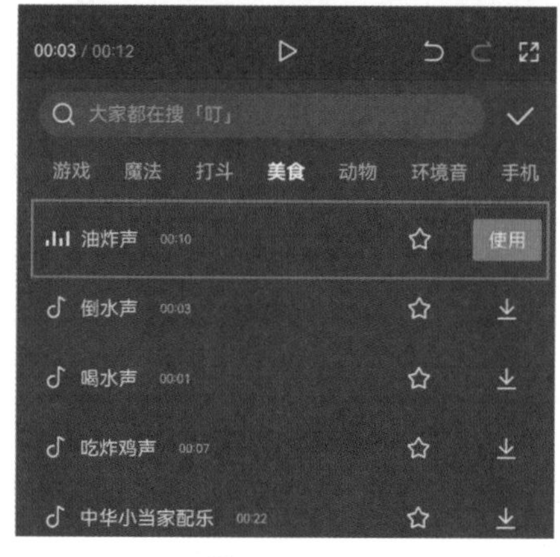

图3-23

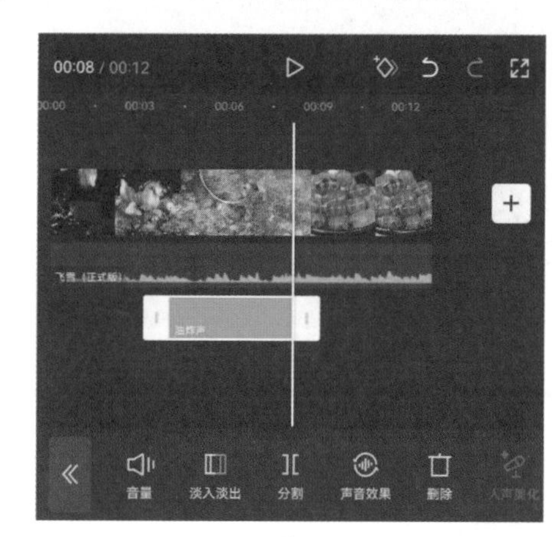

图3-24

3.1.6 实操：使用字幕配音

扫码观看示例操作

想必大家在刷抖音时总是会听到一些很有意思的声音，尤其是一些搞笑类的视频。有些人以为这些声音是对视频进行配音后再做变声处理后得到的，其实没有那么麻烦，只需要利用“文本朗读”功能就可以轻松实现。下面将通过实操的方式讲解在剪映App中使用文本朗读为视频配音的方法，视频效果如图3-25所示。

图3-25

01 打开剪映App，在素材添加界面选择一段视频素材并添加至剪辑项目中，点击底部工具栏中的“文字”按钮T，如图3-26所示，打开文字选项栏，点击其中的“文字模板”按钮[A]，如图3-27所示。

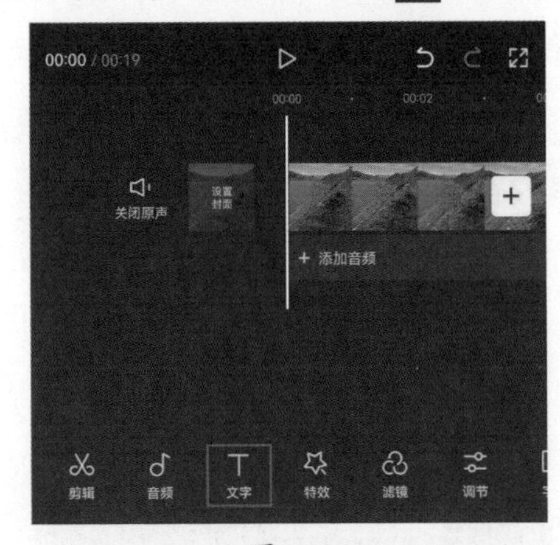

图3-26

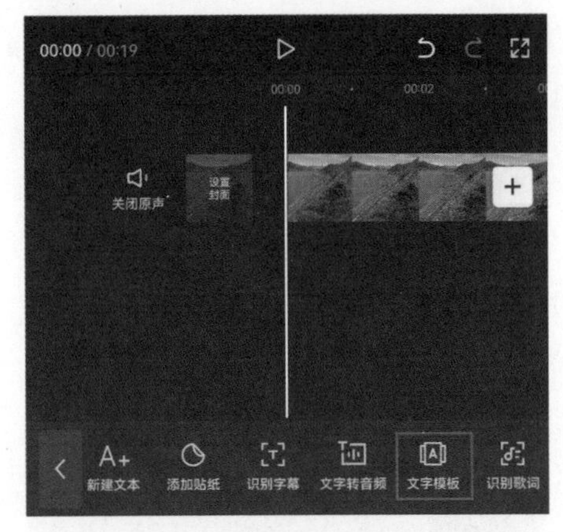

图3-27

02 打开文字模板选项栏，在“片头标题”选项中选择图3-28中的模板，再在文本框中将文字内容修改为“来一场说走就走的旅行”，然后点击按钮✓，如图3-29所示。

03 在时间线区域选中文字素材，点击底部工具栏中的“文本朗读”按钮Aa，如图3-30所示，打开文本朗读选项栏，在“女声音色”选项中选择“小姐姐”选项，然后点击按钮✓，如图3-31所示。

图3-28

图3-29

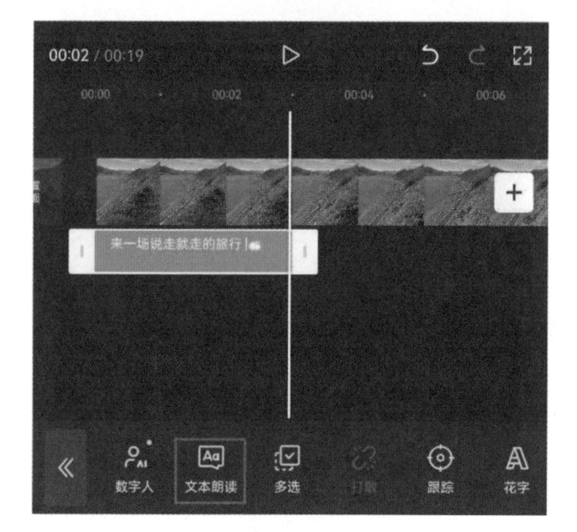

图3-30

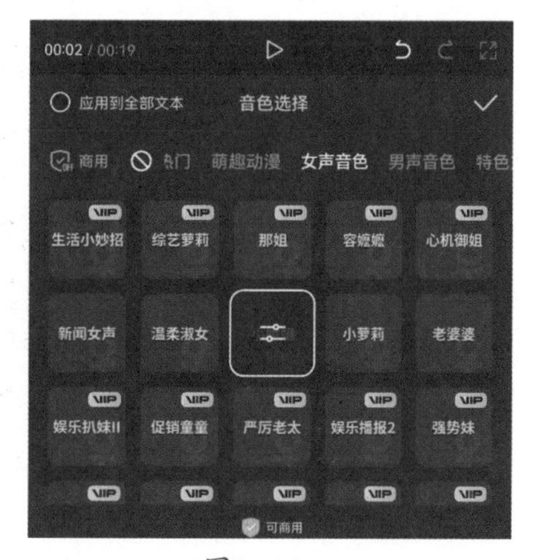

图3-31

04　执行操作后，即可在时间线区域自动生成语音，如图3-32所示。

05　完成所有操作后，再为视频添加一首合适的音乐，即可点击界面右上角的“导出”按钮，将视频保存至相册。

> **提示**　生成的音频素材在时间线区域会以绿色线条的形式呈现，若要显示音频轨道，需在底部工具栏中点击“音频”按钮，切换至音频模块。

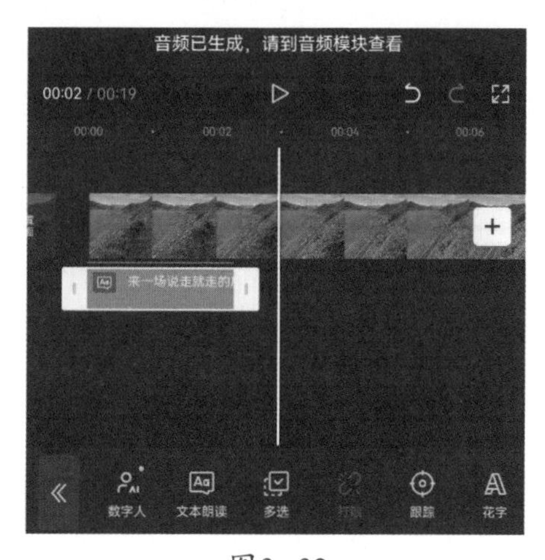

图3-32

3.2 音频素材的处理

剪映为用户提供了较为完备的音频处理功能，支持用户在剪辑项目中对音频素材进行淡化、变声、变调、和变速等处理。

3.2.1 音频变速

在进行视频编辑时，进行恰到好处的变速处理，来搭配搞怪的视频内容，可以很好地增加视频的趣味性。

实现音频变速的操作非常简单，在时间线区域选中音频素材，然后点击底部工具栏中的“变速”按钮，如图3–33所示，在打开的变速选项栏中可以自由调节音频素材的播放速度，如图3–34所示。

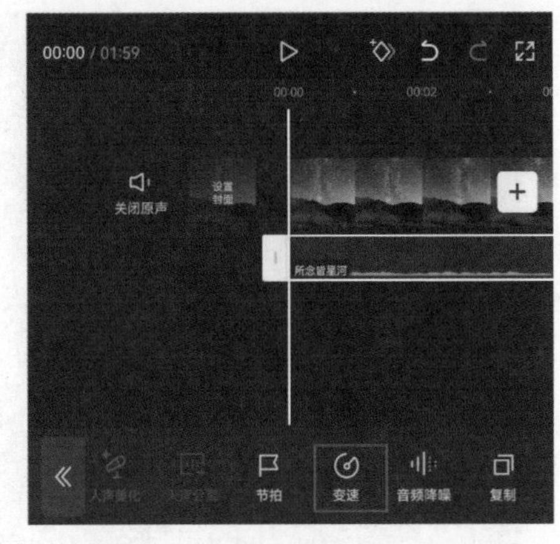

图3–33

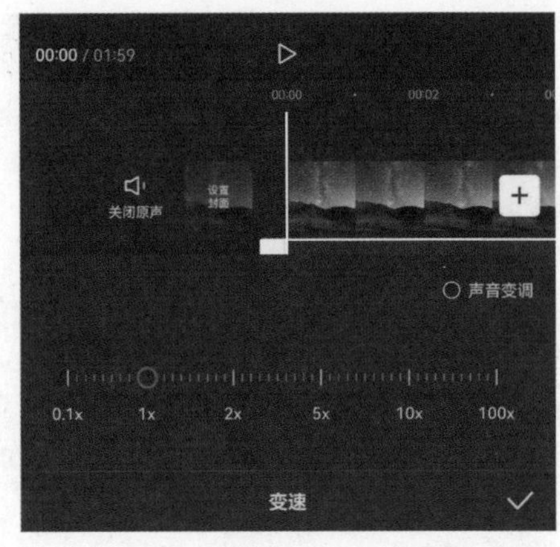

图3–34

在变速选项栏中通过左右拖动速度滑块，可以对音频素材进行减速或加速处理。速度滑块停留在1x数值处时，代表此时音频为正常播放速度。当用户向左拖动滑块时，音频素材将被减速，且素材持续时长会变长；当用户向右拖动滑块时，音频素材将被加速，且素材的持续时长将变短。

在进行音频变速操作时，如果想对音频的声音进行变调处理，可以点击左下角的“声音变调”选项，完成操作后，视频的声音会发生改变。

3.2.2 音频变声

看过游戏直播的用户应该知道，很多平台主播为了提高直播人气，会使用变声软件在游戏里进行变声处理，搞怪的声音配上幽默的话语，时常能引得观众们捧腹大笑。对视频原声进行变声处理，在一定程度上可以强化人物的情绪，对于一些趣味性或恶搞类短视频来说，音频变声可以很好地放大这类视频的幽默感。

在时间线区域添加完音频之后，选中音频素材，点击底部工具栏中的“声音效果”按钮，如图3–35所示。在打开的选项栏中，可以看到“小孩”“女生”“广告男声”“机器人”等声音效果，用户可以根据实际需求进行选择，如图3–36所示。

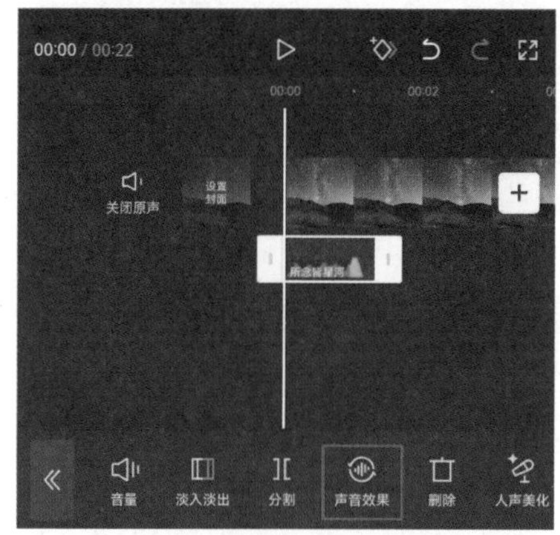

图3–35

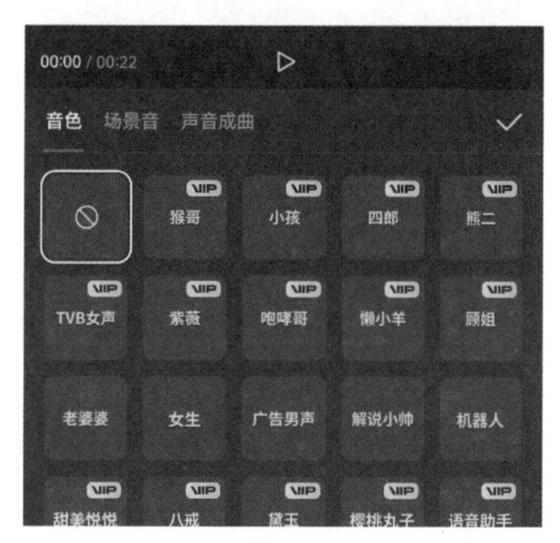

图3–36

3.2.3　实操：调节音频音量

为一段视频添加背景音乐、音效或者进行配音后，在时间线区域就会出现多条音频轨道，这时候通常会需要单独调节其音量，让视频的声音更有层次感，下面将通过实操的方式讲解调节音频音量的方法，视频效果如图3–37所示。

扫码观看
示例操作

图3–37

01　打开剪映App，在素材添加界面选择一段视频素材并添加至剪辑项目中，进入剪映音乐库，在“纯音乐”选项中选择图3-38中的音乐，再打开音效选项栏，在“环境音”选项中选择图3-39中的音效。

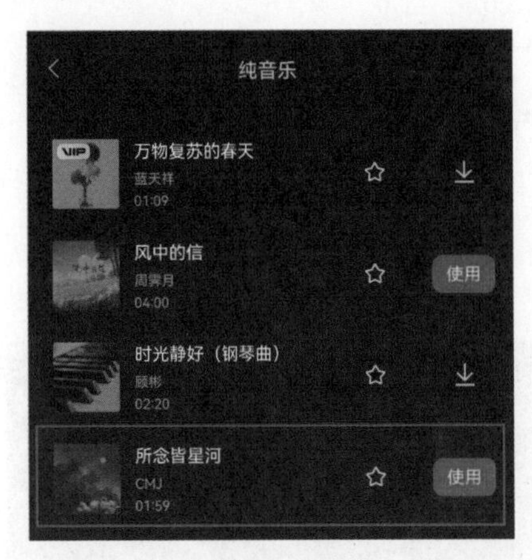

图3-38

图3-39

02 在时间线区域对音乐素材和音效素材进行剪辑，使其长度和视频素材的长度保持一致，如图3-40所示。

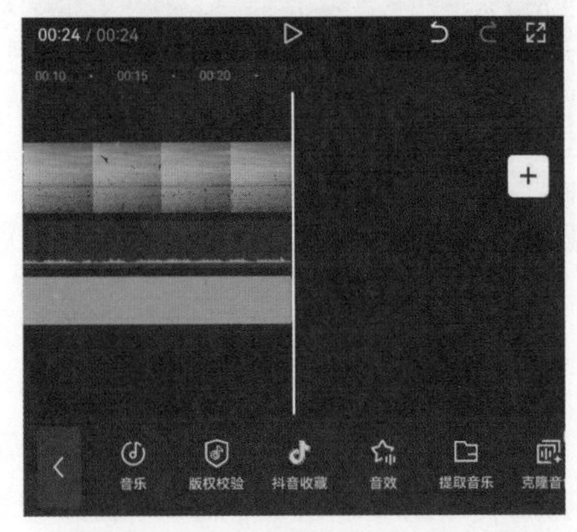

图3-40

03 在时间线区域选中音乐素材，点击底部工具栏中的“音量”按钮，如图3-41所示。在底部浮窗中拖动音量滑块，将数值设置为90，点击右下角的按钮保存操作，如图3-42所示。

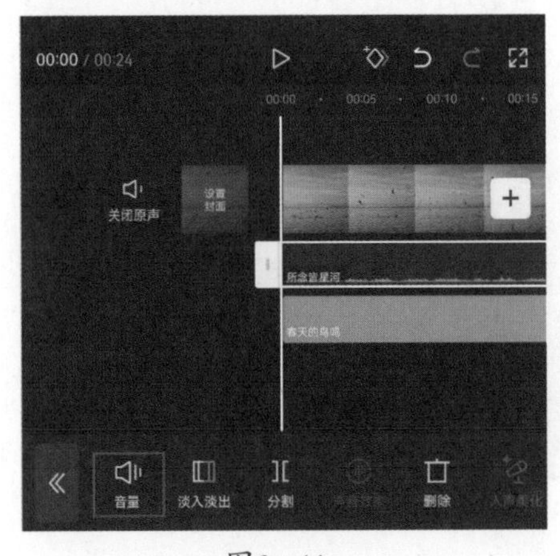

图3-41

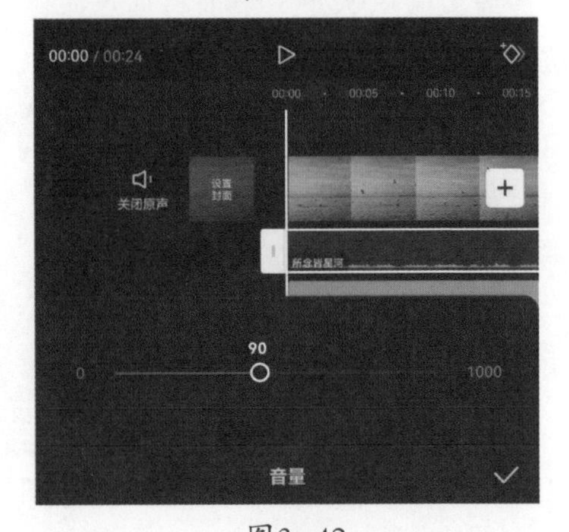

图3-42

04 在时间线区域选中“音效”素材，点击底部工具栏中的“音量”按钮，如图3-43所示。在底部浮窗中拖动音量滑块，将数值设置为150，点击右下角的按钮✓保存操作，如图3-44所示。

05 完成所有操作后，即可点击“导出”按钮，将视频保存至相册。

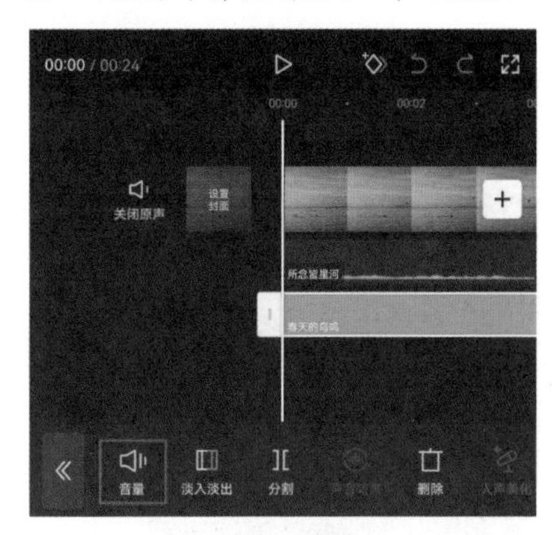

图3-43

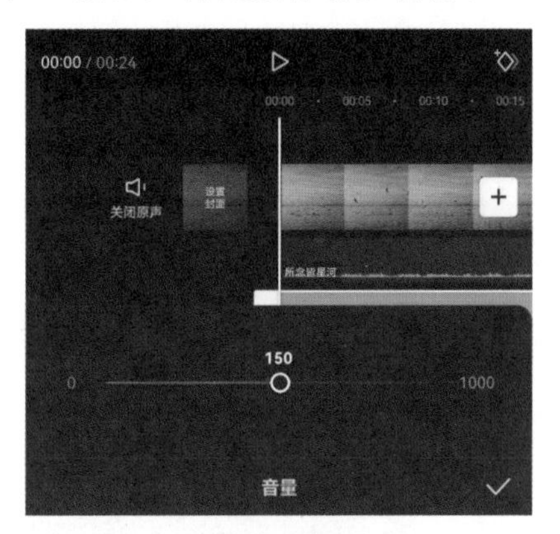

图3-44

3.2.4　实操：制作音量渐变效果

在剪映中为音频设置淡入淡出效果，可以使背景音乐很好地融入画面，不产生突兀的感觉。下面将通过实操的方式讲解为音乐设置淡入淡出效果的方法，视频效果如图3-45所示。

扫码观看示例操作

图3-45

01 打开剪映App，在素材添加界面选择一段视频素材添加至剪辑项目中，将时间指示器定位至视频的起始位置，在未选中任何素材的状态下，点击底部工具栏中的“音频”按钮♪，如图3-46所示，打开音频选项栏，点击其中的“音乐”按钮，如图3-47所示。

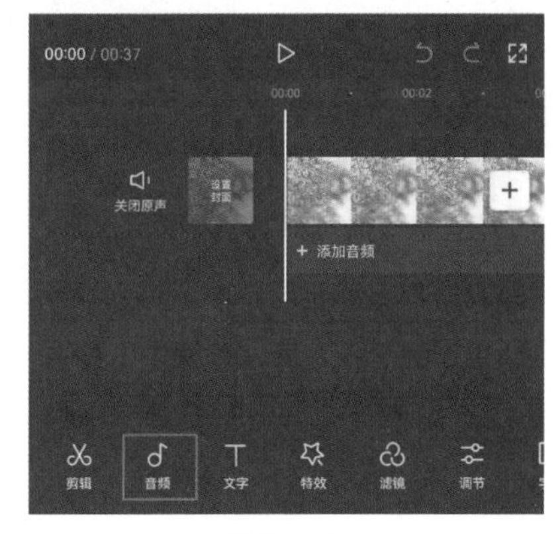

图3-46

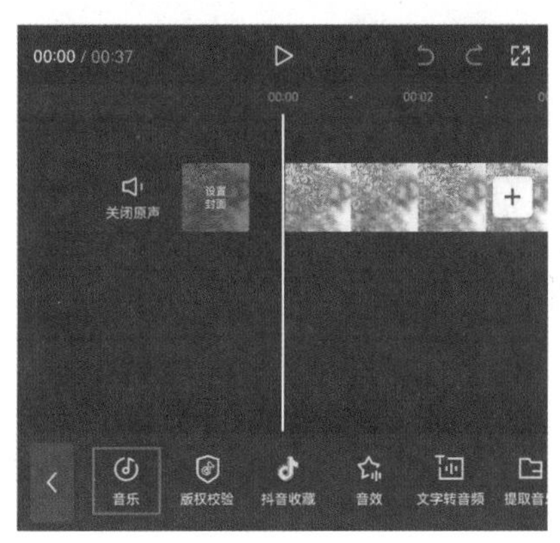

图3-47

02 进入剪映音乐库，选择“纯音乐”选项，如图3-48所示，打开音乐列表，选择图3-49中的音乐，点击“使用”按钮，将其添加至剪辑项目中。

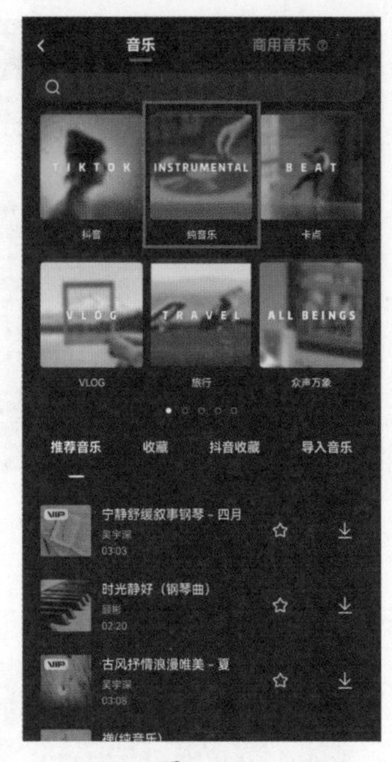

图3-48

图3-49

03 将时间指示器移动至00:05处，选中音乐素材，点击底部工具栏的“分割”按钮，如图3-50所示，选中分割出来的前半段素材，点击“删除”按钮将其删除，如图3-51所示。

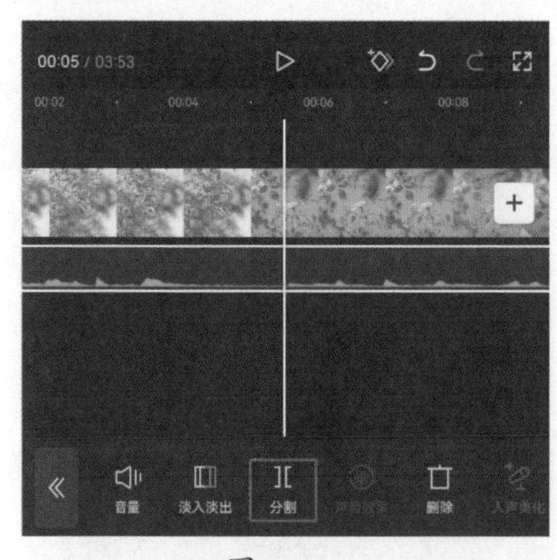

图3-50

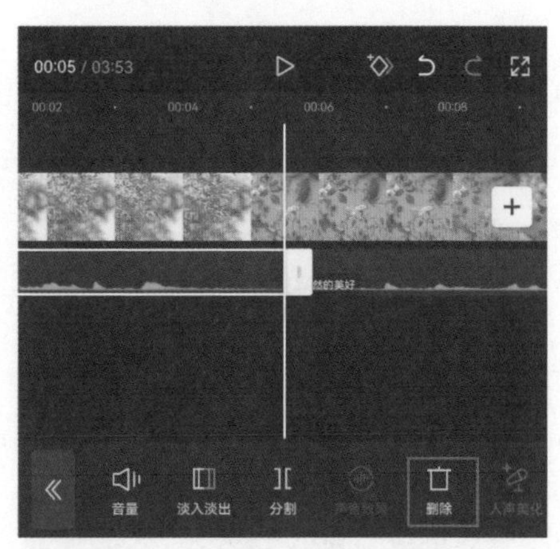

图3-51

04 在时间线区域选中音乐素材并将其向前拖动，使其起始位置和视频素材的起始位置对齐，如图3-52所示。

05　将时间指示器移动至视频的尾端，参照步骤03的操作方法对音乐素材进行剪辑，使其尾端和视频的尾端对齐，如图3-53所示。

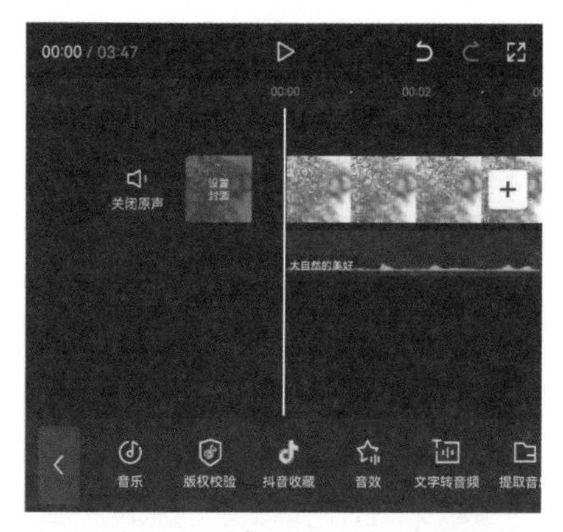

图3-52

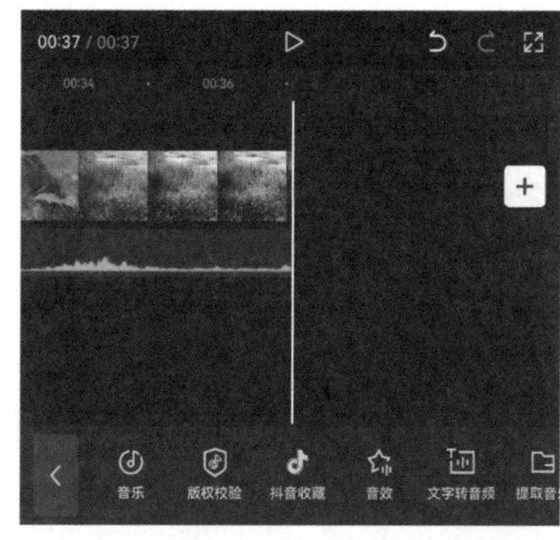

图3-53

06　在时间线区域选中音乐素材，点击底部工具栏中的“淡入淡出”按钮，如图3-54所示，在底部浮窗中拖动白色圆圈滑块，设置好淡入时长和淡出时长，如图3-55所示。

07　完成所有操作后，即可点击“导出”按钮，将视频保存至相册。

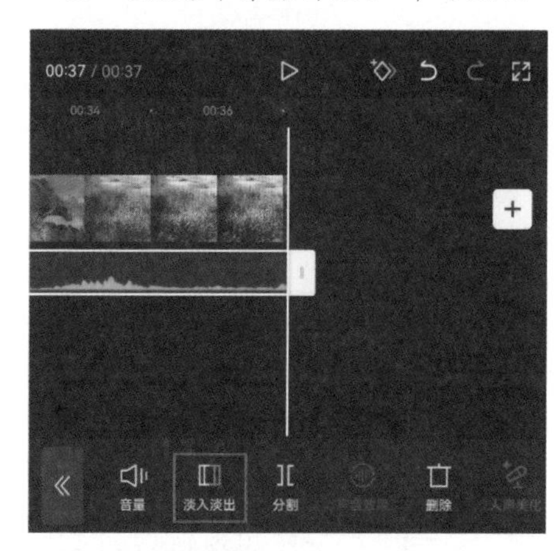

图3-54

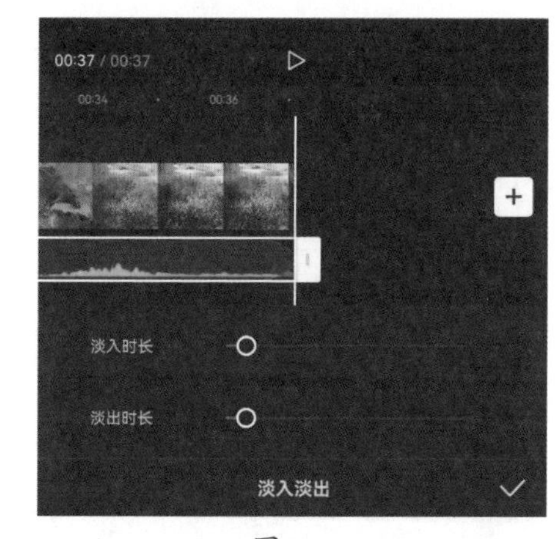

图3-55

3.3　制作音乐卡点视频

以往在使用视频剪辑软件制作卡点视频时，往往需要用户一边试听音频效果，一边手动标记节奏点，这是一项既费时又费力的事情，因此制作卡点视频让很多新手创作者望而却步。如今，剪映这款全能型的短视频剪辑软件，针对新手用户推出了特色“节拍”功能，不仅支持用户手动标记节奏点，还能帮助用户快速分析背景音乐，自动生成节奏标记点。

3.3.1　手动踩点

在时间线区域添加音乐素材后，选中音乐素材，点击底部工具栏中的“节拍”按钮，如图3-56所示。在打开的节拍选项栏中，将时间指示器移动至需要进行标记的时间点，然后点击“添加点”按钮，如图3-57所示。

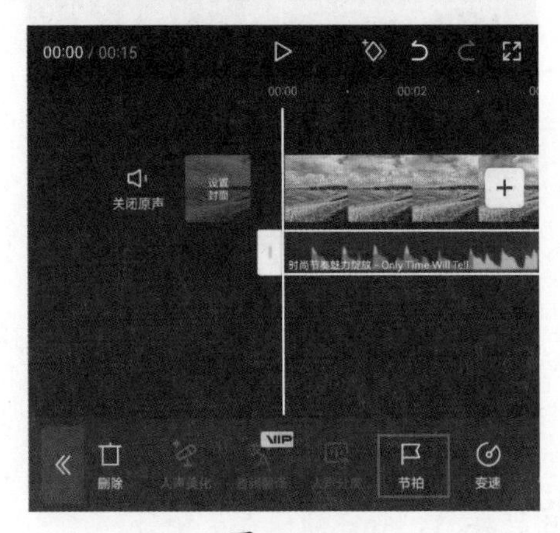

图3-56

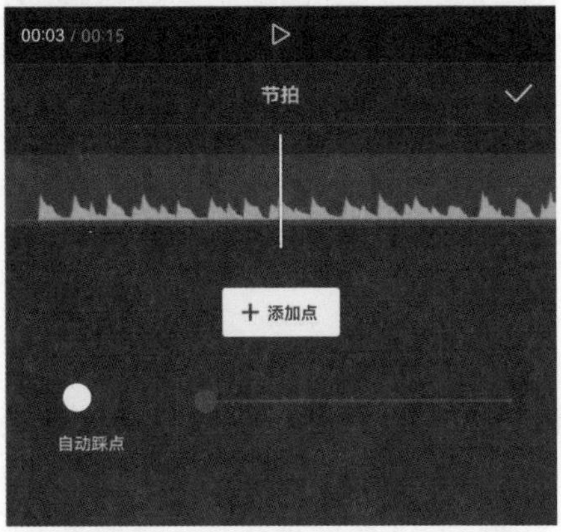

图3-57

执行操作后，即可在时间线所在的位置添加一个黄色的标记，如果对添加的标记不满意，还可以点击“删除点”按钮将其删除，如图3-58所示。标记点添加完成后，点击按钮即可保存操作，在时间线区域中可以看到刚刚添加的标记点，如图3-59所示。

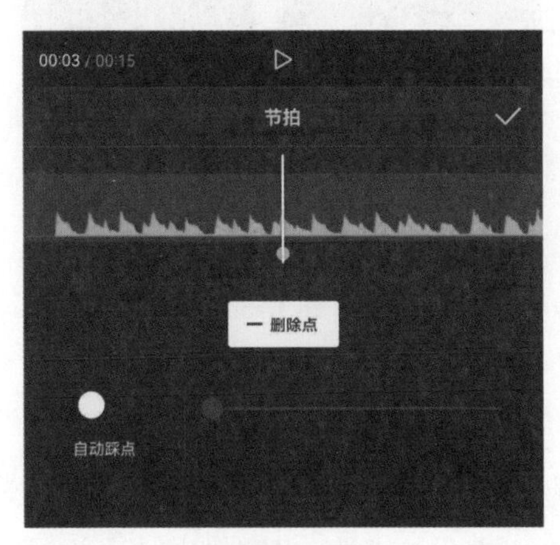

图3-58

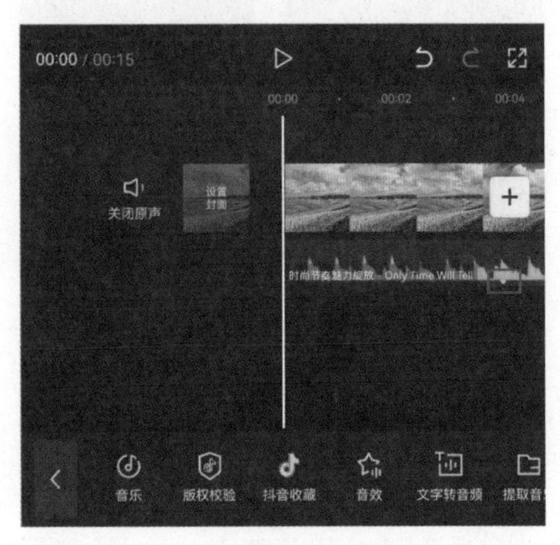

图3-59

3.3.2　自动踩点

在时间线区域添加音乐素材后，选中音乐素材，点击底部工具栏中的“节拍”按钮，如图3-60所示。在打开的节拍选项栏中，将自动踩点功能打开，音乐素材下方会自动生成黄色的标记点，用户还可以根据自己的需求选择“慢”或“快”，如图3-61所示。

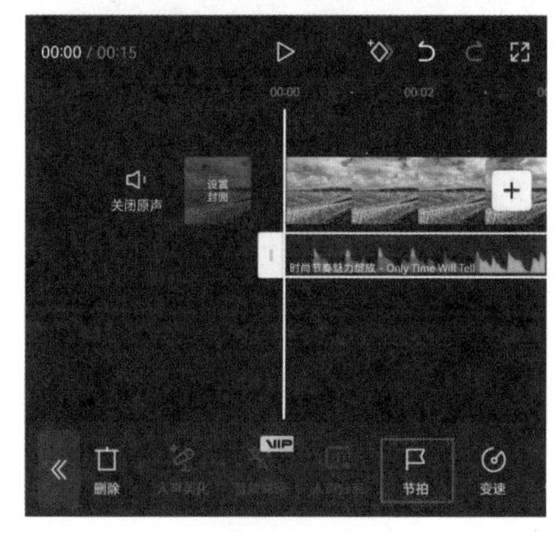

图3-60

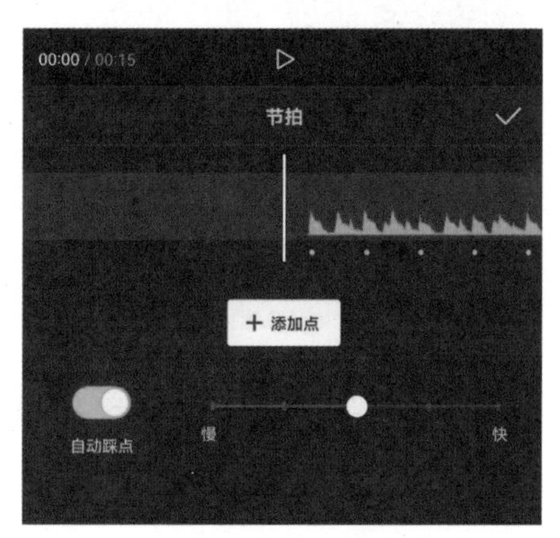

图3-61

3.3.3　实操：制作动感卡点相册

卡点视频是一种非常注重音乐旋律和节奏动感的短视频，音乐的节奏感越强，鼓点的起伏越大，用户也更容易找到节拍点。下面将通过实操的方式讲解音乐卡点视频的制作方法，视频效果如图3-62所示。

扫码观看示例操作

图3-62

01　打开剪映App，在素材添加界面选择12张人物图像素材并添加至剪辑项目中。打开音频选项栏，点击其中的“音乐”按钮，如图3-63所示，进入剪映音乐素材库，在“卡点”选项栏中选择图3-64中所示的音乐，点击“使用”按钮将其添加至剪辑项目中。

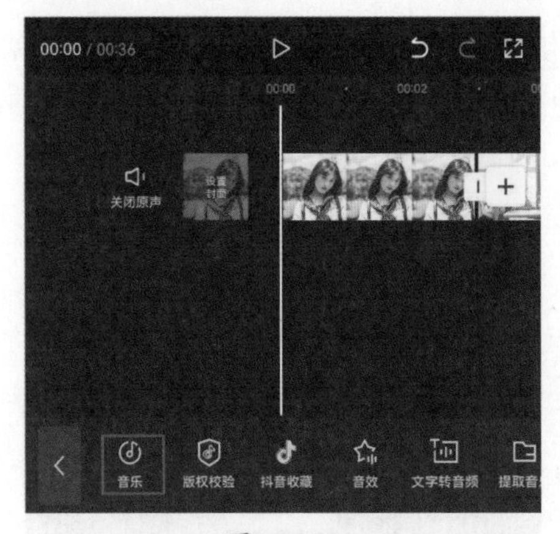

图3-63

图3-64

02 在时间线区域选中音乐素材，点击底部工具栏中的“节拍”按钮，如图3-65所示。在底部浮窗中点击“自动踩点”按钮，执行操作后点击按钮，如图3-66所示。

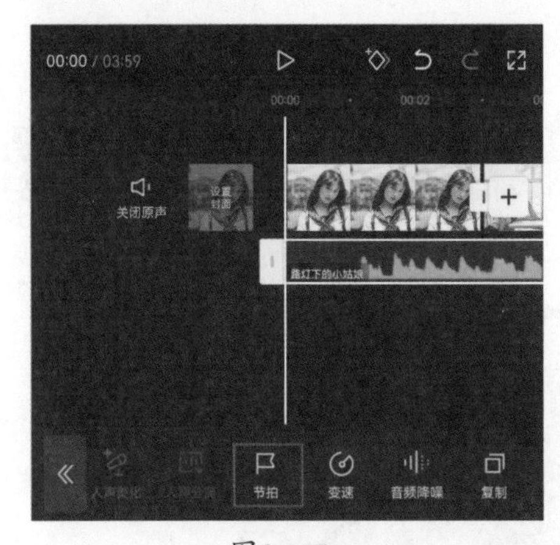

图3-65

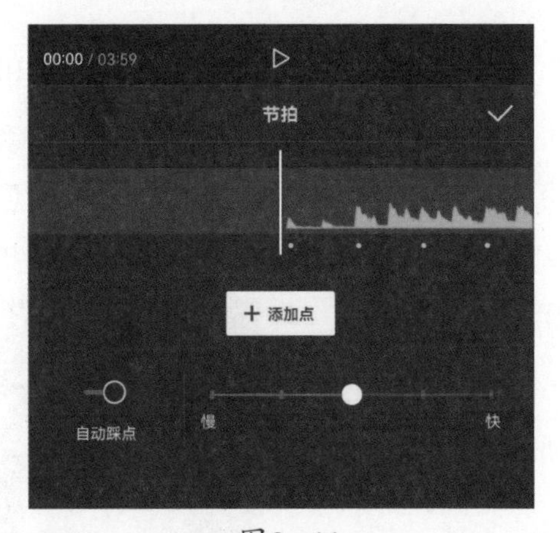

图3-66

03 将时间指示器移动至音频的第2个节拍点的位置，在时间线区域选中第一段素材，点击底部工具栏中的“分割”按钮，再点击“删除”按钮，如图3-67和图3-68所示，将多余的素材删除。

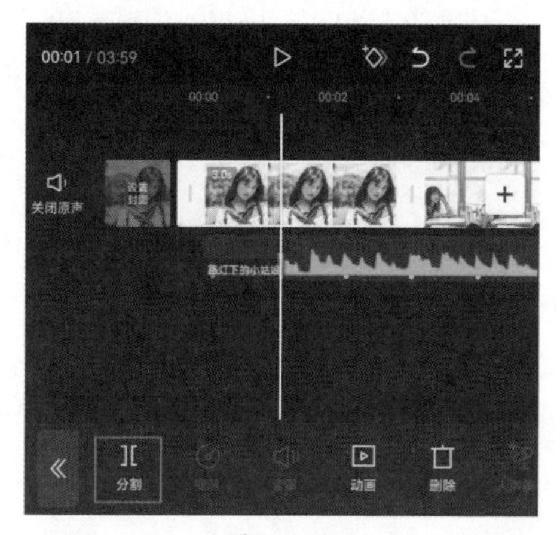

图3-67

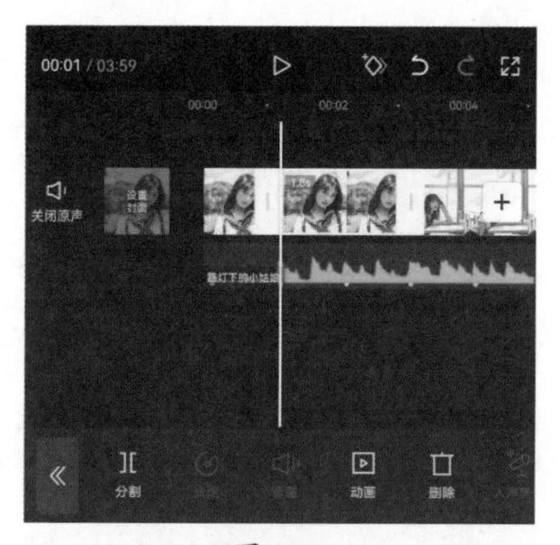

图3-68

04　参照上述操作方法根据音频的节拍点对余下素材进行剪辑，使画面的切换与节拍点对齐，如图3-69所示。

05　对音频素材进行剪辑，使其尾端和最后一段素材的尾端对齐，完成所有操作后，即可点击界面右上角的“导出”按钮，将视频保存至相册。

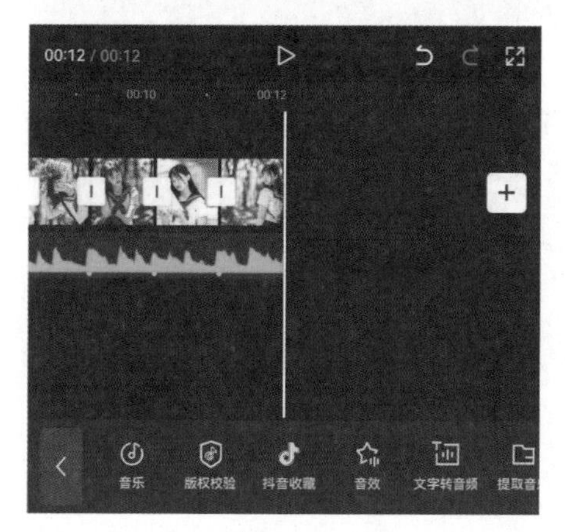

图3-69

第4章

添加字幕将短视频做出专业效果

为了让视频的信息更加丰富、重点更加突出，很多时候会给视频添加一些文字，比如视频的标题、人物的台词、关键词、歌词等。除此之外，为文字增加些动画或特效，并将其安排在恰当的位置，还能令视频画面更具美感。本章将介绍在剪映中制作字幕效果的方法，帮助大家做出图文并茂的短视频。

4.1　添加视频字幕

添加字幕其实就是将语音内容以文字的方法显示在画面中，在剪映里，用户既可以手动添加字幕，也可以直接套用字幕模板，或者使用剪映的识别功能将视频的语言自动转换为字幕。

4.1.1　利用DeepSeek新建文本

打开剪映App，在时间线区域添加背景素材后，在未选中任何素材的状态下，点击底部工具栏中的“文字”按钮T，在打开的文字选项栏中，点击“新建文本”按钮A+，如图4–1和图4–2所示。

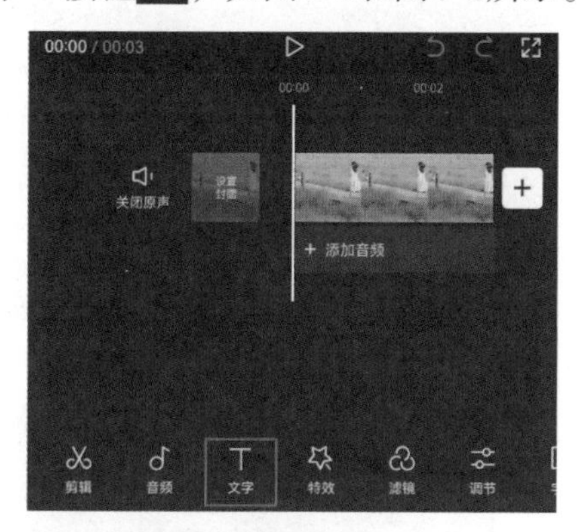

图4−1

图4−2

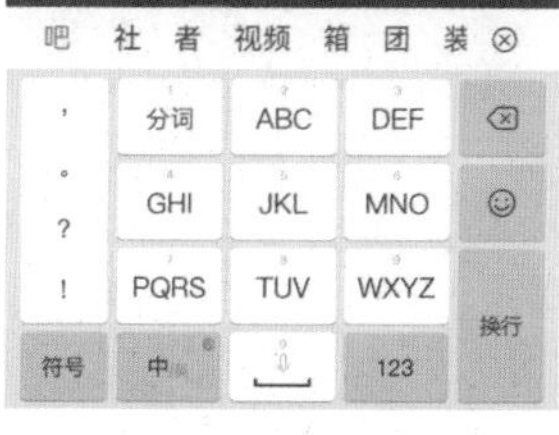

图4−3

此时界面底部将弹出键盘，用户可以根据实际需求输入文字，或使用DeepSeek输入提示词生成相应内容，最终的文字将同步显示在预览区域,如图4–3所示，完成操作后点击按钮，即可在时间线区域生成文字素材，如图4–4所示。

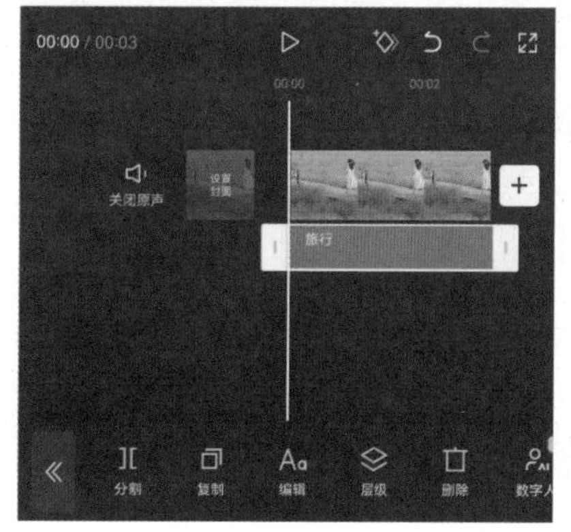

图4−4

4.1.2 涂鸦笔

使用剪映的“涂鸦笔”功能，用户可以直接在预览区域进行书写，在时间线区域添加背景素材后，在未选中任何素材的状态下，点击底部工具栏中的“文字”按钮，如图4–5所示，在打开的文字选项栏中，点击“涂鸦笔”按钮，如图4–6所示。

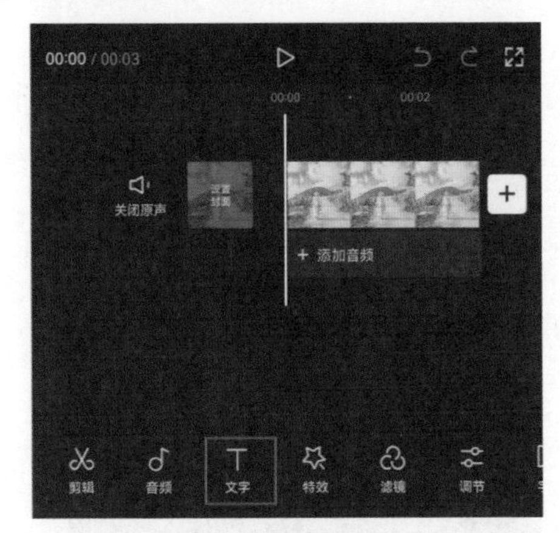

图4–5图

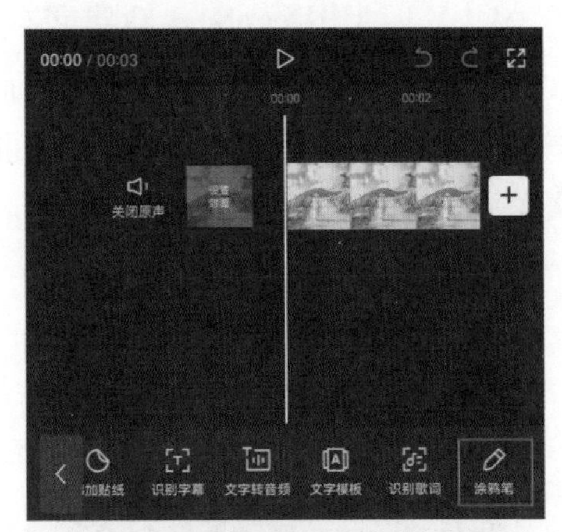

图4–6

打开涂鸦笔选项栏，可以看到“基础笔”和“素材笔”两个选项，如图4–7所示，在基础笔选项栏中选择任意一种样式，然后在界面底部设置好颜色和大小，即可在预览区域进行书写，如图4–8所示。

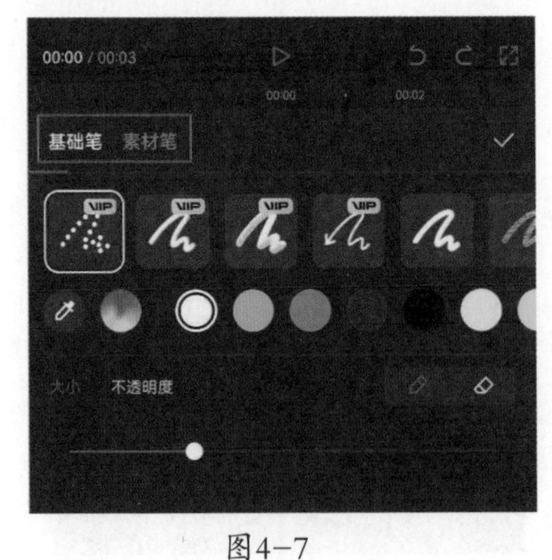

图4–7

图4–8

在界面底部点击“橡皮擦”按钮，即可在预览区域将书写的文字擦除，如图4-9所示。切换至“素材笔”选项栏，其应用方法与基础笔一样，选择任意一种样式，然后在界面底部设置好颜色和大小，即可在预览区域进行书写或绘制图形，如图4-10所示。

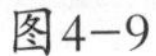
图4-9

图4-10

4.1.3　实操：识别字幕

使用剪映内置的“识别字幕”功能，可以对视频中的语言进行智能识别，然后自动转换为字幕。通过该功能，可以快速且轻松地完成字幕的添加工作，达到节省工作时间的目的。下面将通过实操的方式讲解“识别字幕”功能的使用方法，效果如图4-11所示。

扫码观看示例操作

图4-11

01 打开剪映App，进入素材添加界面选择一段视频素材并添加至剪辑项目中。在未选中任何素材的状态下，点击底部工具栏中的“文字”按钮，如图4-12所示，打开文字选项栏，点击其中的“识别字幕”按钮，如图4-13所示。

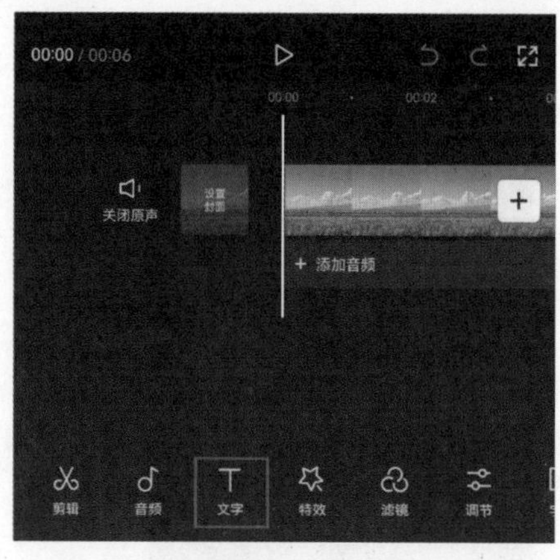

图4-12

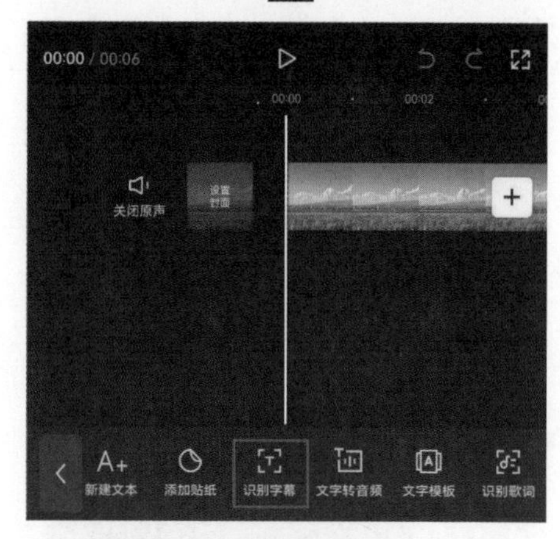

图4-13

02 执行操作后，在底部浮窗中点击“开始识别”按钮，如图4-14所示，等待片刻，识别完成后，时间线区域将自动生成字幕，如图4-15所示。

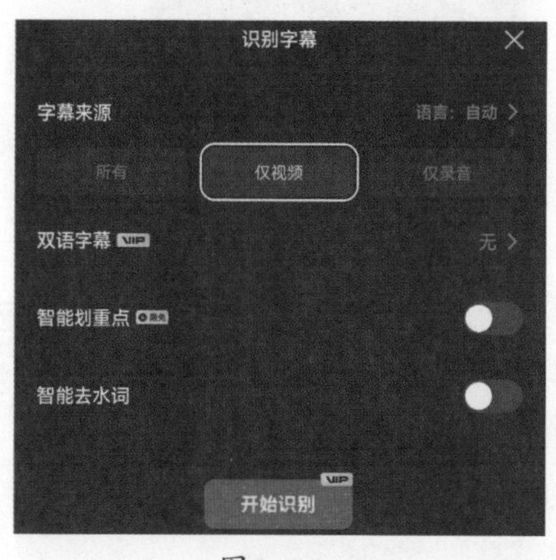

图4-14

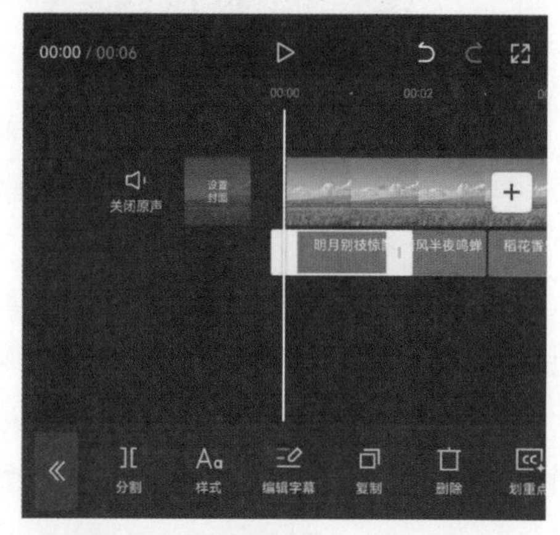

图4-15

03 选中任意一段字幕，点击底部工具栏中的“编辑字幕”按钮，如图4-16所示，进入编辑界面，对字幕进行审校，确认无误后点击按钮保存操作，如图4-17所示。

04 完成所有操作后，即可点击界面右上角的“导出”按钮，将视频保存至相册。

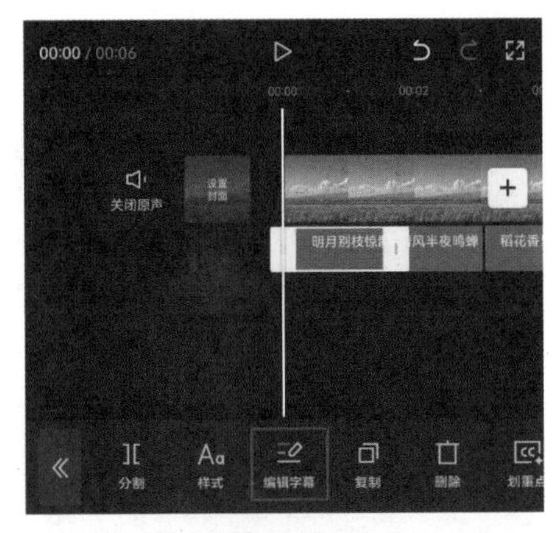

图4-16

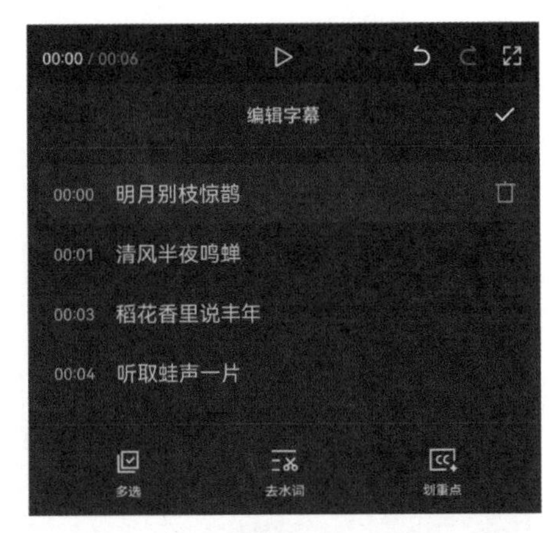

图4-17

4.1.4 实操：识别歌词

通过“识别歌词”功能，可以对音乐的歌词进行自动识别，并生成相应的文字素材，这对于一些想要制作音乐MV短片、卡拉OK视频效果的创作者来说，是一项非常省时省力的功能。下面将通过实操的方式介绍“识别歌词”功能的应用方法，效果如图4-18所示。

扫码观看示例操作

图4-18

01 打开剪映App，进入素材添加界面选择一段视频素材添加至剪辑项目中。在未选中任何素材的状态下，点击底部工具栏中的“文字”按钮，如图4-19所示，打开文字选项栏，点击其中的“识别歌词”按钮，如图4-20所示。

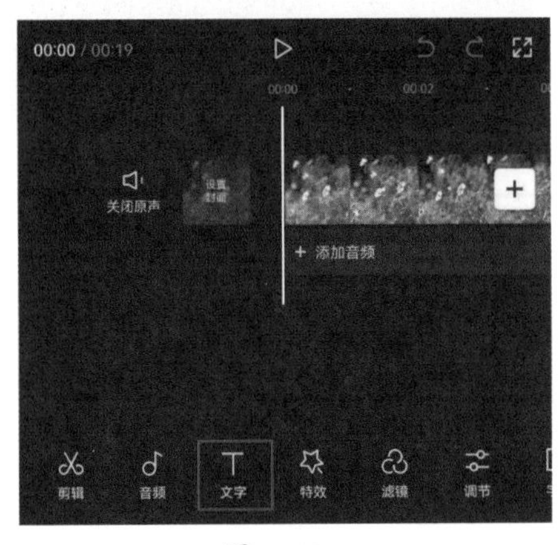

图4-19

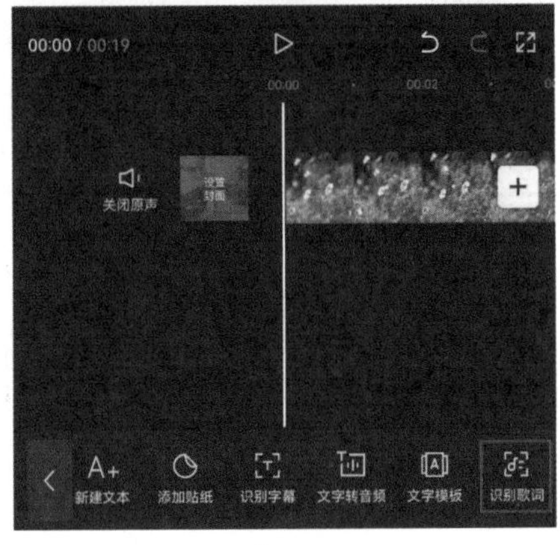

图4-20

02 执行操作后，再在底部浮窗中点击“开始匹配”按钮，如图4-21所示，等待片刻，识别完成后，时间线区域将自动生成歌词字幕，如图4-22所示。

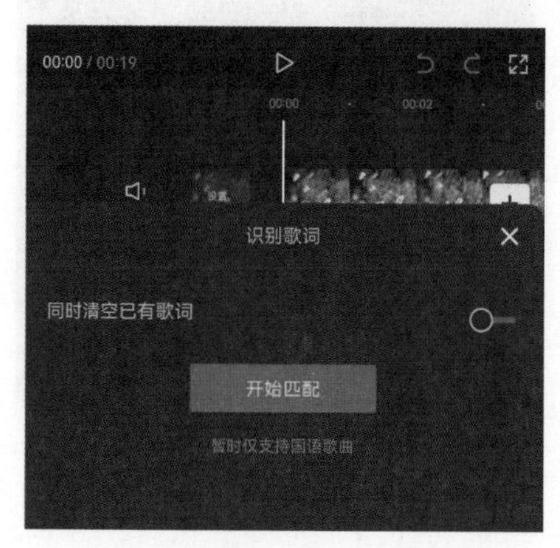

图4-21

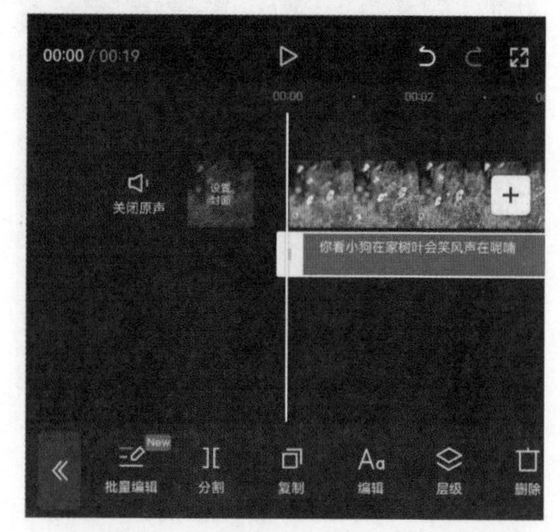

图4-22

03 选中任意一段字幕，点击底部工具栏中的“批量编辑”按钮，如图4-23所示，进入编辑界面，对歌词进行审校，确认无误后点击按钮保存操作，如图4-24所示。

04 完成所有操作后，即可点击界面右上角的“导出”按钮，将视频保存至相册。

图4-24

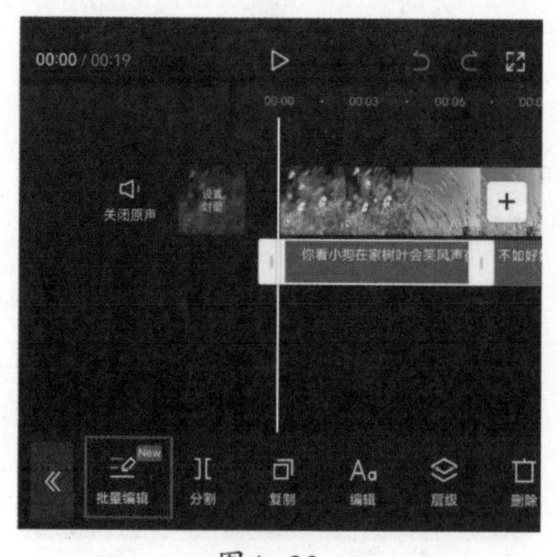

图4-23

> **提示** 在识别歌词时，受演唱时的发音影响，容易造成字幕出错，因此在完成歌词的自动识别工作后，一定要检查一遍，及时地修改错误的文字内容。

4.1.5　实操：套用字幕模板

扫码观看示例操作

平时在刷短视频时，很多用户应该都会在视频中看到一些很有意思的字幕，比如一些小贴士、小标签等，这些字幕可以在恰当的时刻很好地活跃视频的气氛，吸引观众，为视频画面大大增色，而且在剪映中，可以利用“字幕模板”一键添加。下面将通过实操的方式讲解套用字幕模板的方法，效果如图4-25所示。

图4-25

01　在剪映App中打开一个需要添加字幕的剪辑项目，在未选中任何素材的状态下，点击底部工具栏中的“文字”按钮T，如图4-26所示。打开文字选项栏，点击其中的“文字模板”按钮[A]，如图4-27所示。

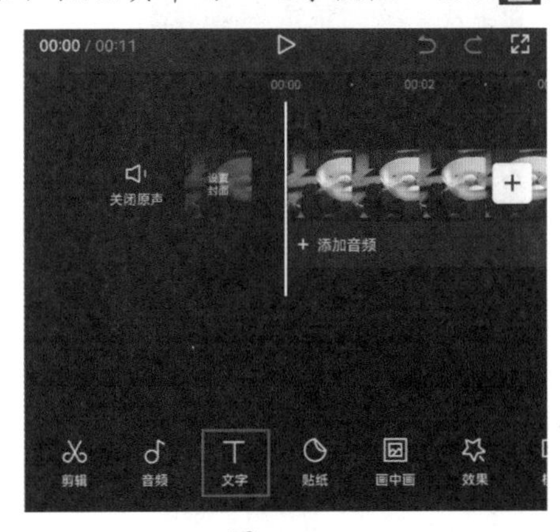

图4-26

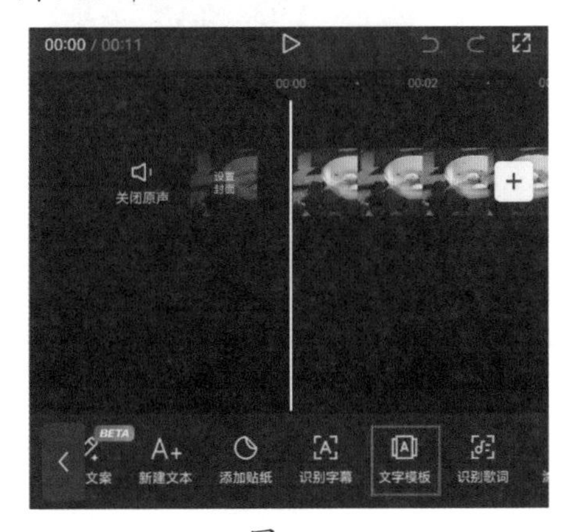

图4-27

02　打开文字模板选项栏，选择喜欢的模板，在预览区域中将字幕缩小并置于画面中的合适位置，如图4-28所示。

03　执行操作后，在输入框中将文字内容修改为“满堂彩”，如图4-29所示。

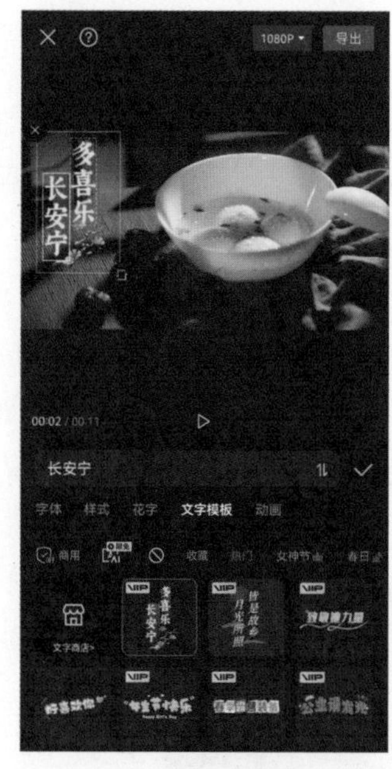

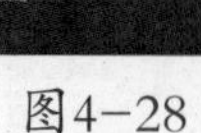

图4-28

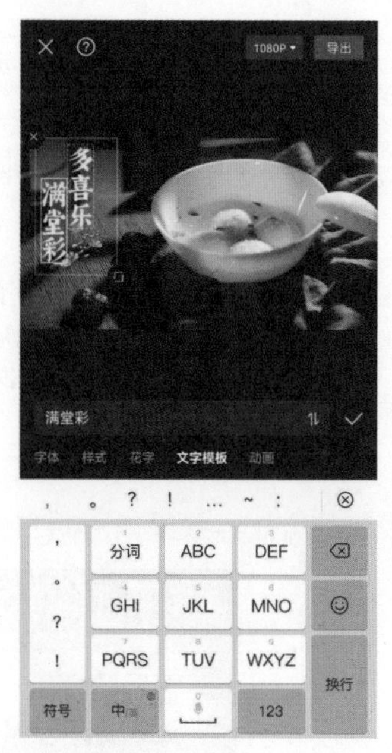

图4-29

04 点击输入框旁边的按钮⇅，切换至下一行，在输入框中将其修改为“万事吉”，如图4-30所示。

05 执行操作后，点击“确认”按钮✓，返回视频编辑界面，将字幕素材的长度延长至和视频同长，如图4-31所示。

图4-30

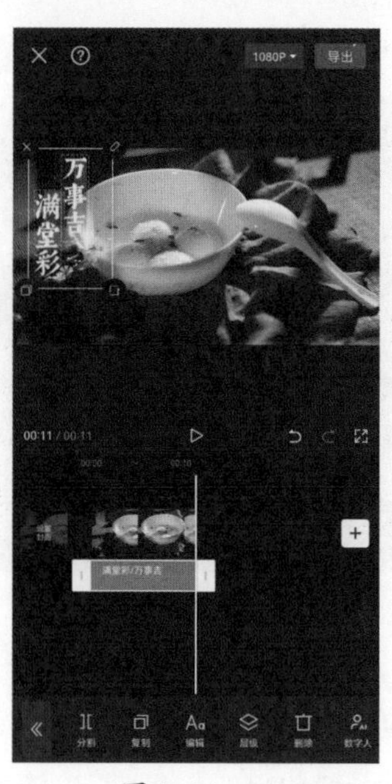

图4-31

06　完成所有操作后，再为视频添加一首合适的音乐，即可点击界面右上角的“导出”按钮，将视频保存至相册。

4.1.6　实操：利用DeepSeek制作数字人口播视频

数字人是运用数字技术创造出来的、与人类形象接近的数字化人物形象，它可以模拟真人动作、声音甚至表情，AI数字人如今在口播视频和直播场景中的应用非常广泛。下面将通过实操的方式讲解制作数字人口播视频的方法，效果如图4-32所示。

图4-32

01　打开剪映App，在素材添加界面选择一段背景素材添加至剪辑项目中。在未选中素材的状态下，点击底部工具栏中的“文字”按钮，如图4-33所示，打开文字选项栏，点击其中的“智能文案”按钮，如图4-34所示。

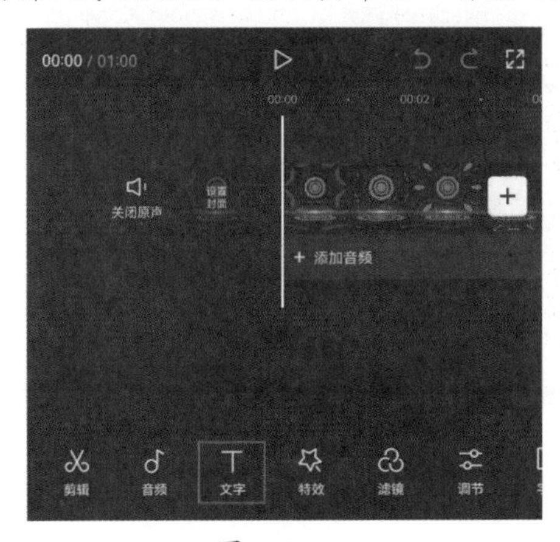

图4-33

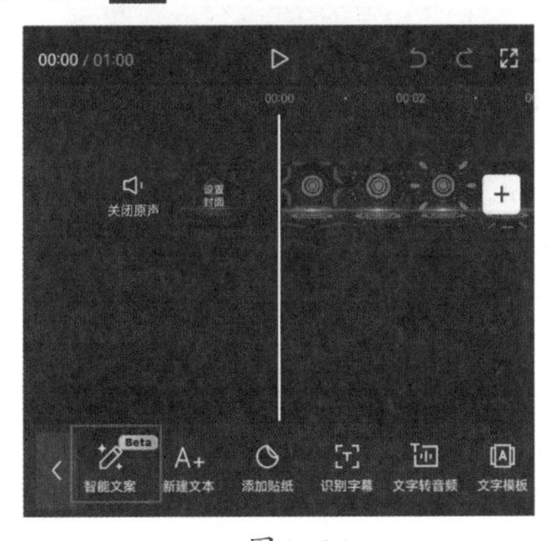

图4-34

02　进入制作智能文案创作界面，根据界面提示输入文案提示，如图4-35所示，执行操作后，稍等片刻，剪映即可自动生成文案，这里使用DeepSeek对文案进行优化，或者直接使用DeepSeek生成相应的文案，可以使用DeepSeek对剪映生成的文案进行优化，或直接使用DeepSeek生成文案。确认无误后，点击右下角的“确认”按钮，如图4-36所示。

图4-35

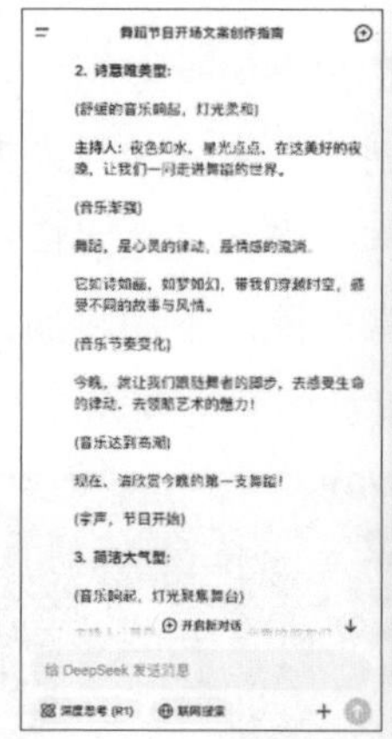

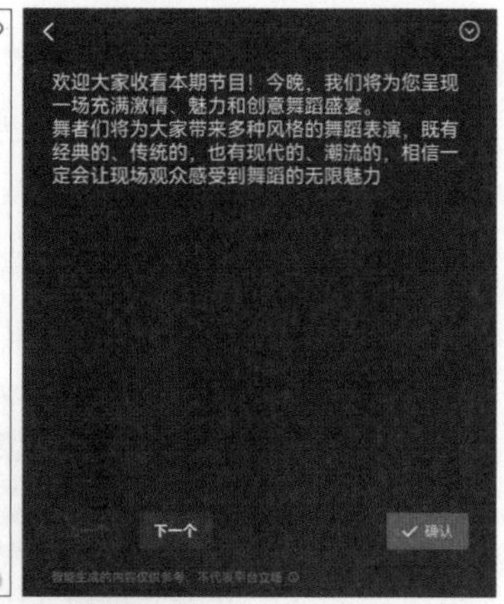

图4-36

> **提示** 使用DeepSeek时，如果用户希望为一个舞蹈节目生成100字以内的开场白，可直接输入提示词：“帮我写一段100字以内的舞蹈节目开场白。”DeepSeek将生成相应的文案，用户只需复制并粘贴到剪映中即可。

03 在底部浮窗中选择“添加数字人”选项，如图4-37所示，进入数字人选择界面，选择一个自己喜欢的数字人，再点击“确认”按钮✔，如图4-38所示。

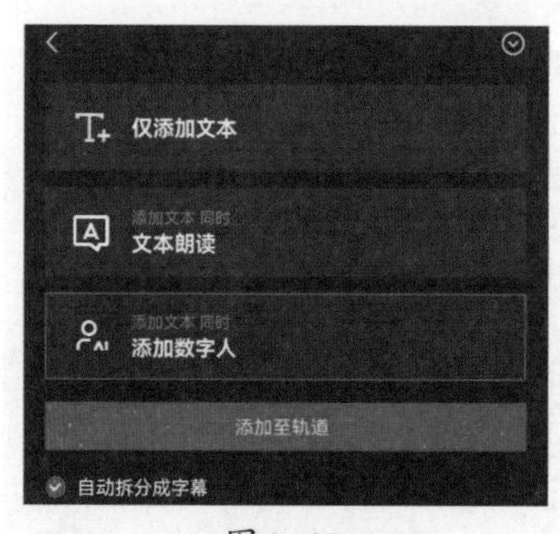

图4-37

图4-38

04 执行操作后，稍等片刻，剪映即可自动在剪辑项目中添加数字人、音乐和字幕，如图4-39所示。

05 将时间指示器移动至最后一段字幕的尾端，选中背景素材，点击底部工具栏中的“分割”按钮，如图4-40所示，再点击“删除”按钮将多余的素材删除，如图4-41所示。

06　完成所有操作后，点击页面右上角的“导出”按钮，将视频保存至相册。

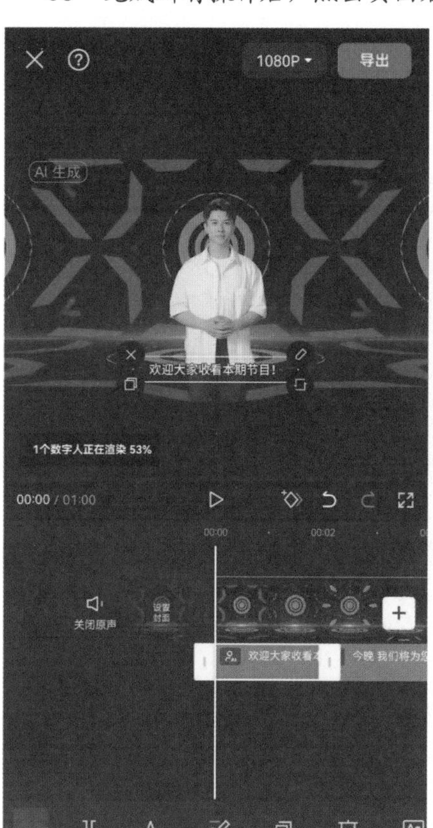

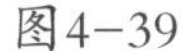
图4-39

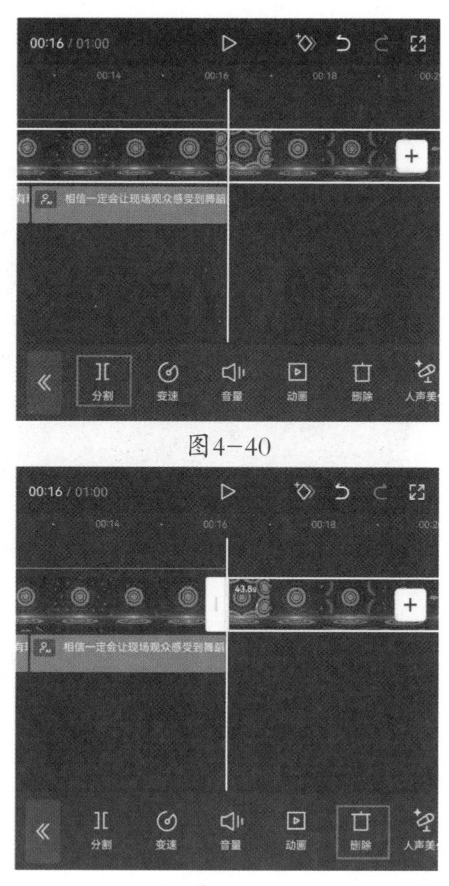

图4-40

图4-41

4.2　字幕样式的使用和设计

在剪映中添加字幕后，用户还可以通过“编辑”功能设置字幕样式，从而进一步美化字幕，或者使用剪映的“花字”和“贴纸”功能制作出各种精彩的艺术字效果。

4.2.1　样式设置

设置字幕样式的方法有两种，第一种是在创建字幕时，点击文本输入栏下方的“样式”选项，从而切换至样式选项栏，如图4-42所示。

图4-42

第二种方法，若用户在剪辑项目中已经创建了字幕，需要对文字的样式进行设置，则可以在时间线区域选中文字素材，然后点击底部工具栏中的“编辑”按钮，从而打开字幕样式选项栏，如图4-43和图4-44所示。打开字幕样式选项栏后，用户便可以对文字的字体、颜色、描边、背景、阴影等属性进行设置。

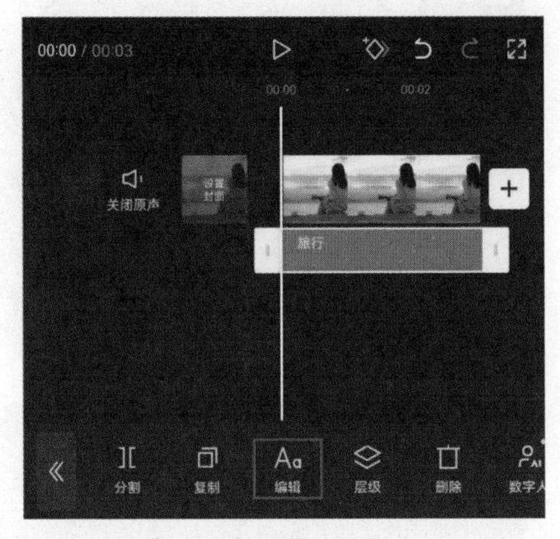

图4-43

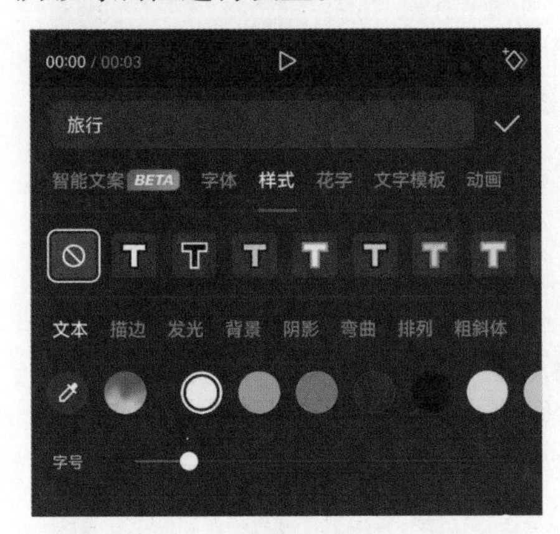

图4-44

4.2.2 字幕预设

启动剪映专业版软件，在剪辑项目中导入视频素材并将其添加到时间线区域。然后在工具栏中单击“文本”按钮，在“新建文本”选项栏中单击“默认文本”中的“添加到轨道”按钮，即可在时间线区域添加一个文本轨道。

在文本功能区的文本框中输入需要添加的文字内容，并根据实际需要对文字的字体、颜色、描边等属性进行适当的设置，完成后点击下方的“保存预设”按钮，将设置的文本样式保存至新建文本选项里“我的预设”中，如图4-45所示。

图4-45

将时间指示器移动至需要添加第2段文案的位置，在新建文本选项中选择“预设文本1”，将其拖曳至时间线区域，然后在文本功能区的文本框中将文字修改为需要添加的文字内容，在预览区域可以看到刚刚输入的文案的字幕样式与第1段文案的字幕样式一模一样，如图4–46所示。

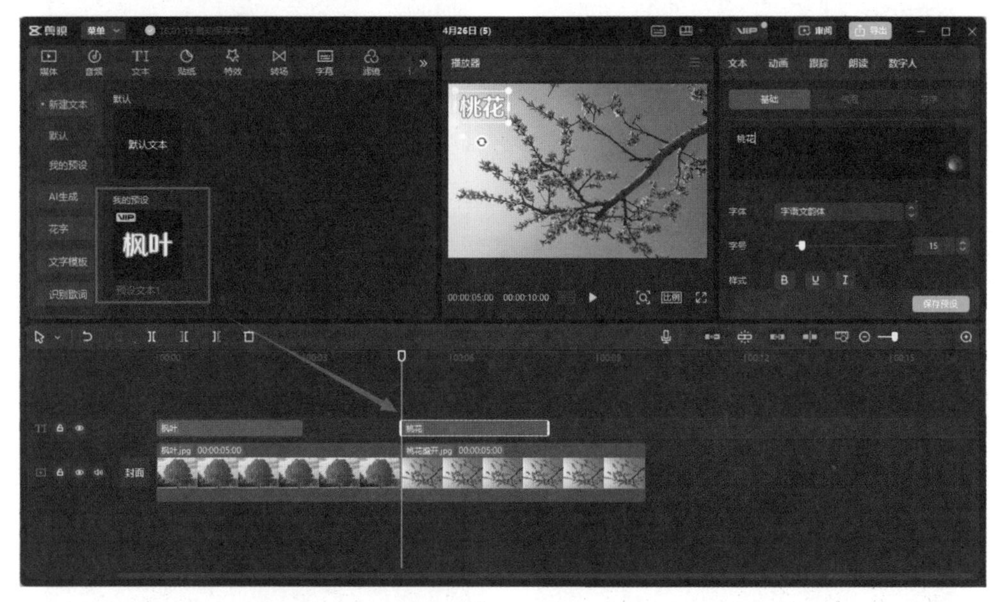

图4−46

4.2.3　实操：制作竖版字幕

竖屏字幕是指垂直排列的字幕，通常会显示在屏幕的一侧，这种显示方式可以有效地减少对视频内容的遮挡。下面将通过实操的方式讲解竖屏字幕的制作方法，效果如图4–47所示。

扫码观看示例操作

图4-47

01 打开剪映App，进入素材添加界面，选择一段视频素材，添加至剪辑项目中。在未选中任何素材的状态下，点击底部工具栏中的“文字”按钮T，如图4-48所示，打开文字选项栏，点击其中的“新建文本”按钮A+，如图4-49所示。

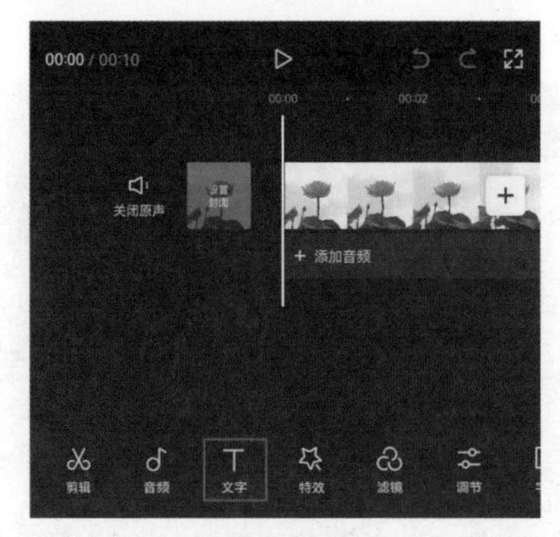

图4-48

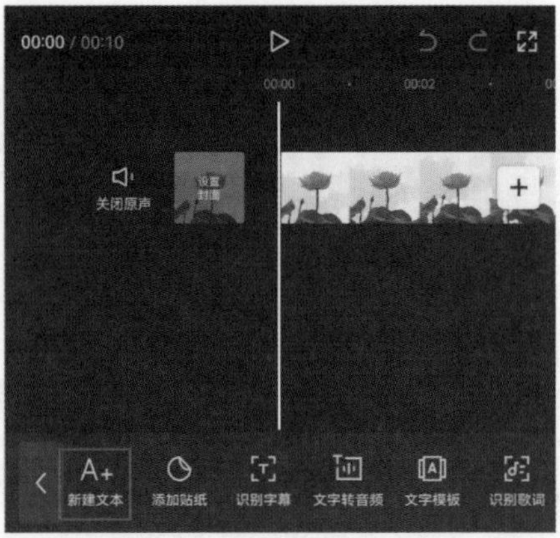

图4-49

02 在文本框中输入“毕竟西湖六月中”，如图4-50所示，打开字体选项栏，选择“毛笔行楷”字体，如图4-51所示。

图4-50

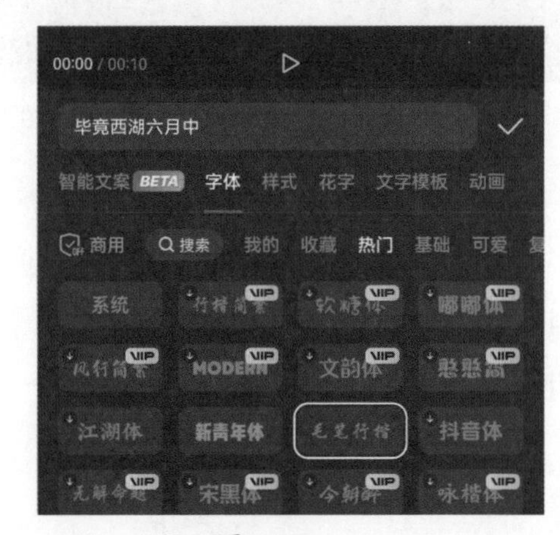

图4-51

03 切换至样式选项栏，选择“白底黑边”效果，如图4-52所示，点击“排列”按钮，选择竖排，并将“缩放”的数值设置为13，如图4-53所示。

04 将“字间距”的数值设置为2，在预览区域将字幕移动至画面的左侧，点击按钮✓保存操作，如图4-54所示。

05 在时间线区域选中字幕素材，点击底部工具栏中的“复制”按钮，如图4-55所示。

图4-52

图4-53

图4-54

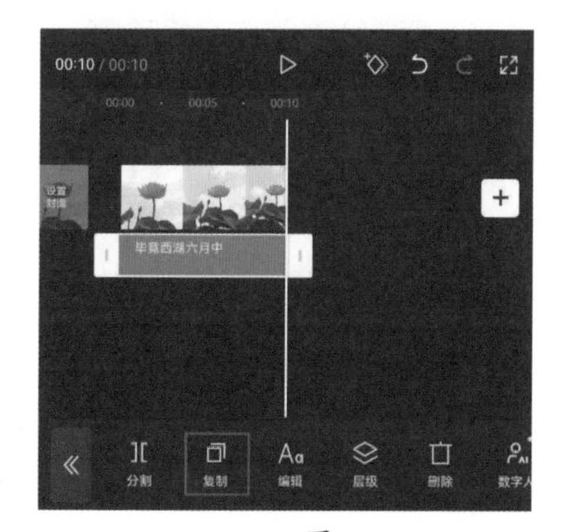

图4-55

06　执行操作后，即可在时间线区域复制出一段一模一样的字幕素材，选中复制出来的字幕素材，点击底部工具栏的“编辑”按钮Aa，如图4-56所示。

07　在文本框中将文字内容修改为“风格不与四时同”，并在预览区域将字幕素材移动至“毕竟西湖六月中”字幕的左侧，如图4-57所示。

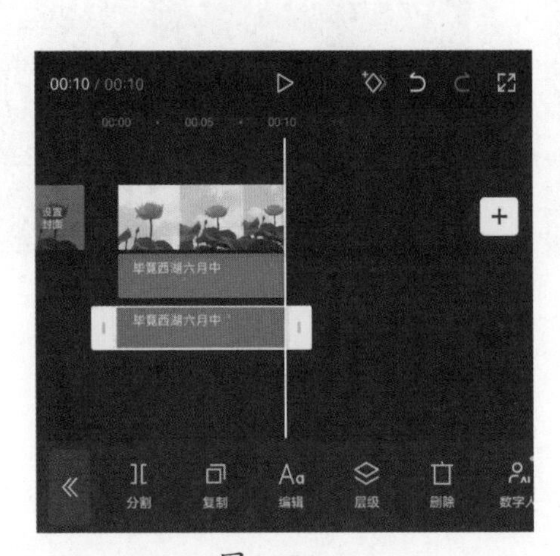

图4-56

图4-57

08 参照步骤05至步骤07的操作方法为视频添加“接天莲叶无穷碧”和“映日荷花别样红”字幕，如图4-58和图4-59所示。

图4-58

图4-59

4.2.4　实操：制作综艺花字

在观看综艺节目时，经常可以看到跟随情节跳出的彩色花字，这些字幕总是恰到好处地活跃节目的气氛。剪映中也为用户提供了许多不同样式的花字效果，合理地利用这些花字，可以让视频呈现更好的视觉效果。下面将通过实操的方式介绍综艺花字的制作方法，效果如图4–60所示。

图4-60

01　打开剪映App，在素材添加界面选择一段背景视频素材，添加至剪辑项目中。在未选中任何素材的状态下点击底部工具栏中的“文字”按钮，如图4-61所示，打开文字选项栏，点击其中的“新建文本”按钮，如图4-62所示。

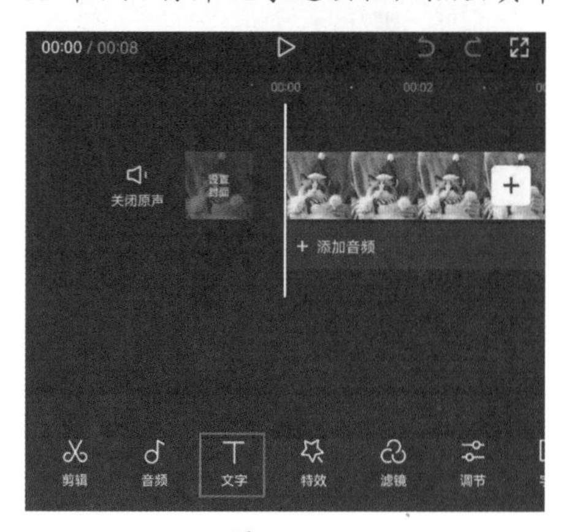

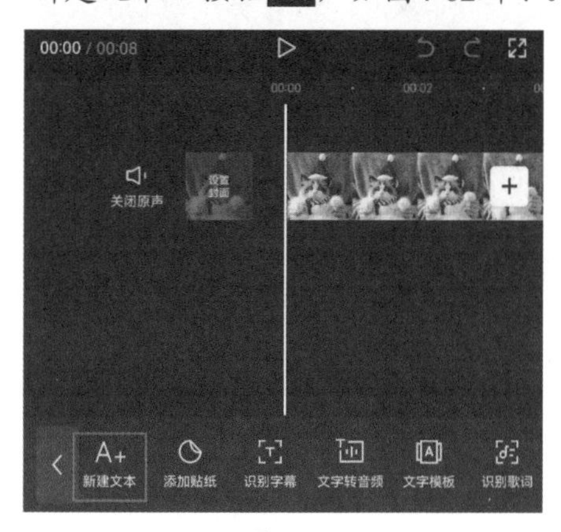

图4–61　　　　图4–62

02　在文本框中输入需要添加的文字内容，并切换至花字选项栏，选择图4-63中的花字样式，在预览区域调整好文字的大小和位置，点击按钮保存操作。

03　将时间指示器移动至希望文字素材消失的位置，在时间线区域调整好文字素材的长度，如图4-64所示。

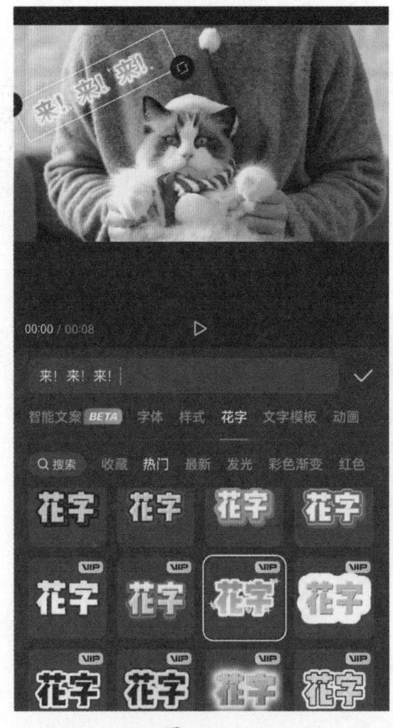

图4-63

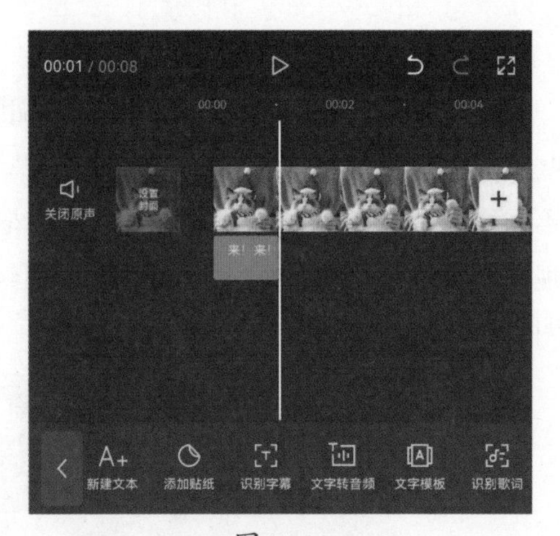

图4-64

04 参照上述操作方法，在时间线区域添加第2段字幕，如图4-65所示，点击底部工具栏中的“添加贴纸”按钮，如图4-66所示。

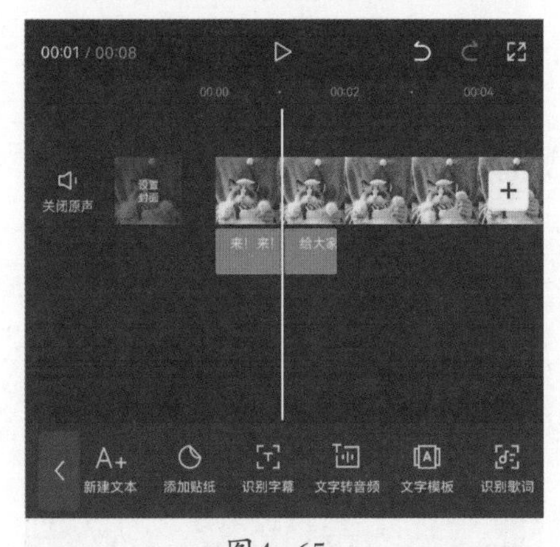

图4-65

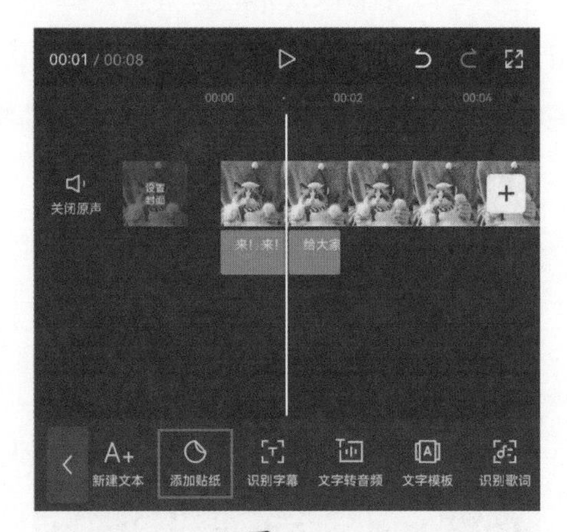

图4-66

05 打开贴纸选项栏，在搜索框中输入相应的关键词，点击键盘中的“搜索”按钮，在搜索出的贴纸选项中选择图4-67中的贴纸，并预览调整好贴纸的大小和位置。

06 将时间指示器移动至希望贴纸素材消失的位置，在时间线区域调整好贴纸轨素材的长度，如图4-68所示。

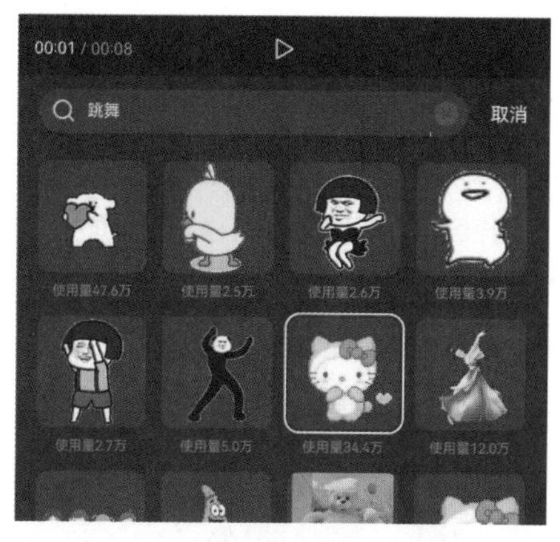

图4-67

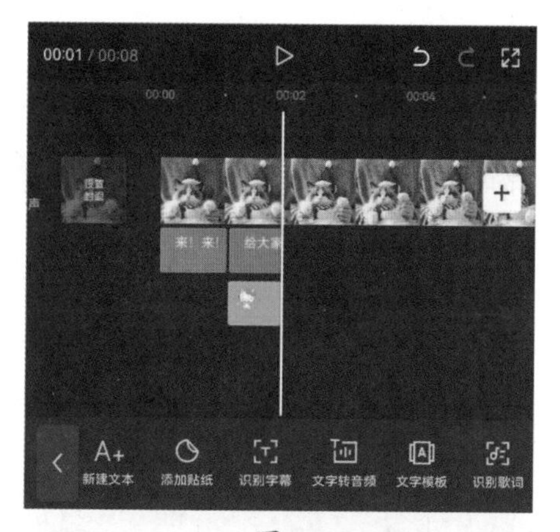

图4-68

07　参照步骤01至步骤06的操作方法，根据视频的画面内容为视频添加其他的字幕和贴纸，如图4-69所示。

08　完成所有操作后，再为视频添加一首合适的音乐，即可点击界面右上角的“导出”按钮，将视频保存至相册。

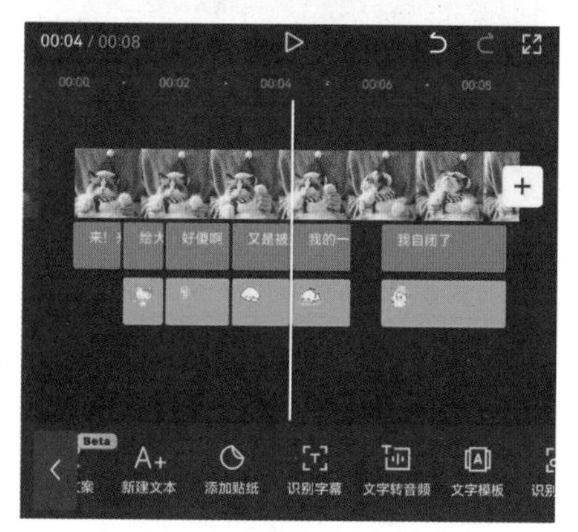

图4-69

提示　使用剪映的“贴纸”功能，不需要用户掌握很高超的后期剪辑技巧，只需要用户具备丰富的想象力，同时加上巧妙的贴纸组合，对各种贴纸的大小、位置和动画效果等进行适当调整，即可瞬间给普通的视频增添更多生机。

4.3　制作字幕特效

用户在刷抖音时，常常可以看见一些极具创意的字幕效果，比如文字消散效果、片头镂空文字等，这些字幕可以非常有效地吸引用户眼球，引发用户关注和点赞，下面介绍一些常用的字幕特效的制作方法。

4.3.1 为字幕添加动画效果

在剪映中打开一个包含文字素材的剪辑草稿，在时间线区域选中文字素材，点击底部工具栏中的“动画”按钮，如图4-70所示。

打开动画选项栏，可以看到“入场”“出场”和“循环”3个选项，“入场”动画和“出场”动画一同使用，可以让文字的出现和消失都更自然。选中其中一种“入场”动画后，下方会出现控制动画时长的滑动条，如图4-71所示。

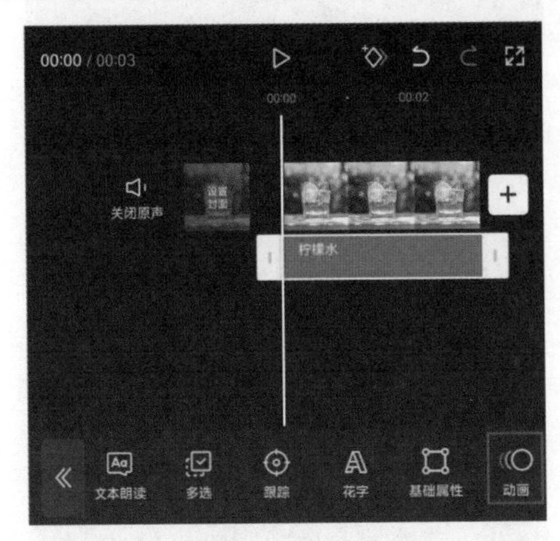

图4-70

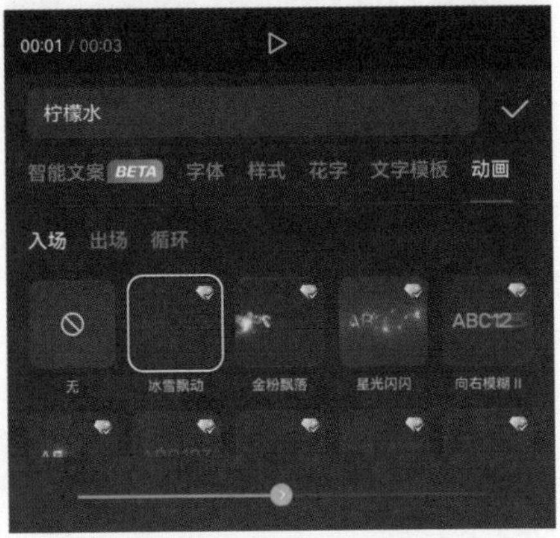

图4-71

控制滑动条中红色线段的长度，即可调节出场动画的时长，如图4-72所示。

而“循环”动画往往需要文字在画面中长时间停留，且在希望其处于动态效果时才会使用。在设置循环动画后，界面下方的“动画时长”滑动条将更改为“动画速度”滑动条，用于调节动画效果的快慢，如图4-73所示。

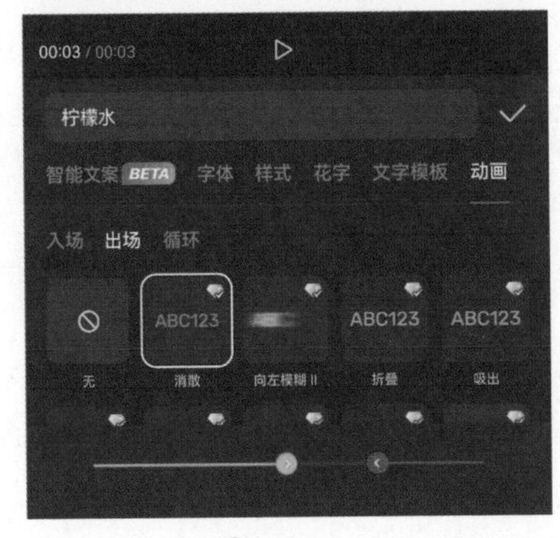

图4-72

图4-73

4.3.2　实操：制作卡拉OK效果

使用剪映的“卡拉OK”文本动画，可以制作出像真实卡拉OK中一样的字幕效果，歌词字幕会根据音乐节奏一个字接着一个字慢慢变换颜色。下面将通过实操的方式介绍卡拉OK字幕的制作方法，效果如图4-74所示。

图4-74

01　打开剪映App，在素材添加界面选择一段背景视频素材添加至剪辑项目中。点击底部工具栏中的“文字”按钮，如图4-75所示，打开文字选项栏，点击其中的“识别歌词”按钮，如图4-76所示。

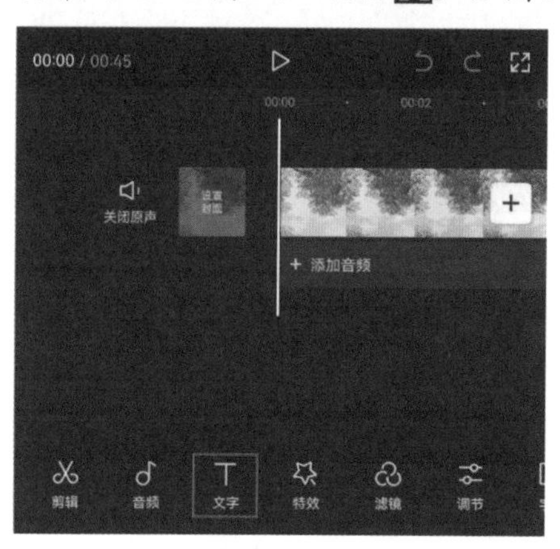

图4-75

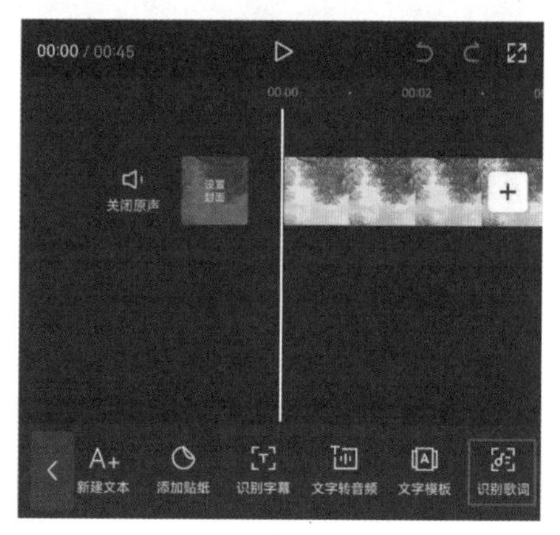

图4-76

02　在底部浮窗中点击“开始匹配”按钮，如图4-77所示，等待片刻，识别完成后，时间线区域将自动生成歌词字幕，在时间线区域选中任意一段字幕素材，在底部工具栏中点击“编辑”按钮，如图4-78所示。

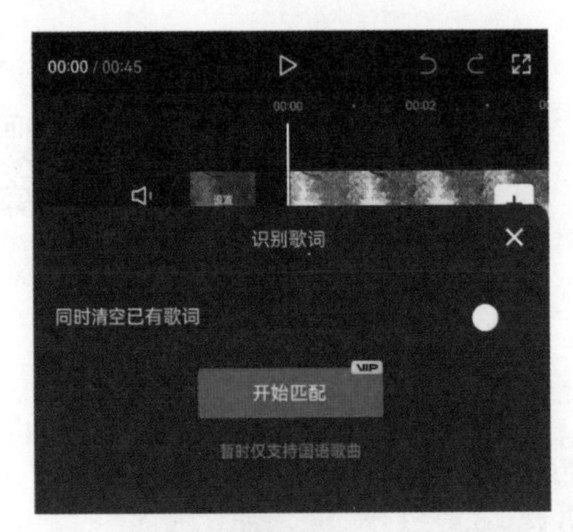

图4-77

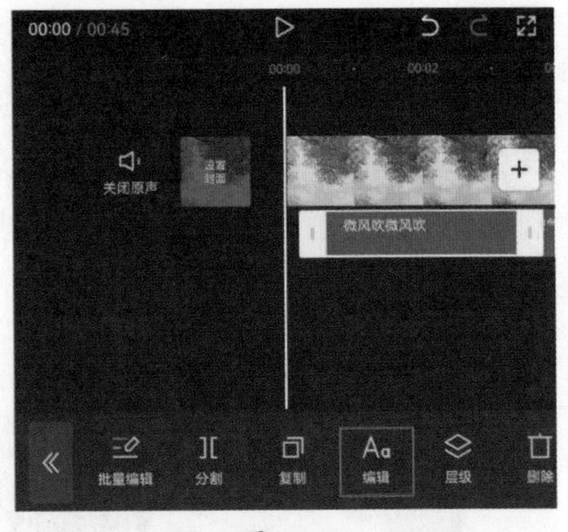

图4-78

03 在字体选项栏中选择“雅酷黑简”字体，如图4-79所示。切换至样式选项栏，将字号的数值设置为5，如图4-80所示。

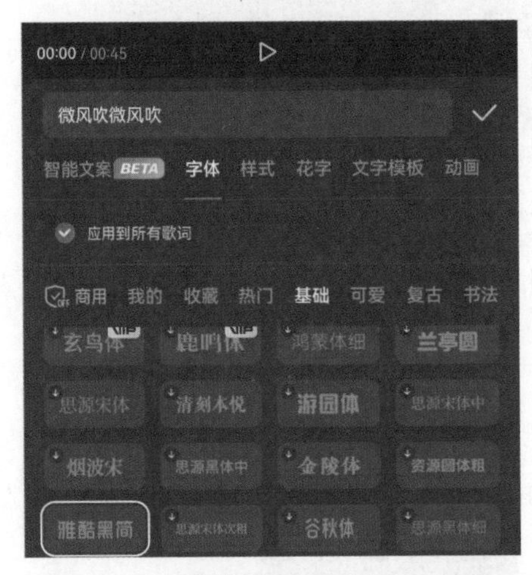

图4-79

图4-80

05 点击“排列”选项，将字间距的数值设置为2，如图4-81所示。切换至“动画”选项栏，选择“入场动画”中的“卡拉OK”效果，将“动画时长”滑块拉动至最大值，并将颜色设置为绿色，完成后点击按钮✓保存操作，如图4-82所示。

06 完成所有操作后，即可点击界面右上角的“导出”按钮，将视频保存至相册。

4.3.3 实操：制作打字机效果

扫码观看示例操作

平时在刷短视频时，可以看到很多视频的标题都是通过打字效果进行展示的。这种效果的关键在于文字入场动画与音效的配合。本节将介绍打字效果的具体制作方法，效果如图4-83所示。

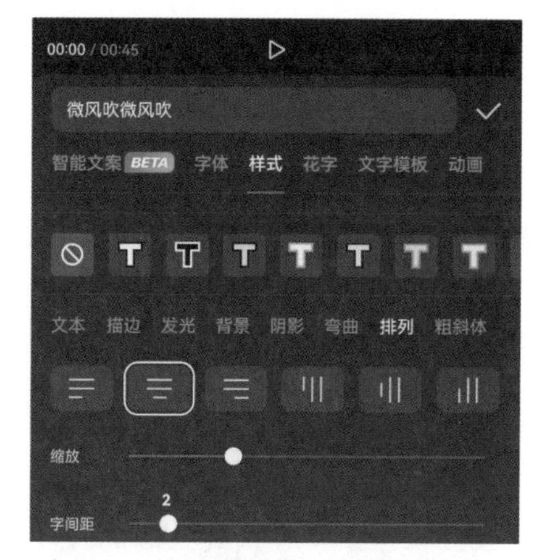

图4-81

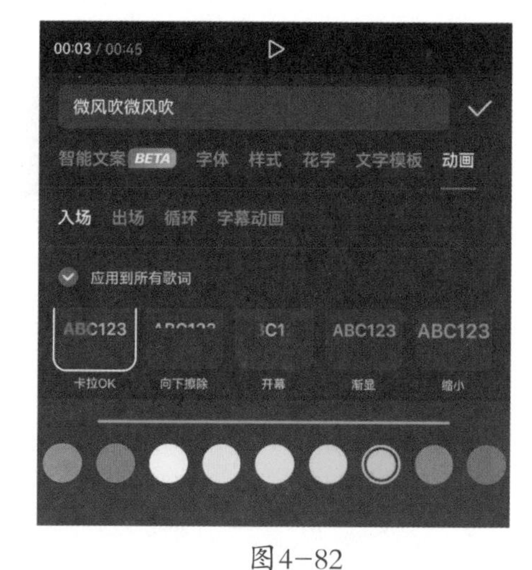

图4-82

图4-83

01　打开剪映App，在素材添加界面选择一段背景视频素材添加至剪辑项目中。点击底部工具栏中的“文字”按钮T，如图4-84所示，打开文字选项栏，点击其中的“新建文本”按钮A+，如图4-85所示。

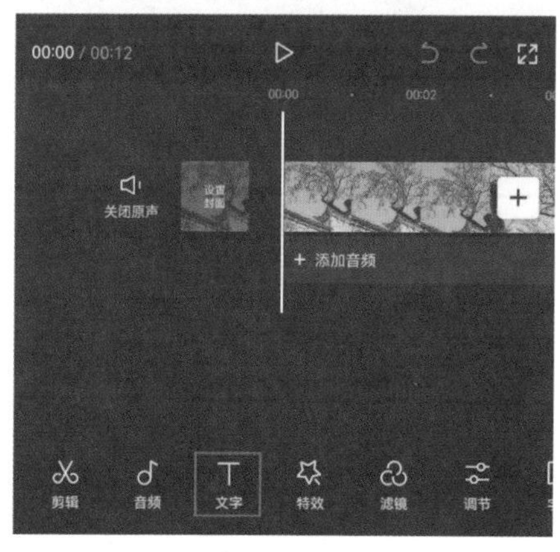

图4-84

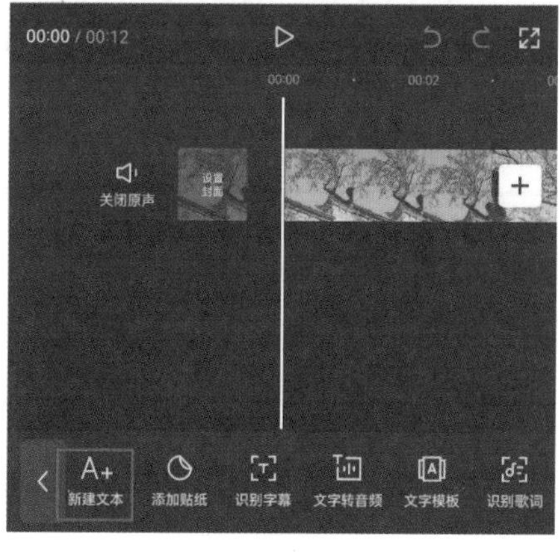

图4-85

02 在文本框中输入需要添加的文字内容，并在字体选项栏中选择“喵魂体”，如图4-86和图4-87所示。

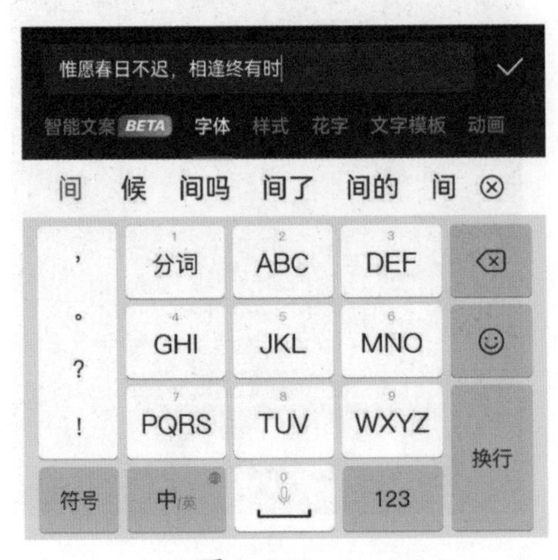

图4-86

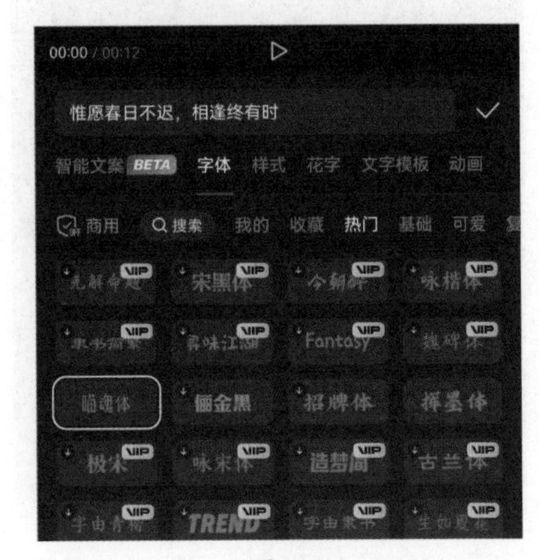

图4-87

03 切换至“样式”选项栏，将字号的数值设置为12，如图4-88所示。点击“排列”选项，将字间距的数值设置为2，如图4-89所示。

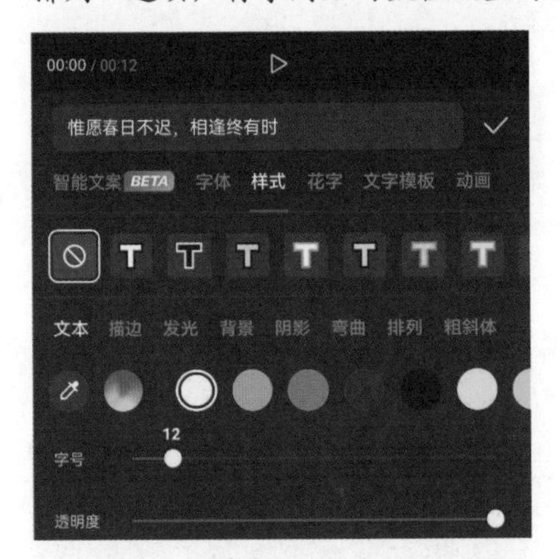

图4-88

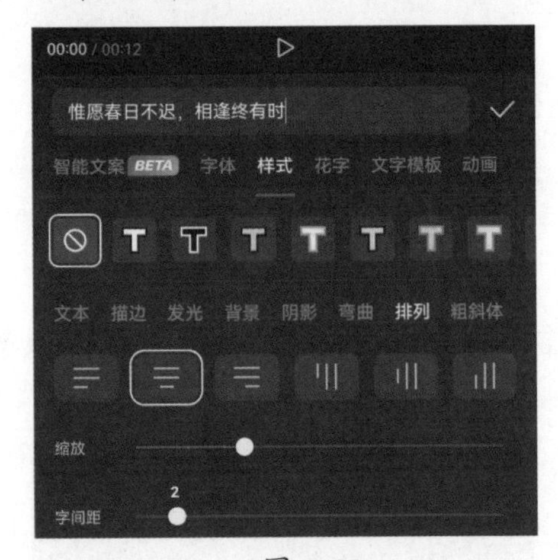

图4-89

04 切换至“动画”选项栏，在“入场”选项中选择“打字机Ⅰ”效果，拖动“动画时长”滑块，将其数值设置2.0s，完成后点击按钮✓保存操作，如图4-90所示。

05 将时间指示器移动至视频的起始位置，在未选中任何素材的状态下，点击底部工具栏中的“音频”按钮♪，如图4-91所示。

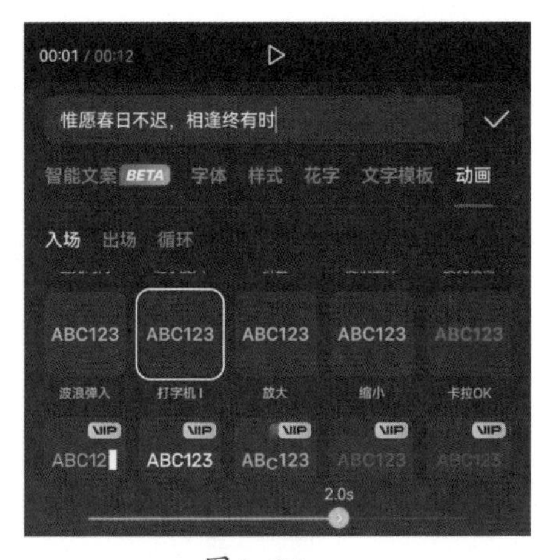

图4−90

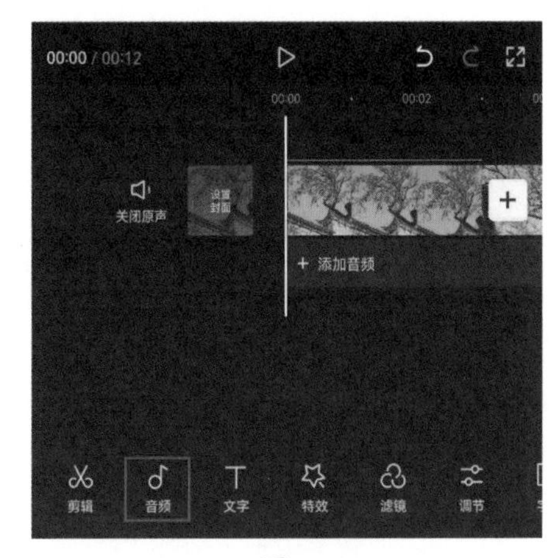

图4−91

06 打开音频选项栏，点击其中的“音效”按钮，如图4-92所示，在音效选项栏中选择机械选项中的“打字机键盘敲击声2”音效，如图4-93所示。

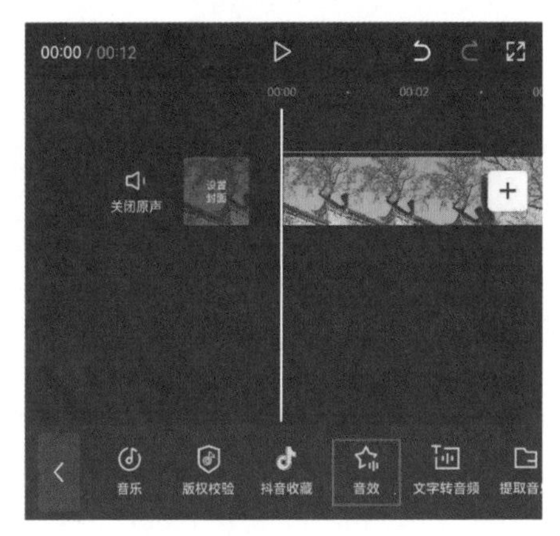

图4−92

图4−93

07 将时间指示器移动至00:02处（即动画效果结束的位置），选中音效素材，将其右侧的白色边框向左拖动，使其尾端和时间指示器对齐，并点击底部工具栏中的“音量”按钮，如图4-94所示，在底部浮窗中拖动白色圆圈滑块，将其数值设置为250，如图4-95所示。

08 完成所有操作后，即可点击界面右上角的“导出”按钮，将视频保存至相册。

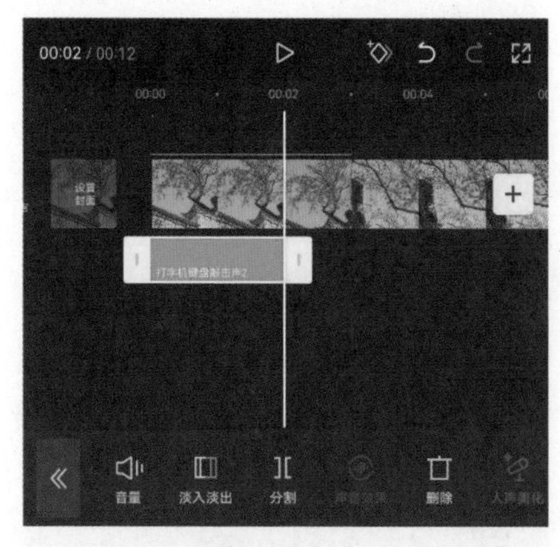

图4-94

图4-95

> **提示** 制作打字动画效果的关键在于需要让打字音效与文字出现的时机相匹配，所以在添加音效之后，需要反复进行试听，然后再适当调整动画时长。

4.3.4 实操：制作跟踪字幕效果

扫码观看示例操作

在剪映中打开一个包含文字素材的剪辑草稿，在时间线区域选中文字素材，此时，可以看到底部工具栏中有一个“跟踪”功能，使用该功能，可以制作出神奇的跟踪文字效果，下面将通过实操的方式讲解跟踪字幕的制作方法，效果如图4–96所示。

图4–96

01 打开剪映App，在素材添加界面选择一段背景素材添加至剪辑项目中。打开文字选项栏，点击其中的“新建文本”按钮A+，如图4-97所示，在文本框中输入需要添加的文字内容，并在预览区域将其缩小置于人物的上方，如图4-98所示。

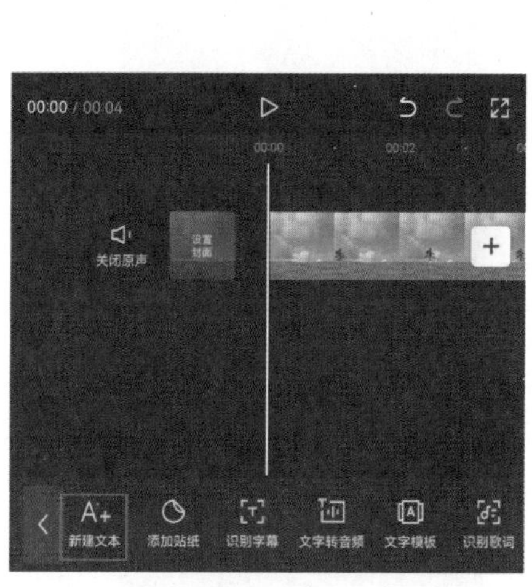
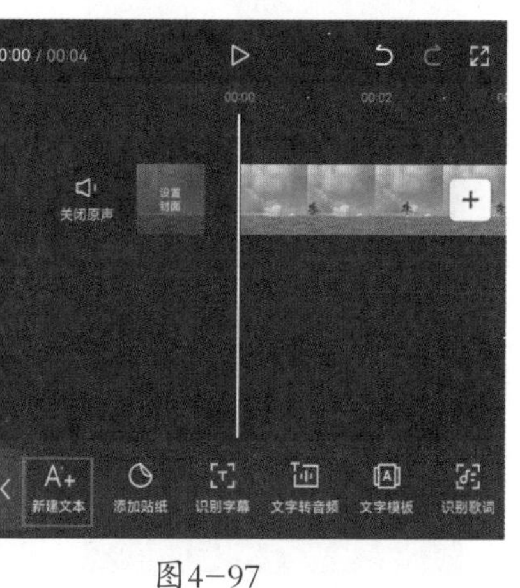

图4-97

图4-98

02　在时间线区域选中文字素材，将其延长至和视频同长，如图4-99所示，点击底部工具栏中的“跟踪”按钮，如图4-100所示。

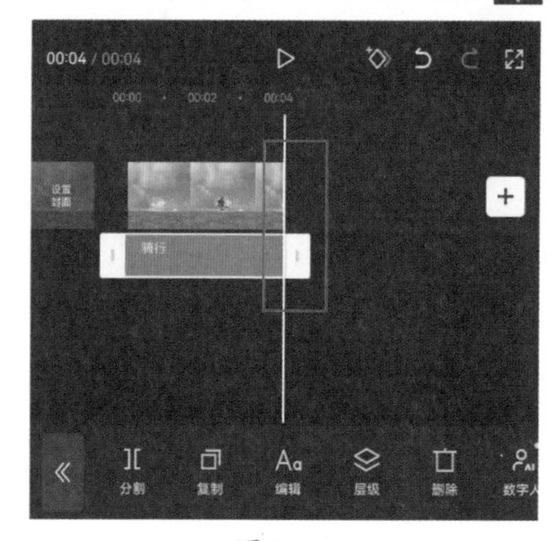

图4-99

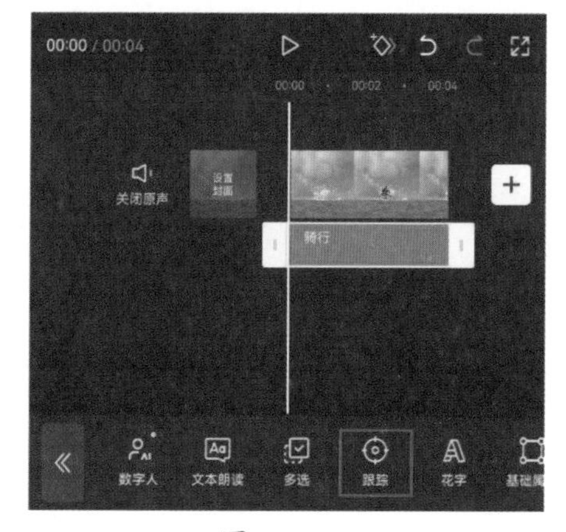

图4-100

03　在预览区域将黄色圆圈移动至需要跟踪的人物上，点击底部浮窗中的“开始跟踪”按钮，如图4-101所示，执行操作后，界面中提示跟踪处理的进程，如图4-102所示。

04 稍等片刻，即可制作出跟踪效果，再为视频添加一首合适的音乐，即可点击页面右上角的“导出”按钮，将视频保存至相册。

图4-101

图4-102

高手进阶篇

第5章

创意合成秒变技术流

在制作短视频的时候，用户可以在剪映中使用蒙版、画中画和混合模式等工具来制作合成特效，这样能够让短视频更加炫酷、精彩，比如常见的多屏显示效果和镂空文字。本章将介绍剪映常用的合成方法，帮助读者制作更加有吸引力的短视频。

5.1 什么是画中画

“画中画”功能可以在同一屏画面中呈现多个不同画面，让观众获得更多画面信息，在视频剪辑中运用非常广泛，对于丰富画面内容、多角度展示画面信息，有着不可替代的作用。

5.1.1 画中画

添加画中画素材有两种方式，第一种方式是直接通过“画中画”功能添加，操作步骤如下。

导入一段素材，在没有选中任何素材的状态下，点击底部工具栏中的“画中画”按钮，如图5-1所示，再点击“新增画中画”按钮，如图5-2所示。

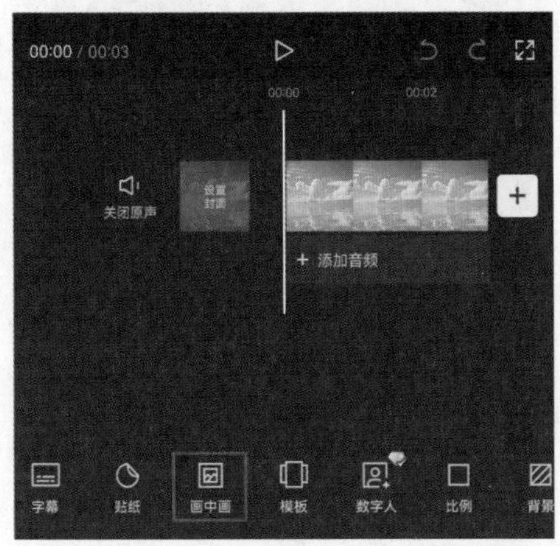

图5-1

图5-2

进入素材添加界面，选择需要导入的素材，点击界面右下角的“添加”按钮，如图5-3所示，执行操作后，即可将选中的素材导入剪辑项目中，此时新添加的素材会覆盖主轨道素材，且轨道区域多了一条画中画轨道，如图5-4所示。

5.1.2 切画中画

添加画中画素材的第二种方法，是通过“切画中画”功能将素材置入画中画轨道，操作步骤如下。

导入两段素材，选中第二段素材，点击底部工具栏中的“切画中画”按钮，如图5-5所示。执行操作后，第二段素材被置入画中画轨道，如图5-6所示。

图5-3

图5-4

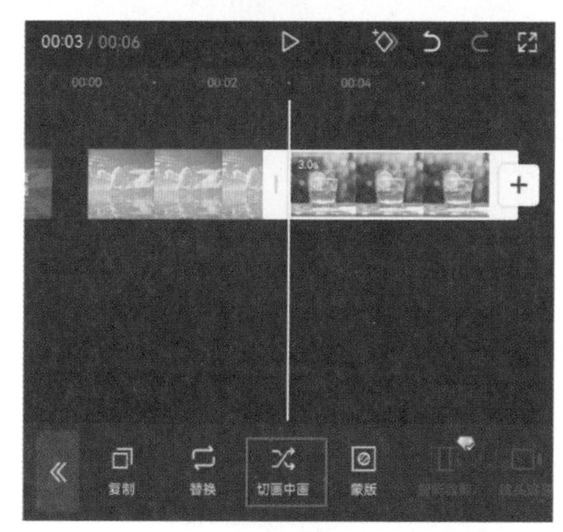

图5-5

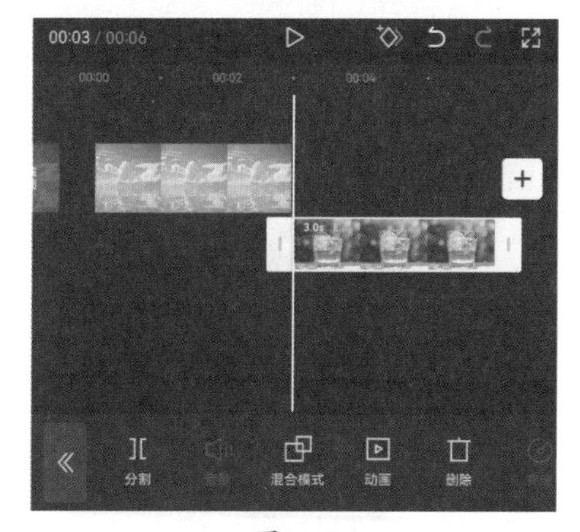

图5-6

按住画中画素材将其向前拖动，置于主轨道素材的下方，此时画中画轨道的素材会覆盖主轨道中的素材，如图5-7所示。

5.1.3　实操：使用分屏排版制作多屏显示效果

通过画中画可以制作多屏显示效果，而且剪映当中也有非常人性化的“分屏排版”功能，可帮助节省视频导入之后调节视频大小和间距的

时间。下面将通过实操的方式讲解使用分屏排版制作多屏显示效果的方法，效果如图5-8所示。

图5-7

图5-8

01 打开剪映App，点击“开始创作”按钮，进入素材添加界面，同时选中4段素材，点击下方的“分屏排版”按钮，如图5-9所示。

02 进入视频排版界面，在“布局”选项栏中，选择合适的排版模式，如图5-10所示。

图5-9

图5-10

03 切换至“比例”选项栏，选择需要使用的视频比例，如图5-11所示，之后点击右上方的“导入”按钮，即可将4段视频素材按照选用的排版模式导入剪辑项目中，如图5-12所示。

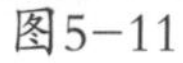
图5-11

图5-12

04 进入视频编辑界面，点击底部工具栏中的“画中画”按钮，即可看到画中画轨道中的全部素材，如图5-13和图5-14所示。

图5-13

图5-14

05 展开画中画轨道之后，即可对轨道中的素材进行剪辑，使4段素材的长度保持一致，如图5-15所示。

06 完成所有操作后，再为视频添加一首合适的音乐，即可点击“导出”按钮，将视频保存至相册。

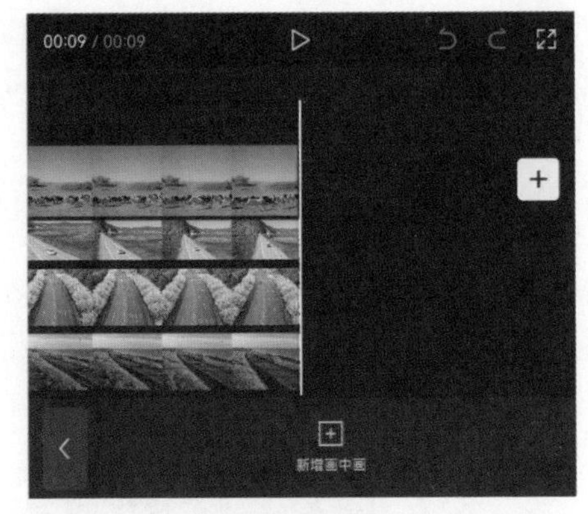

图5-15

5.2 什么是蒙版

蒙版，字面上的意思是“蒙在外面的板子”，从“板子”二字可以看出，它有遮挡和保护的作用，剪映中的蒙版也起着遮罩的作用。

5.2.1 蒙版的作用

无论是电脑版剪映还是手机版剪映，蒙版都是其中能剪辑出高级视频效果的必备工具。在剪辑视频时，运用蒙版可以制作出转场、分屏、遮罩、创意文字、片头、片尾和动感相册等效果，从而使视频更加吸引人。图5-16为电脑版剪映中的“蒙版”界面，图5-17为手机版剪映中的“蒙版”界面，可以看到，无论是电脑版剪映还是手机版剪映，其蒙版功能的分类都是一样的。

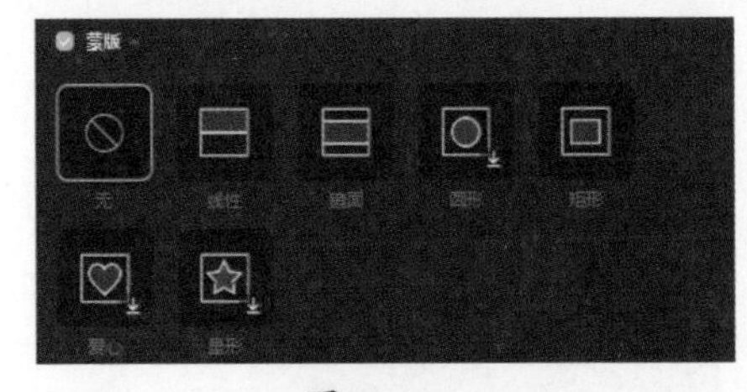

图5-16

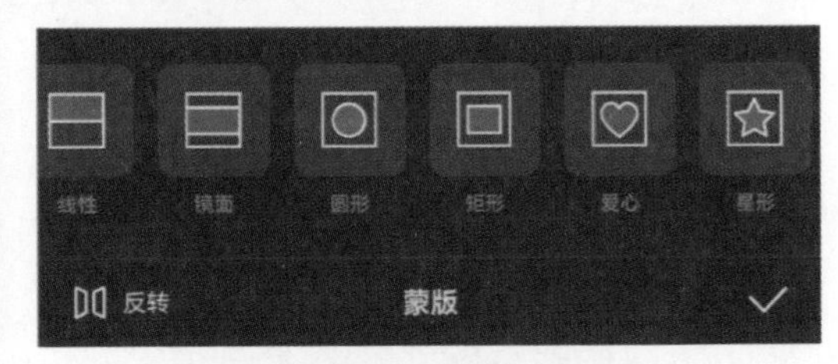

图5-17

5.2.2 剪映中蒙版的分类

目前剪映当中共有6种蒙版，分别是线性、镜面、圆形、矩形、爱心、星形，不同形状的蒙版，遮盖的范围和形状也各有不同。

线性蒙版可将画面一分为二，黄线以上为显示区，黄线以下为遮挡区，如图5-18所示。按住黄线上下拖动可调节显示区的位置；双指旋转黄线，可调节显示区的角度，如图5-19所示。

图5-18

图5-19

镜面蒙版可将画面分为三等分，中间为显示区，上下两边为遮挡区，如图5-20所示。双指按住黄线两边可放大或缩小显示区的位置及调节角度；按住显示区中间任何位置拖动，可移动显示区位置，如图5-21所示。

图5-20

图5-21

圆形蒙版可将画面的显示区变为圆形，圆形以外部分为遮挡区，如图5-22所示。双指按住圆形边缘的黄线可放大或缩小显示区；按住上下箭头图标可调节显示区形状；按住显示区中的任意位置拖动，可移动显示区位置，如图5-23所示。

图5-22

矩形蒙版可将画面显示区变为矩形，矩形以外部分为遮挡区，如图5-24所示。双指按住矩形边缘的黄线可放大或缩小显示区；按住上下箭头图标可调节显示区形状；按住显示区中的任意位置拖动，可移动显示区位置，拉动左上角的图标，可设置边框的角度，如图5-25所示。

图5-23

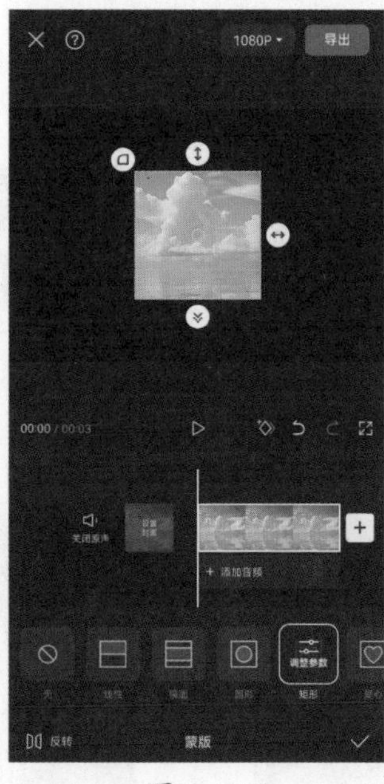

图5-24

图5-25

爱心蒙版可将画面的显示区变为心形，心形以外的部分为遮挡区，如图5-26所示。双指按住心形边缘的黄线可放大或缩小显示区以及调整角度；按住显示区中的任意位置拖动，可移动显示区位置，如图5-27所示。

星形蒙版可将画面的显示区变为星形，星形以外的部分为遮挡区，如图5-28所示。双指按住星形黄线可放大或缩小显示区，按住显示区中的任意位置拖动，可移动显示区位置，如图5-29所示。

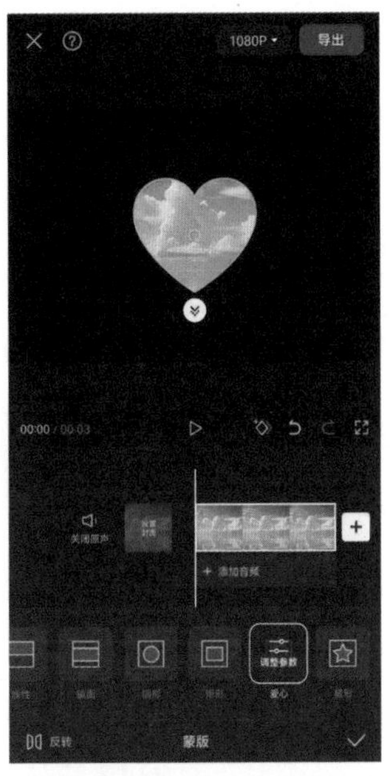

图5-26

> **提示** 蒙版中间的黄色小圆圈为中心轴，按住移动可改变蒙版的中心位置；下方的图标为羽化按钮，按住拖动可以羽化蒙版边缘；左下角的图标为反转按钮，点击它可以将显示区和遮挡区互换位置。

图5-27

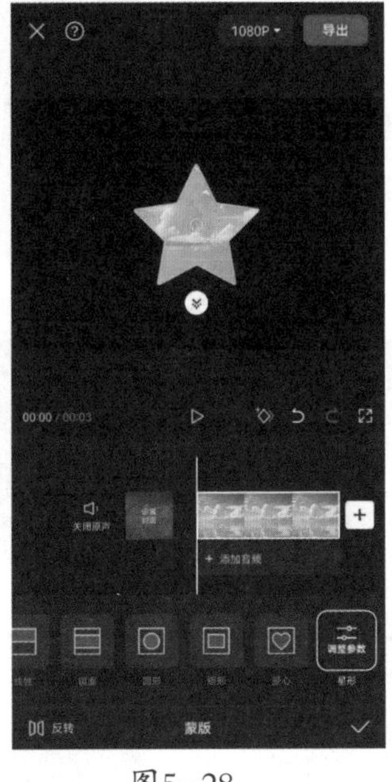

图5-28

图5-29

5.2.3　实操：制作三屏合一片头

扫码观看示例操作

三屏合一片头会把三段视频中的画面放在一起展示出来，这三屏画面可以是不同视频中的，也可以是同一段视频中的，分区显示即可。下面将通过实操的方式讲解制作三屏合一片头的方法，效果如图5-30所示。

图5-30

01 打开剪映App，在素材添加界面选择一段视频素材添加至剪辑项目中，选中视频素材，点击底部工具栏中的“蒙版”按钮，如图5-31所示，打开蒙版选项栏，选择其中的“镜面”蒙版，如图5-32所示。

02 执行操作后，在预览区域将蒙版旋转-45°，并适当调整其大小，如图5-33所示。

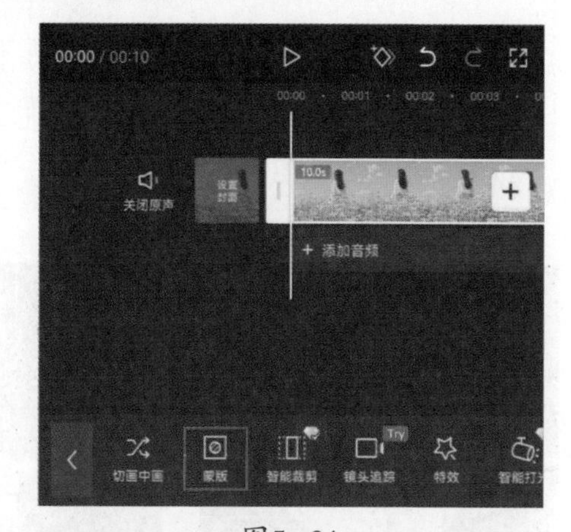

图5-31

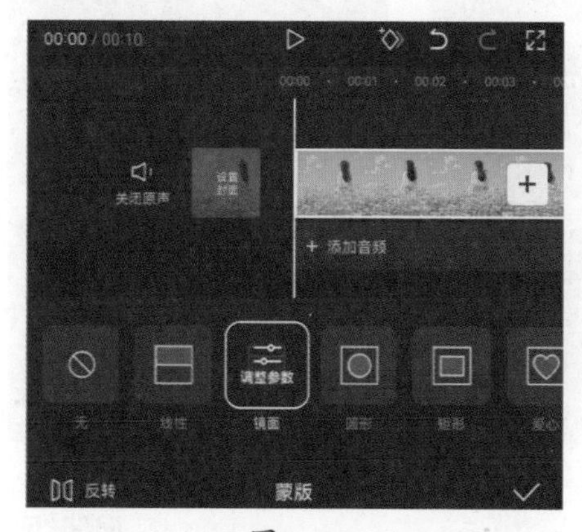

图5-32　　图5-33

03 在选中素材的状态下，点击底部工具栏中的“复制”按钮，如图5-34所示，然后重复操作，在时间线区域复制一段一模一样的素材，如图5-35所示。

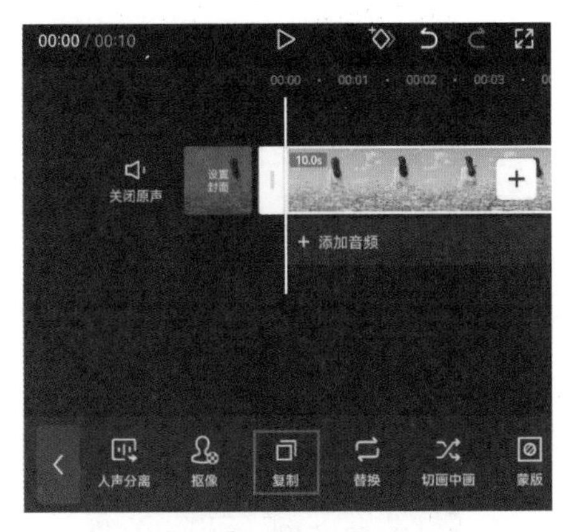

图5-34

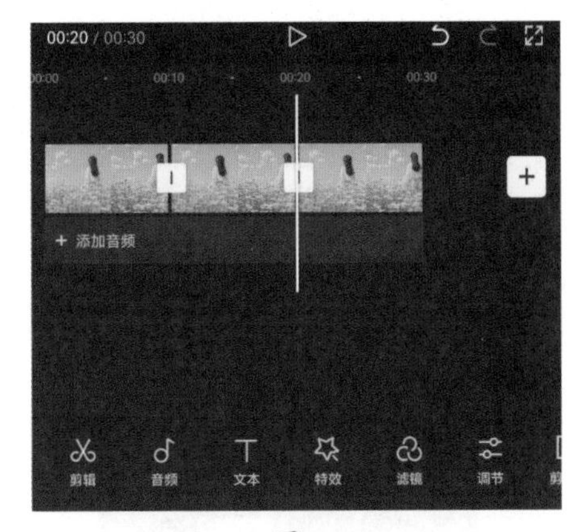

图5-35

04 在时间线区域选中第一段素材，点击底部工具栏中的“切画中画”按钮，如图5-36所示，执行操作后，即可将选中的素材切换至画中画轨道，参照上述操作方法，将第二段素材切换至画中画轨道，如图5-37所示。

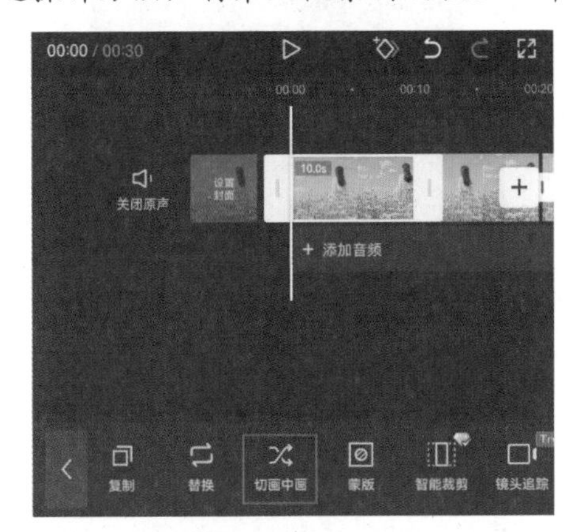

图5-36

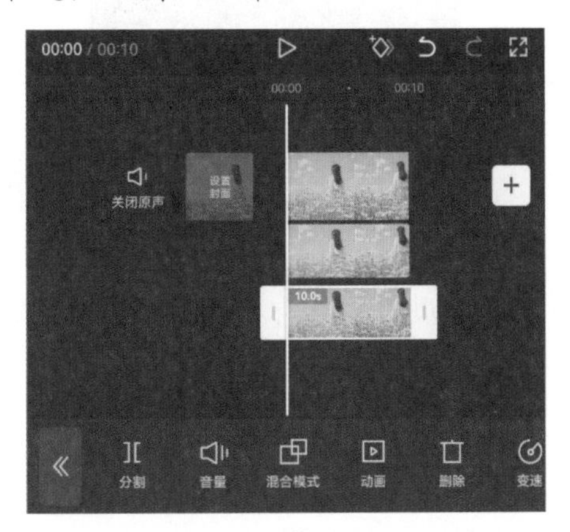

图5-37

05 在时间线区域选中第一段画中画素材，点击底部工具栏中的“蒙版”按钮，如图5-38所示，在预览区域将蒙版移动至画面的左上角，如图5-39所示，选中第二段画中画素材，将其移动至画面的右下角，如图5-40所示。

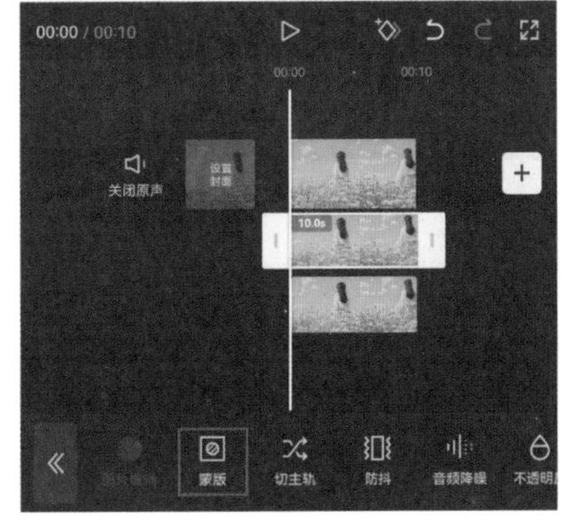

图5-38

图5-39

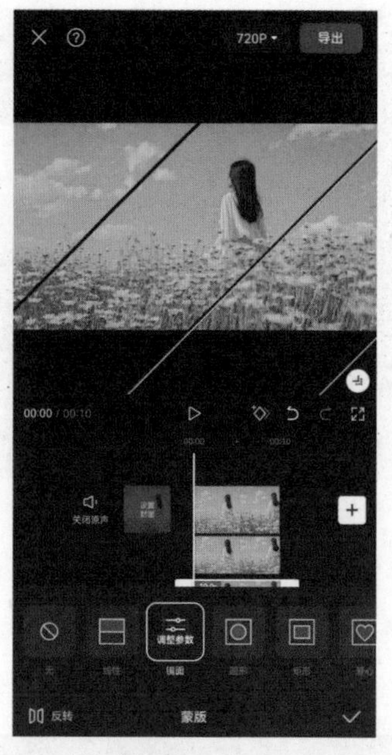

图5-40

06 在时间线区域选中第一段画中画素材，点击底部工具栏中的“替换”按钮，如图5-41所示，进入素材添加界面，点击选择需要使用的素材，执行操作后，即可将素材替换为选择的素材，如图5-42所示。参照上述操作方法，将第二段画中画素材替换为新的素材，如图5-43所示。

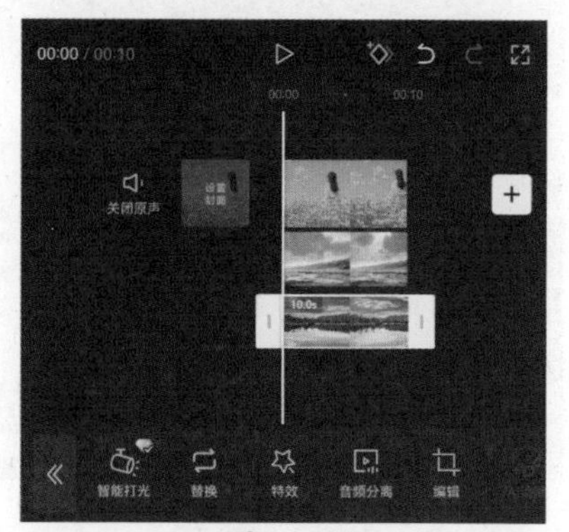

图5-41

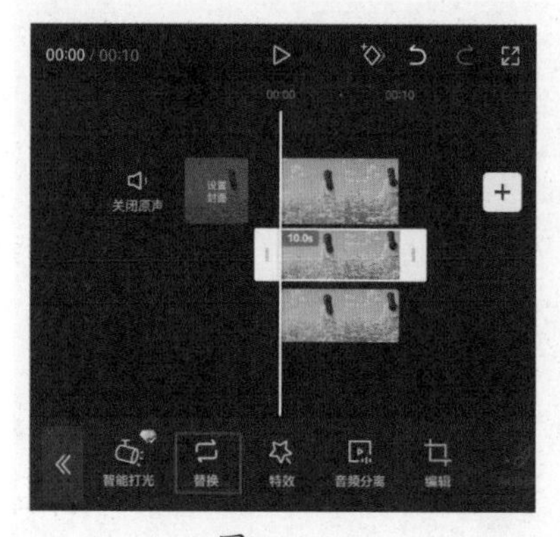

图5-42

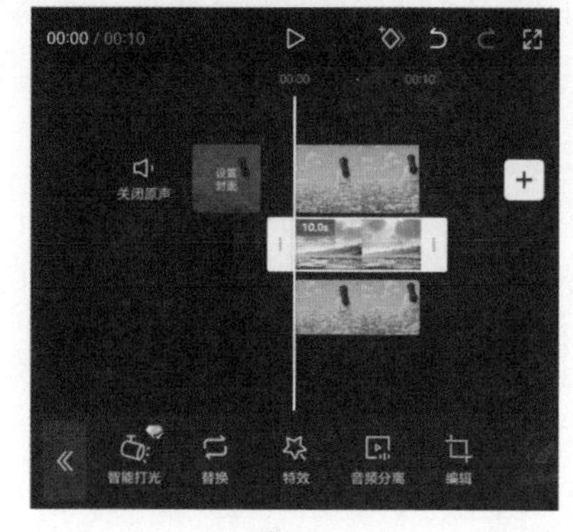

图5-43

07　在时间线区域选中主轨道视频素材，点击底部工具栏中的“动画”按钮▶，如图5-44所示，打开动画选项栏，在入场动画选项中选择“动感缩小”效果，并将动画时长设置为3.0s，如图5-45所示。

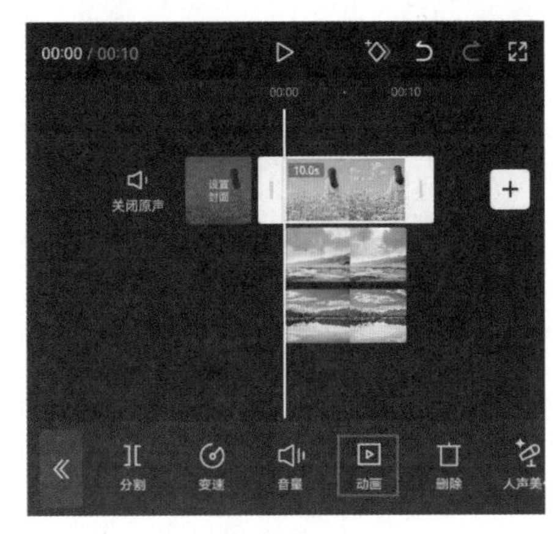

图5−44

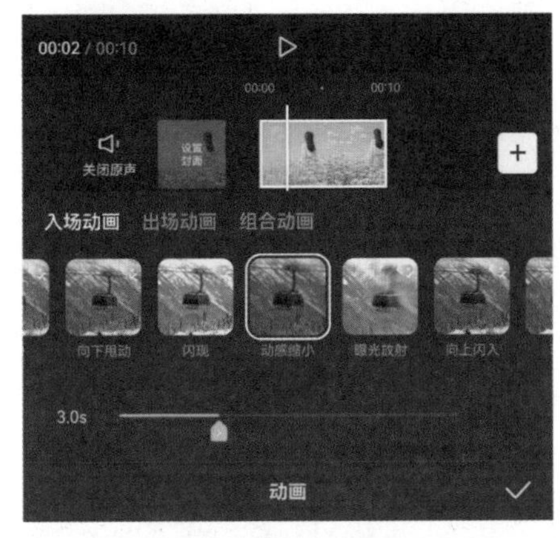

图5−45

08　参照步骤07的操作方法，为第一段画中画素材添加时长为2.5s的“向右滑动”效果，如图5-46所示，为第二段画中画素材添加时长为2.5s的“向左滑动”效果，如图5-47所示。

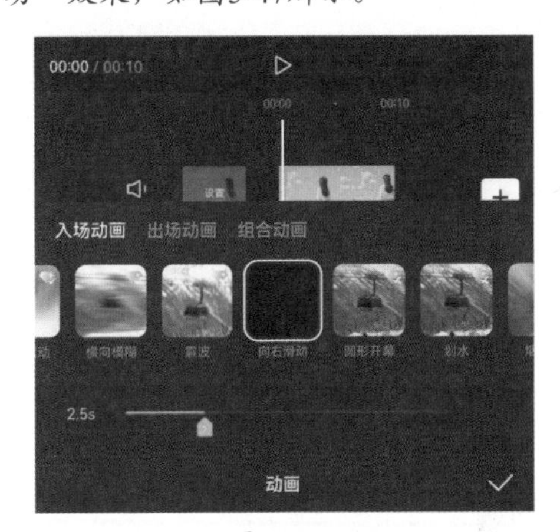

图5−46

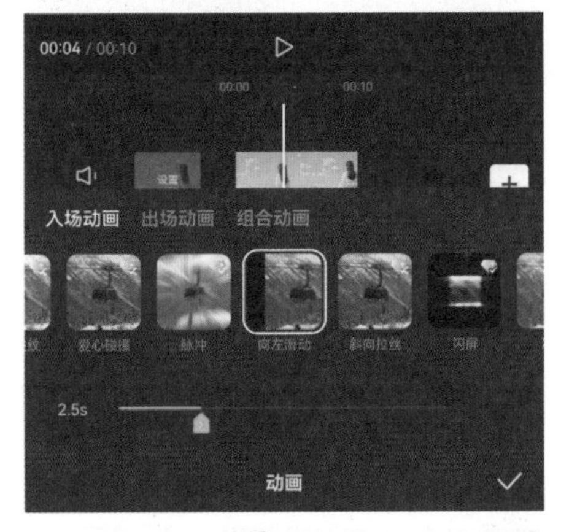

图5−47

09　在时间线区域选中主视频轨道素材，点击底部工具栏中的“复制”按钮，如图5-48所示，复制一段一模一样的素材，选中复制的素材，点击底部工具栏中的“切画中画”按钮，如图5-49所示，将复制的素材切换至画中画轨道并置于第二段画中画素材的下方，如图5-50所示。

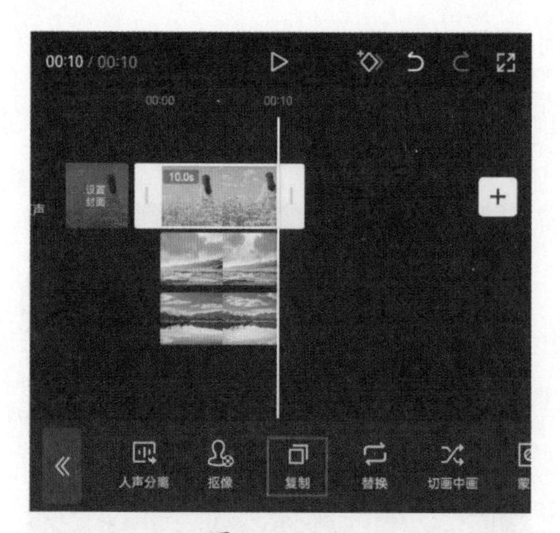

图5-48

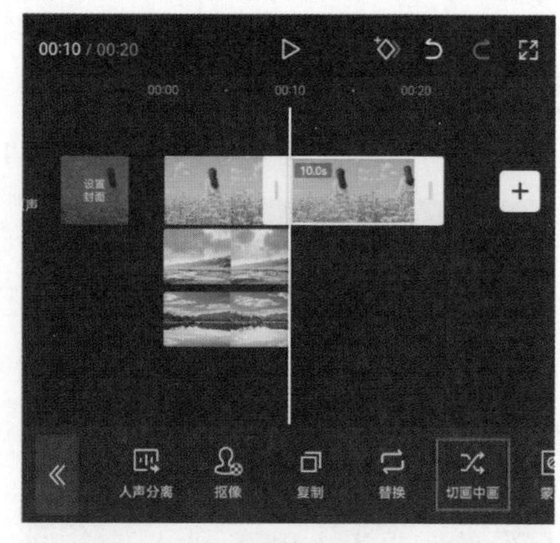

图5-49

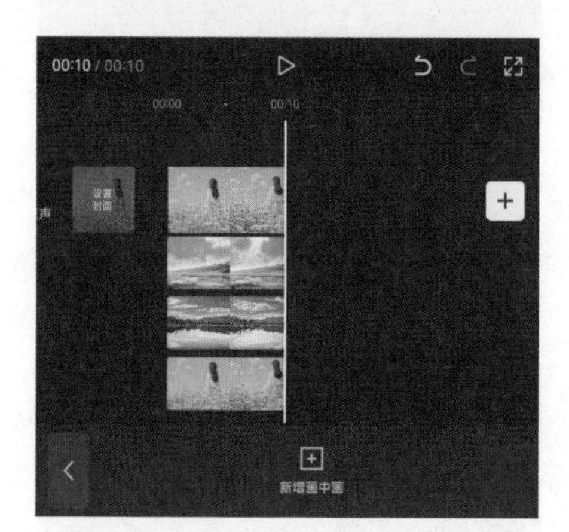

图5-50

10 双指背向滑动将时间线区域放大，将时间指示器移动至00:04处，选中第三段画中画素材，点击底部工具栏中的“蒙版”按钮，如图5-51所示，打开蒙版选项栏，点击“调整参数”按钮，如图5-52所示。在底部浮窗切换至“旋转”选项后，点击界面中的“关键帧”按钮，如图5-53所示。

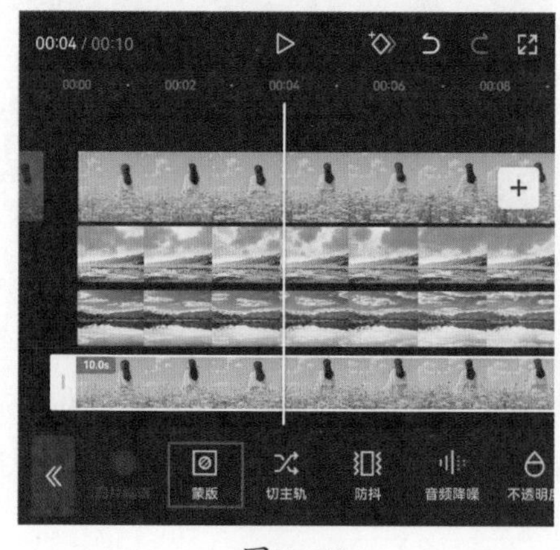

图5-51

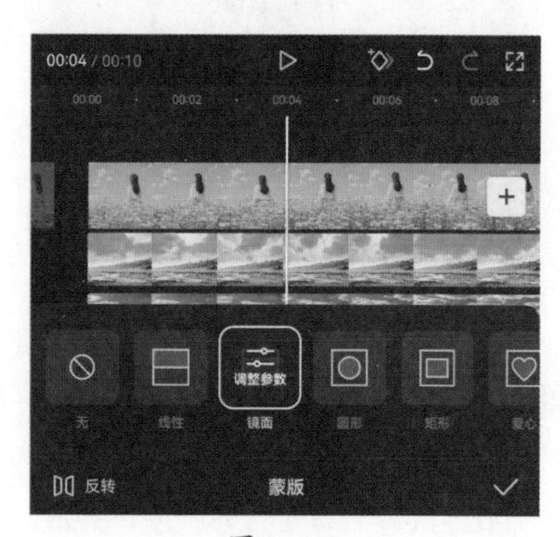

图5-52

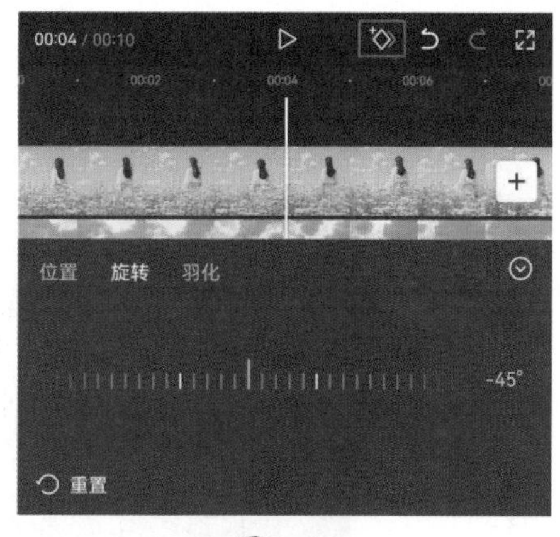

图5-53

11　将时间指示器移动至00:05处，将“旋转”参数设置为-180°，如图5-54所示。在预览区域双指按住黄线两边放大显示区域，如图5-55所示。

12　完成所有操作后，再为视频添加一首合适的音乐，即可点击“导出”按钮，将视频保存至相册。

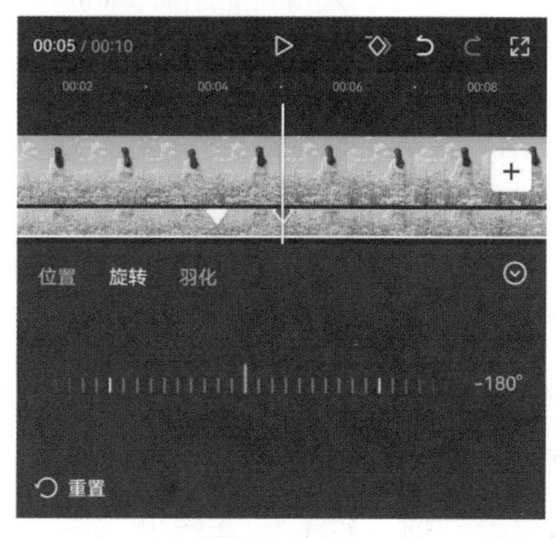

图5-54

图5-55

5.3　关于混合模式

混合模式最为大众所熟知的是其在Photoshop中的使用，但它同样适用于视频处理工作，剪映目前为用户提供了十种视频混合模式，按作用效果可将其分为三大组，分别为“去亮组”“去暗组”“对比组”。

5.3.1　去亮组

去亮组包含“变暗”“正片叠底”“线性加深”“颜色加深”四种模式，应用效果如图5-56~图5-59所示，其主要作用是留下视频中暗的部分，去掉亮的部分，下面分别进行介绍。

- 变暗：变暗模式在混合两图层像素的颜色时，分别对这二者的RGB值进行比较，取二者中较低的值，再组合成混合后的颜色，所以总的颜色灰度降低，造成变暗的效果。

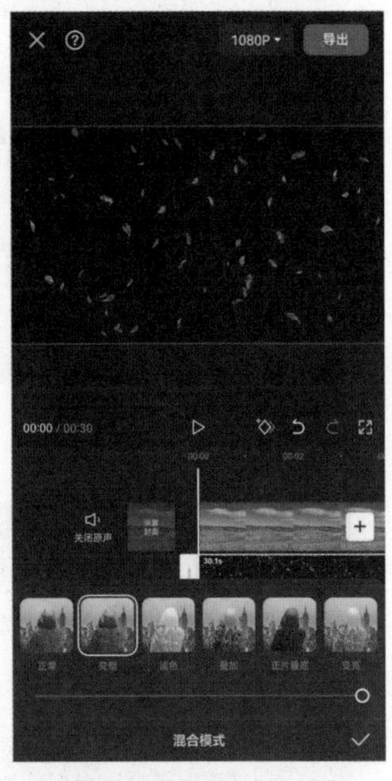

图5-56

- 正片叠底：正片叠底模式将基色与混合色相乘，然后除以255，便得到了结果色的颜色值，结果色总是比原来的颜色更暗。当任何颜色与黑色进行正片叠底模式操作时，得到的颜色仍为黑色，因为黑色的像素值为0；当任何颜色与白色进行正片叠底模式操作时，颜色保持不变，因为白色的像素值为255。
- 线性加深：线性加深模式通过降低亮度使基色变暗来反映混合色。如果混合色与基色呈白色，混合后将不会发生变化。
- 颜色加深：颜色加深模式通过增加对比度使颜色变暗以反映混合色，将素材图层相互叠加以使图像暗部更暗；当混合色为白色时，则不产生变化。

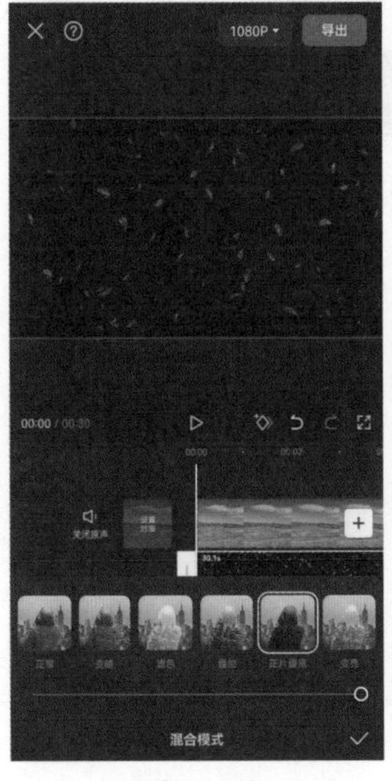

图5-57

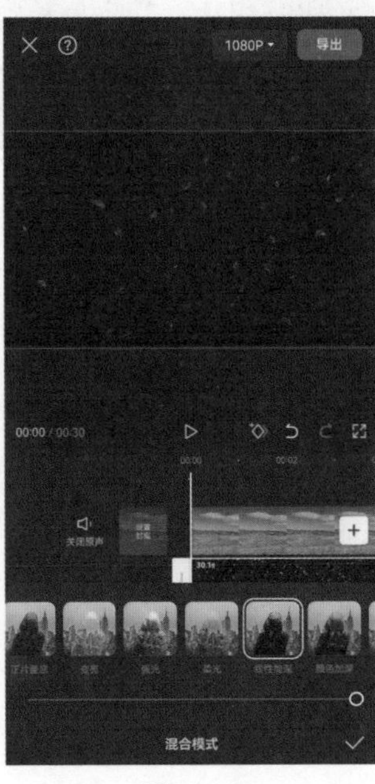

图5-58

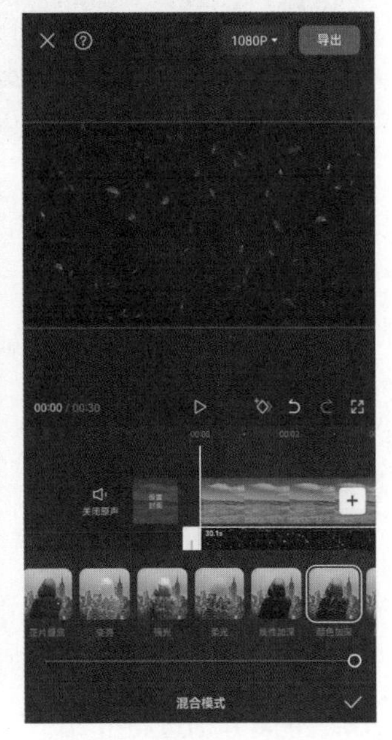

图5-59

5.3.2　去暗组

去暗组包含“滤色”“变亮”“颜色减淡”三种模式，如图5-60~图5-62所示，其主要作用是留下视频中亮的部分，去掉暗的部分，下面分别进行介绍。

- 滤色：滤色模式是将图像的基色与混合色结合起来产生比两种颜色都浅的第三种颜色。应用该模式后，所得的颜色效果通常较为淡雅，且结果总是趋向于更明亮的色调。
- 变亮：变亮模式与变暗模式的结果相反。通过比较基色与混合色，把比混合色暗的像素替换，比混合色亮的像素不改变，从而使整个图像产生变亮的效果。
- 颜色减淡：颜色减淡模式是通过降低对比度使基色变亮，从而反映混合色；当混合色为黑色时，则不产生变化，颜色减淡模式类似于滤色模式的效果。

图5-60

图5-61

图5-62

5.3.3　对比组

对比组包含“叠加”“强光”“柔光”三种模式，如图5-63~图5-65所示，其主要作用是让视频中亮的部分更亮，暗的部分更暗，从而对比感会更强，下面分别进行介绍。

- 叠加：叠加模式可以根据背景层的颜色，将混合层的像素进行相乘或覆盖，不替换颜色，但是基色与叠加色相混，以反映原色的亮度或暗度。该模式对于中间色调影响较为明显，对于高亮度区域和暗调区域影响不大。
- 强光：强光模式是正片叠底模式与滤色模式的组合。它可以产生强光照射的效果，根据当前图层颜色的明暗程度来决定最终的效果变亮还是变暗。如果混合色比基色更亮一些，那么结果色更亮；如果混合色比基色更暗一些，那么结果色更暗。
- 柔光：柔光模式的效果与发散的聚光灯照在图像上相似。该模式根据混合色的明暗来决定图像的最终效果是变亮还是变暗。如果混合色比基色更亮一些，那么结果色将更亮；如果混合色比基色更暗一些，那么结果色将更暗，使图像的亮度反差增大。

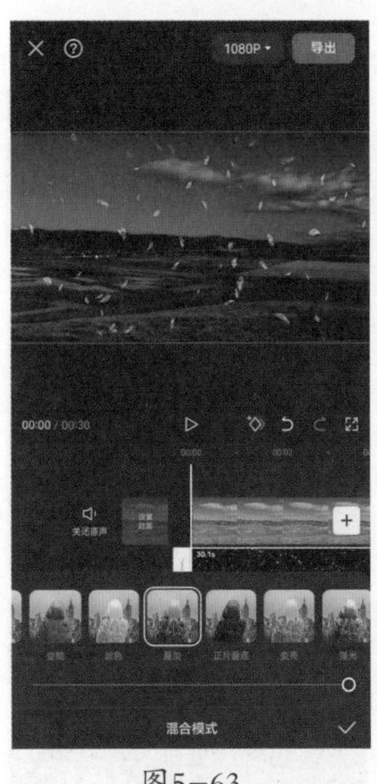

图5-63

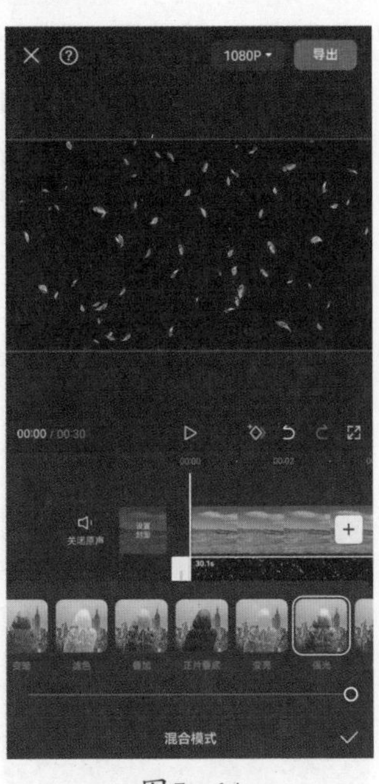

图5-64

图5-65

5.3.4　实操：制作粒子文字消散效果

在很多视频和影视剧的片头字幕中,都会出现有文字散成飞沙粉尘的画面，这种效果被称为文字粒子消散效果。下面将通过实操的方式讲解文字粒子消散效果的制作方法，效果如图5-66所示。

扫码观看示例操作

图5-66

01　打开剪映App，在素材添加界面选择一段背景视频素材添加至剪辑项目中。在未选中任何素材的状态下点击底部工具栏中的“文本”按钮T，如图5-67所示，打开文本选项栏，点击其中的“新建文本”按钮A+，如图5-68所示。

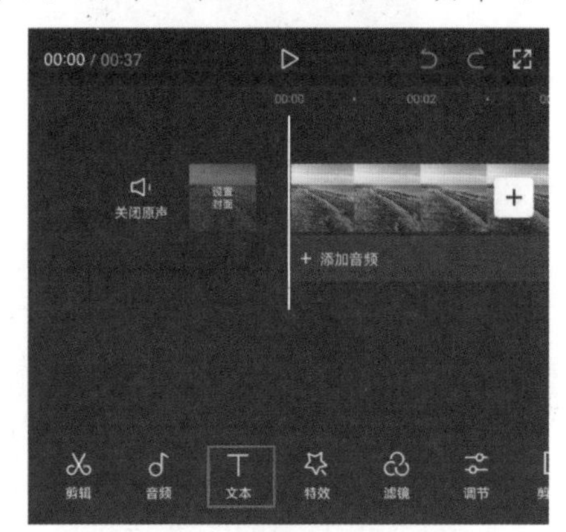

图5-67

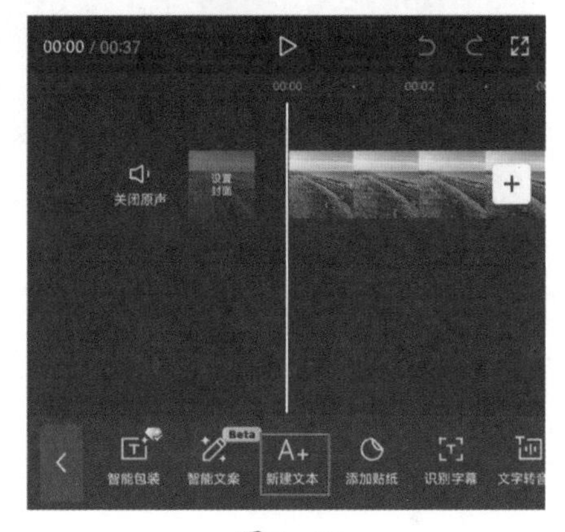

图5-68

02　在文本框中输入需要添加的文字内容，并在字体选项栏中选择“Sunset”字体，如图5-69和图5-70所示。

图5-69

图5-70

03 切换至样式选项栏，将“字间距”的数值设置为2，如图5-71所示，在粗斜体选项中选择加粗效果，并在预览区域将字幕放大，如图5-72所示。

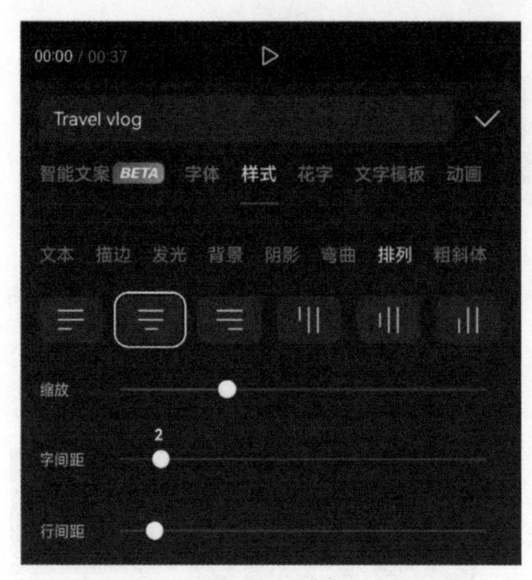

图5-71

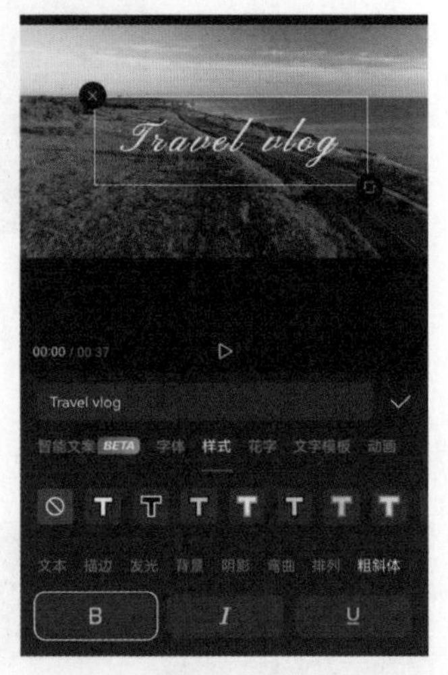

图5-72

04 切换至“动画”选项栏，在“出场”选项中选择“羽化向右擦除”效果，并将动画时长设置为2.0s，完成后点击按钮✓保存操作，如图5-73所示。

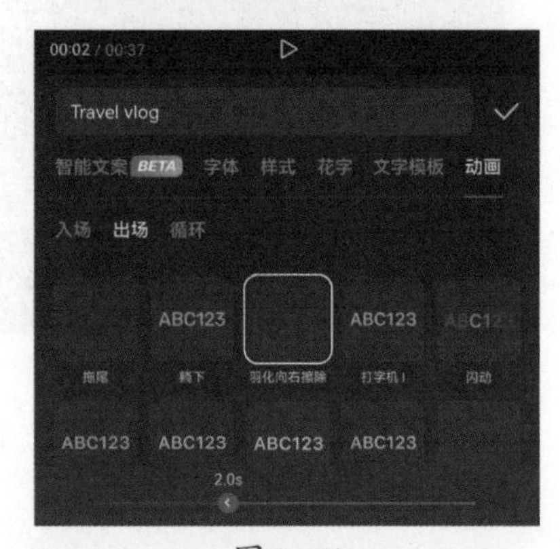

图5-73

05 将时间指示器移动至00：01处，在未选中任何素材的状态下点击底部工具栏中的“画中画”按钮，再点击“新增画中画”按钮，如图5-74和图5-75所示。

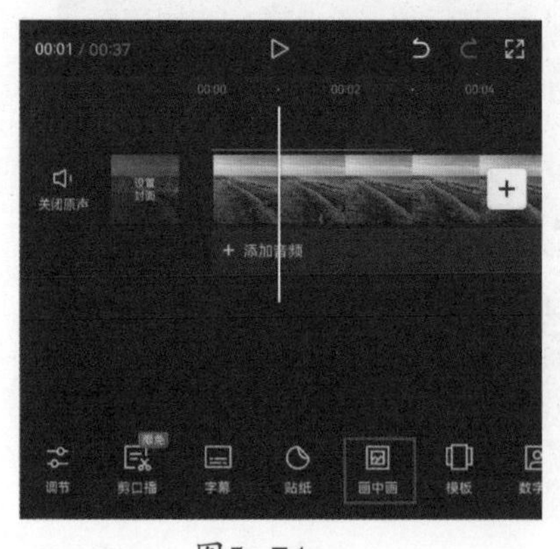

图5-74

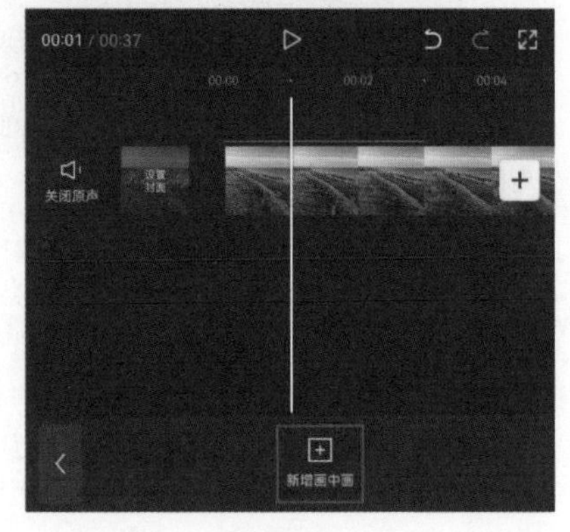

图5-75

06 进入素材添加界面，选择粒子素材将其导入剪辑项目中，在选中粒子素材的状态下，点击底部工具栏中的“混合模式”按钮，如图5-76所示，打开混合模式选项栏，选择“滤色”效果，并点击按钮保存操作，如图5-77所示。

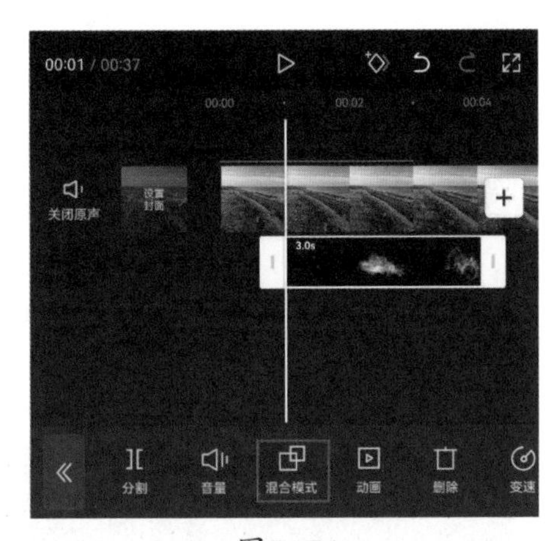

图5-76

07 在预览区域将粒子素材放大，并将其移动至合适的位置，使其将文字覆盖，如图5-78所示。完成所有操作后，再为视频添加一首合适的音乐，即可点击“导出”按钮，将视频保存至相册。

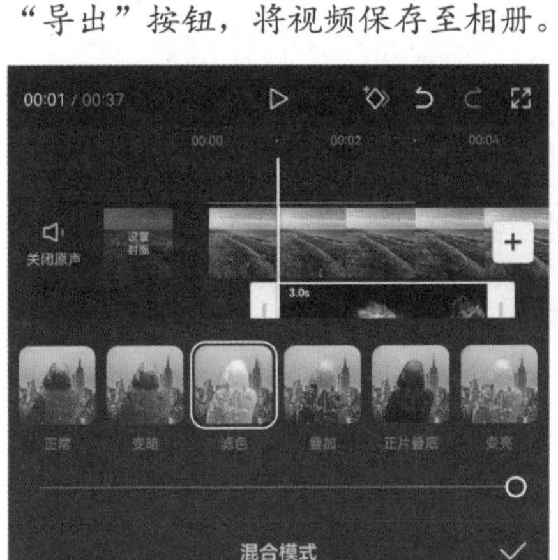

图5-77

图5-78

提示 在为文字添加动画效果时，应该根据视频的风格和内容来选择，比如在上述案例中，因为需要文字随粒子素材飘散，所以就使用了出场动画中的“羽化向右擦除”效果，从而使文字消失的轨迹和粒子素材飘散的轨迹重合，营造一种文字随风飘散的效果。而一旦选择了与视频内容不相符的文字动画效果，则很可能让观众的注意力难以集中于视频本身。

5.3.5 实操：制作镂空字幕效果

扫码观看示例操作

镂空文字顾名思义，就是指画面中的文字是镂空的，从而可以让观众透过文字看到动态的视频画面。下面将通过实操的方式讲解镂空字幕的制作方法，效果如图5-79所示。

图5-79

01 打开剪映App，在素材添加界面切换至“素材库”选项，并在其中选择黑场视频素材，点击“添加”按钮将其添加至剪辑项目中。

02 进入视频编辑界面后，点击底部工具栏中的“文本”按钮，如图5-80所示，打开文本选项栏，点击其中的“新建文本”按钮，如图5-81所示。

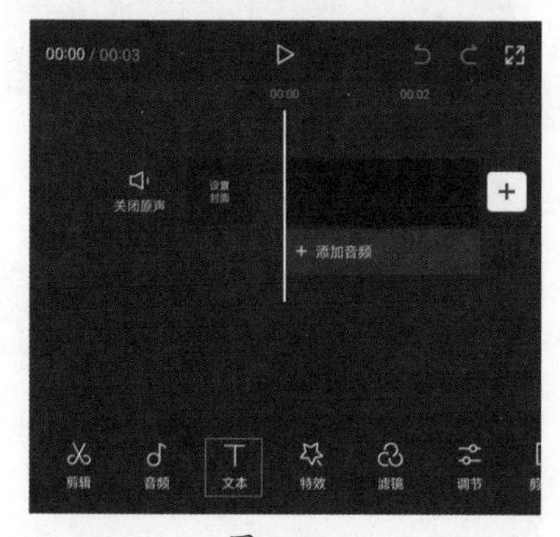

图5-80

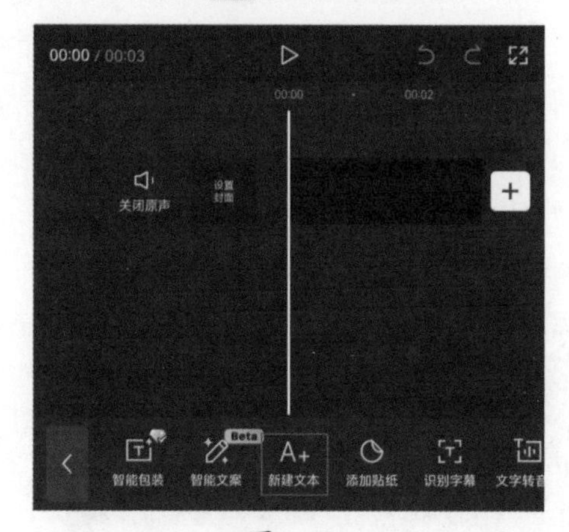

图5-81

03 在文本框中输入需要添加的文字内容，切换至“样式”选项栏，将字号的数值设置为39，如图5-82和图5-83所示。

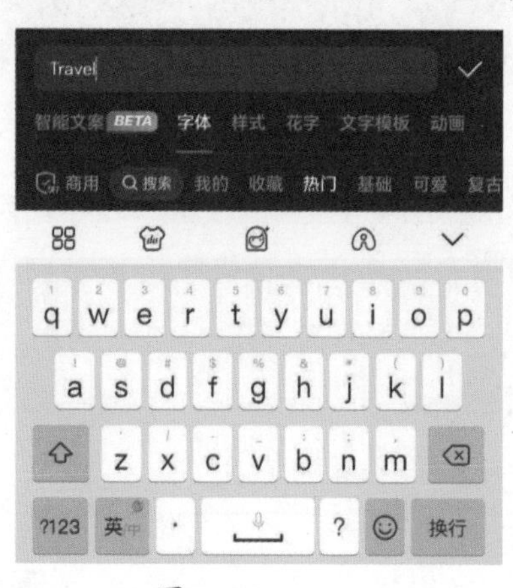

图5-82

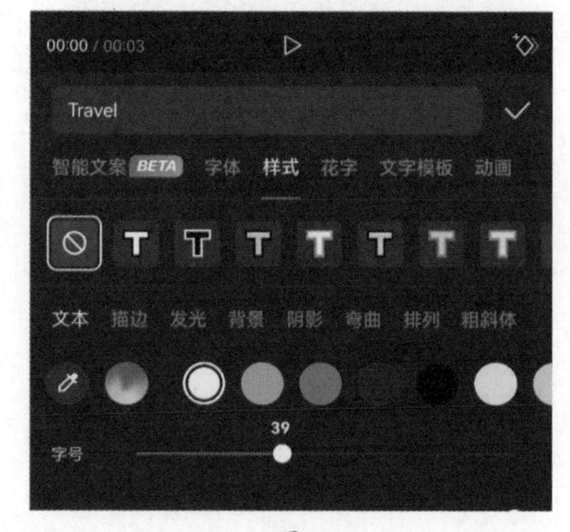

图5-83

04 将时间指示器移动至视频的起始位置，选中文字素材，点击界面中的按钮，添加一个关键帧，如图5-84所示。

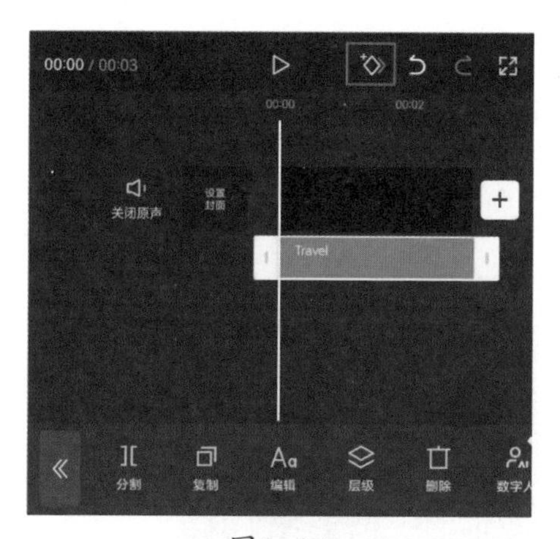

图5-84

05　将时间轴移动至视频的尾端，在预览区域双指背向滑动，将画面放大，直至画面被白色所覆盖，此时剪映会自动在时间指示器所在位置再创建一个关键帧，如图5-85所示。执行操作后将视频保存至相册。

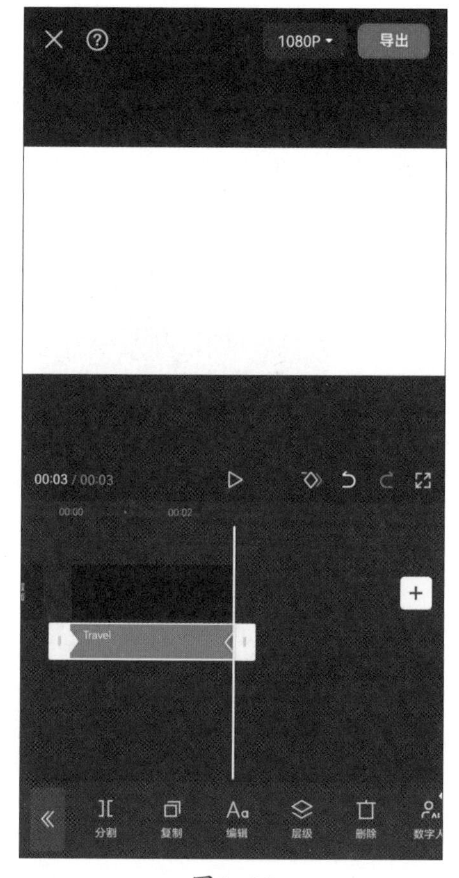

图5-85

06　创建一个新的剪辑项目，进入素材添加界面选择一段背景视频素材添加至剪辑项目中。在未选中任何素材的状态，点击底部工具栏中的“画中画”按钮，再点击“新增画中画”按钮，如图5-86和图5-87所示。

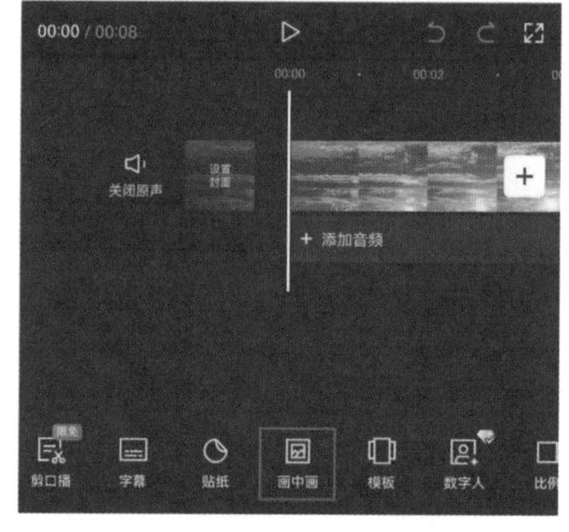

图5-86

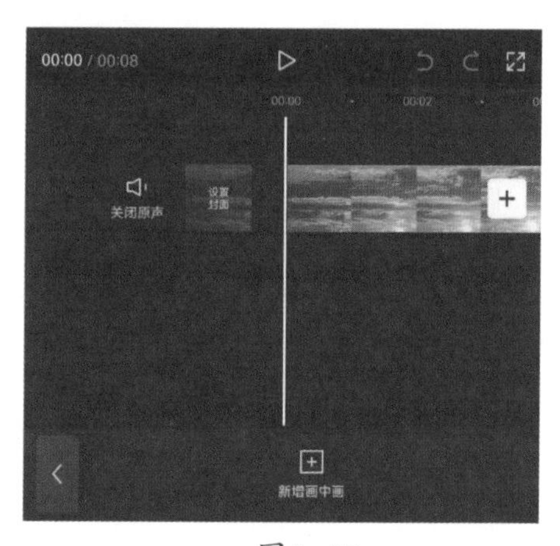

图5-87

07 打开手机相册，将刚刚导出的文字素材添加至剪辑项目中，点击底部工具栏中的“混合模式”按钮，如图5-88所示，打开混合模式选项栏，选择其中的“变暗”效果，如图5-89所示。

08 完成所有操作后，再为视频添加一首合适的音乐，即可点击“导出”按钮，将视频保存至相册。

图5-88

图5-89

第6章 万物皆可抠像

剪映中有“智能抠像”“自定义抠像”“色度抠图”三种抠像功能，这些功能能够帮助用户实现那些在现实中难以企及的想法，如上天入地、跨越时空、翱翔太空等。本章将介绍“智能抠像”“自定义抠像”“色度抠图”的使用方法。

6.1 智能抠像的应用

“智能抠像”功能主要是针对人像的抠像方式，是系统自动抠取人像，后期不能设置其他的参数，因此在使用“智能抠像”功能进行抠像时，要求素材的背景简洁，与人像的色彩反差较大。

6.1.1 智能抠像的使用方法

剪映的“智能抠像”功能可以自动将视频中的人像部分抠出来，抠出来的人像可以放到新的背景视频中，制作出特殊的视频效果。“智能抠像”的使用方法也很简单，在未选中素材的状态下点击底部工具栏中的“画中画”按钮，然后点击“新增画中画”按钮，导入想要抠出人像的素材，选中素材后点击下方选项栏中的“抠像”按钮，然后点击“智能抠像”按钮，便可以将人像从背景中抠出来。图6-1和图6-2所示便是运用“智能抠像”和“画中画”功能完成的置换背景的效果。

图6-1　图6-2

6.1.2 实操：制作人物分身合体效果

扫码观看示例操作

剪映中的“智能抠像”功能，可以快速将人物从画面中“抠”出来，并利用抠出来的人像制作出不同的视频效果，下面将通过实操的方式讲解智能抠像制作人物分身合体效果的方法，效果如图6-3所示。

图6-3

01　打开剪映App，在素材添加界面选择一段人物走路的视频素材添加至剪辑项目中。将时间指示器移动至想要定格的位置，选中素材，点击底部工具栏中的“定格”按钮，如图6-4所示。

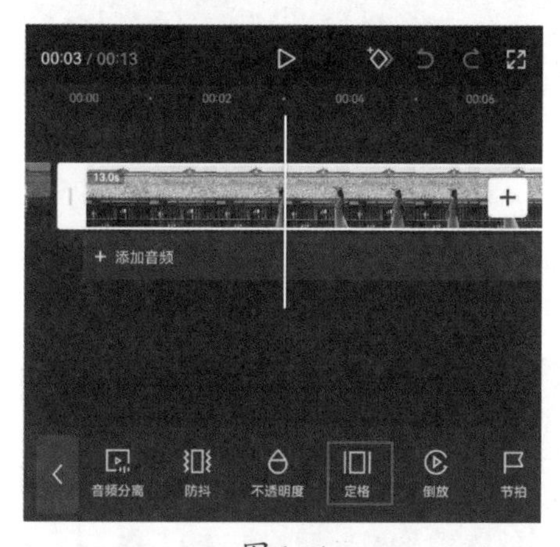

图6-4

02　在时间线区域选中定格片段，点击底部工具栏中的“切画中画”按钮，并将其移动至主视频轨道的下方，如图6-5和图6-6所示。

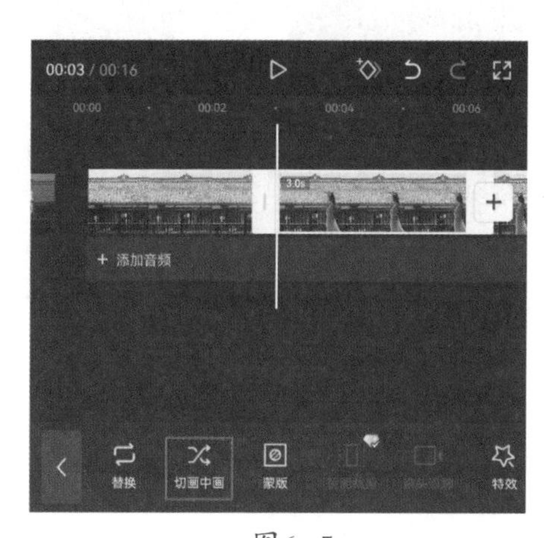

图6-5

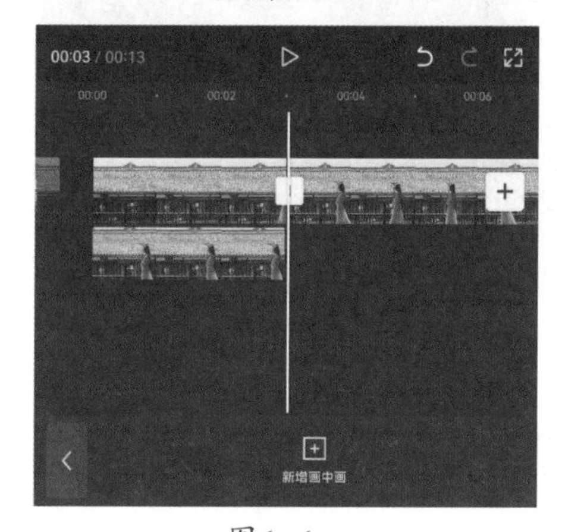

图6-6

03　参照上述操作方法，制作第2个和第3个定格片段，使第2个定格片段的尾端与主视频轨道中的第2段素材的尾端对齐，第3个定格片段的尾端与主视频轨道中的第3段素材的尾端对齐，如图6-7和图6-8所示。

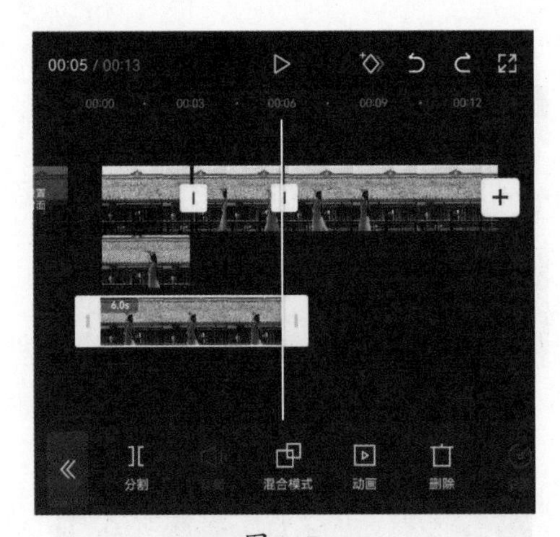

图6-7

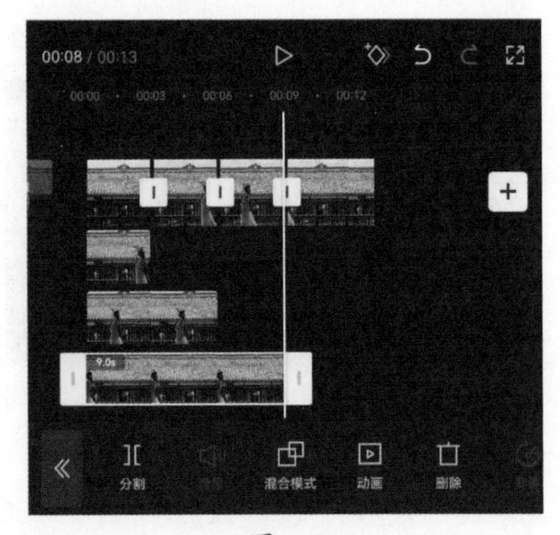

图6-8

04 在时间线区域选中第一个定格片段，点击底部工具栏中的“抠像”按钮，如图6-9所示，打开抠像选项栏，点击其中的“智能抠像”按钮，如图6-10所示。

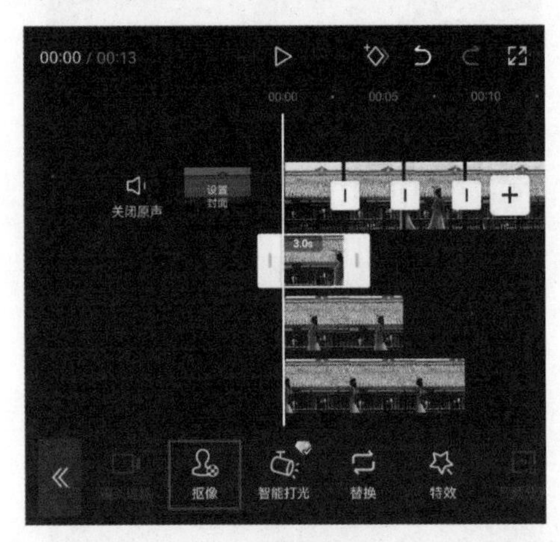

图6-9

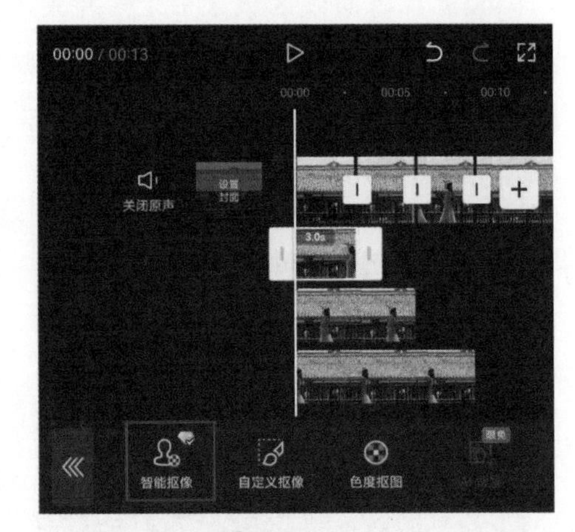

图6-10

05 在时间线区域选中第2个定格片段，点击底部工具中的“智能抠像”按钮，执行操作后，预览区域将出现两个人物，如图6-11所示。

06 在时间线区域选中第3个定格片段，点击底部工具中的“智能抠像”按钮，执行操作后，预览区域将出现4个人物，如图6-12所示。

07 完成所有操作后再为视频添加一首合适的背景音乐，即可点击界面右上角的“导出”按钮，将视频保存至相册。

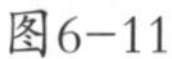
图6-11

图6-12

6.1.3　实操：制作灵魂出窍特效

在玄幻、仙侠类影视剧中，经常会出现人物灵魂出窍的画面，让人觉得不可思议。下面将通过实操的方式讲解制作灵魂出窍特效的方法，其效果如图6-13所示。

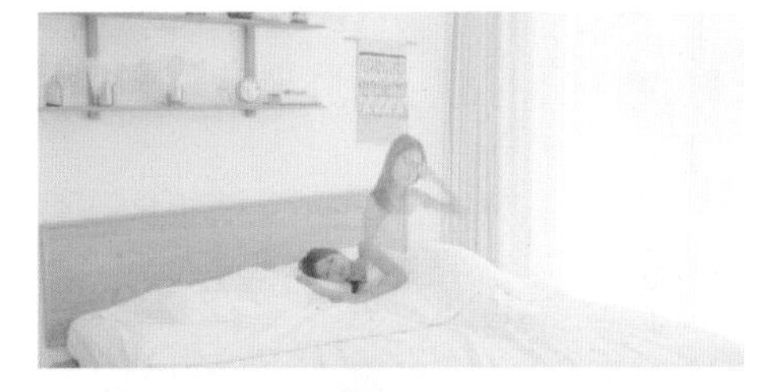
图6-13

01　打开剪映App，在素材添加界面选择一段人物起床的视频素材添加至剪辑项目中。选中素材，将时间指示器移动至素材的起始位置，点击底部工具栏中的“定格”按钮，如图6-14所示。

02　选中原始视频素材，点击底部工具栏中的“切画中画”按钮，如图6-15所示，将其切换至主视频轨道下方，如图6-16所示。

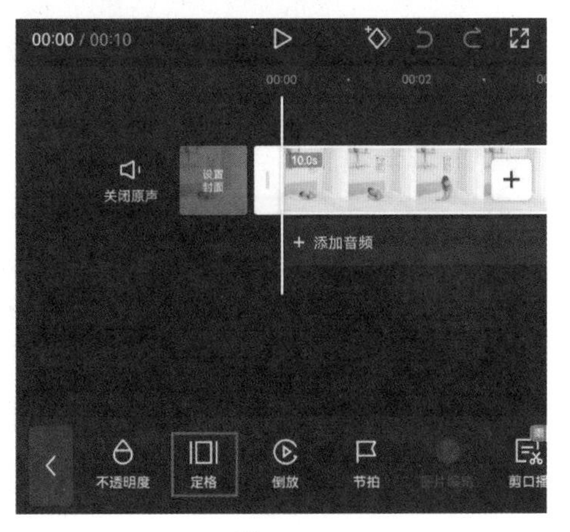

图6-14

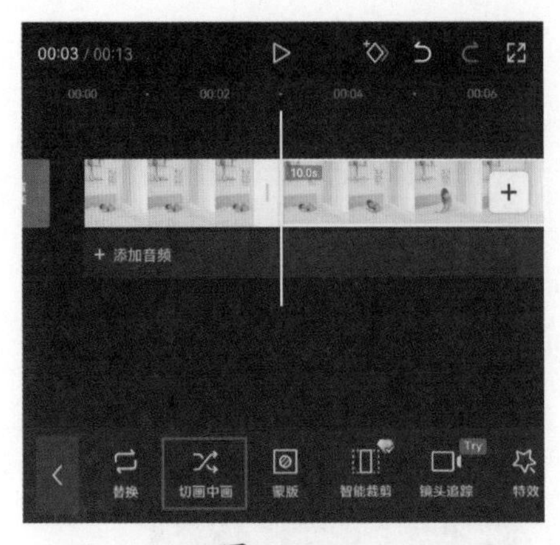

图6-15

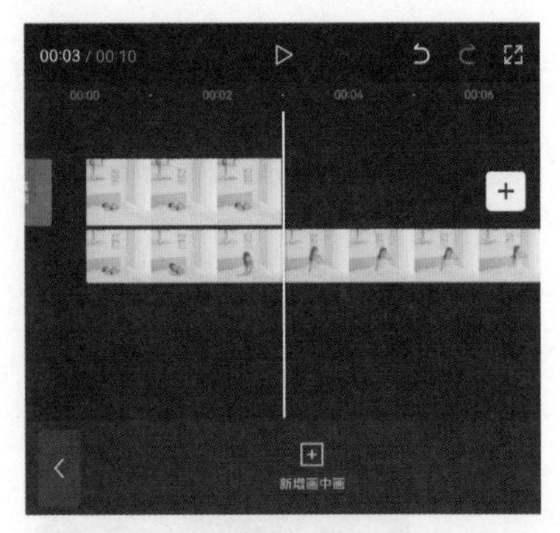

图6-16

03 选中主视频轨道上的定格片段，将其右侧的白色边框向右拖动，使其长度和画中画素材保持一致，如图6-17所示。

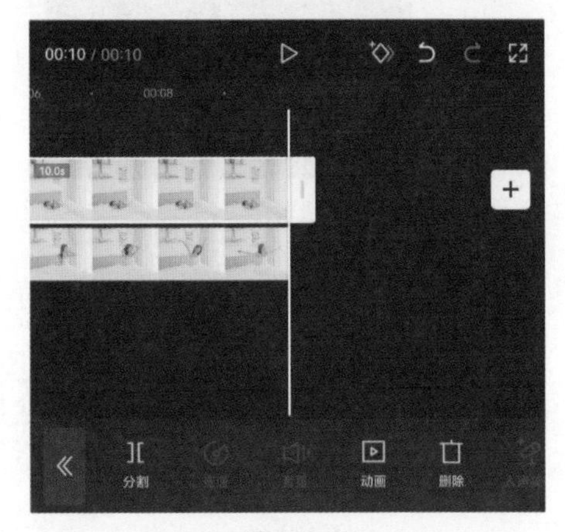

图6-17

04 选中画中画素材，点击底部工具栏中的"抠像"按钮，打开抠像选项栏，点击其中的"智能抠像"按钮，如图6-18所示。

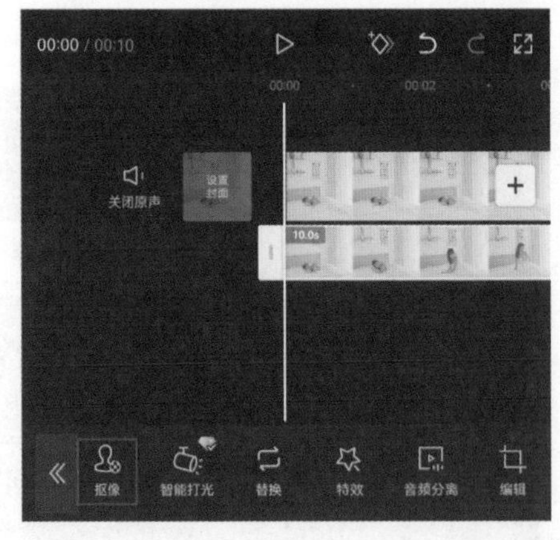

图6-18

05 完成抠像后，点击工具栏左侧的按钮，返回二级工具栏，点击工具栏中的“不透明度”按钮，将数值设置为50，如图6-19和图6-20所示。

06 完成所有操作后，再为视频添加一首合适的背景音乐，即可点击“导出”按钮，将视频保存至相册。

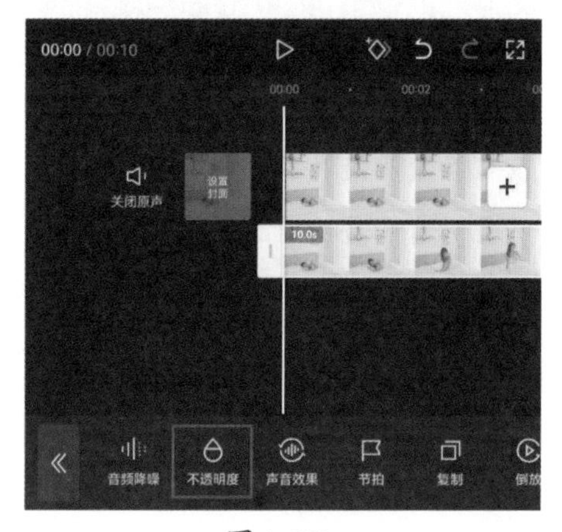

图6-19

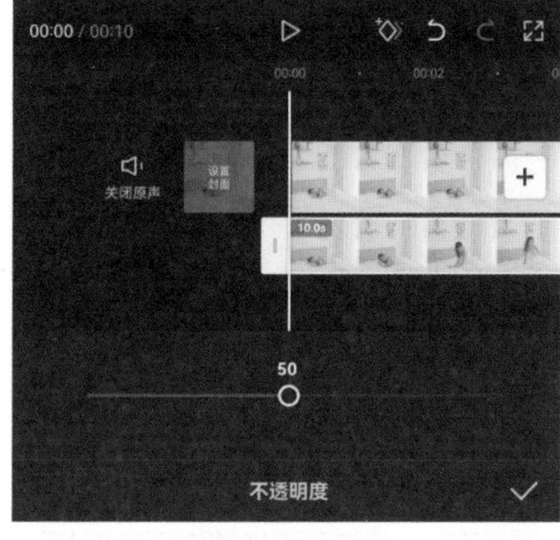

图6-20

6.1.4　实操：制作人物定格出场效果

通过“智能抠像”功能可以对定格画面中的人物进行抠像操作，然后更改画面背景、添加人物介绍文字和音效，从而制作出人物出场介绍效果。下面将通过实操的方式讲解人物定格出场效果的制作方法，效果如图6–21所示。

扫码观看示例操作

图6–21

01 打开剪映App，在素材添加界面选择一段古装人物素材添加至剪辑项目中，在选中素材的状态下，点击底部工具栏中的“变速”按钮，再点击“常规变速”按钮，在底部浮窗中拖动变速按钮将数值设置为1.5x，如图6-22所示。

02 将时间指示器移动至画面中人物回过头的位置，点击底部工具栏中的“定格”按钮，如图6-23所示，执行操作后，视频轨道中将生成定格片段，选中定格片段后面多余的素材，点击底部工具栏中的“删除”按钮，如图6-24所示。

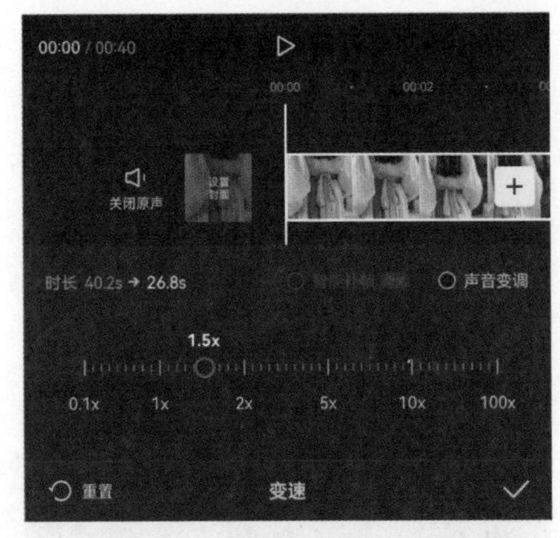

图6-22

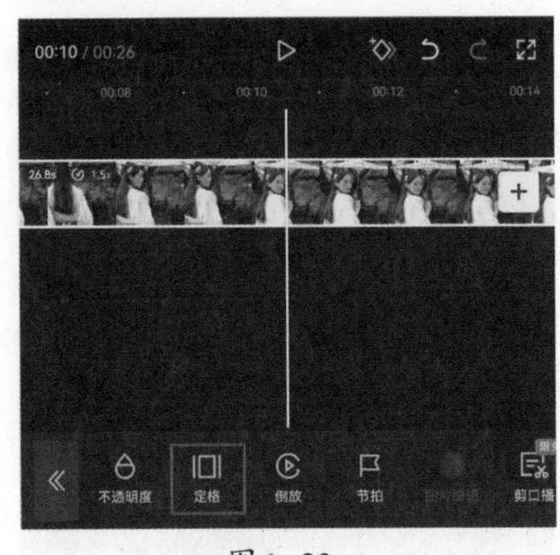

图6-23

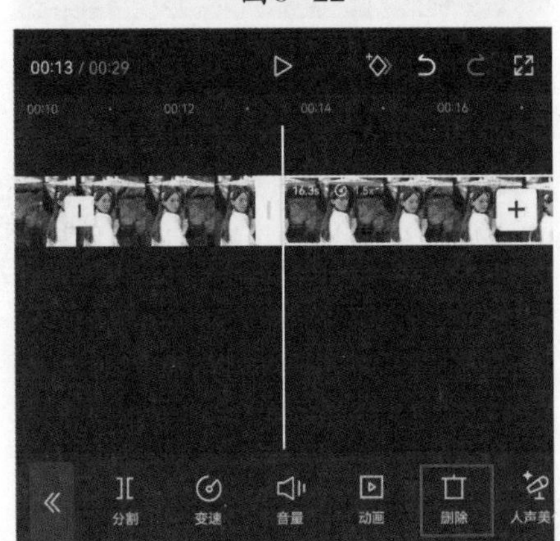

图6-24

03 选中定格片段，点击底部工具栏中的“复制”按钮，如图6-25所示，在轨道中复制一段一模一样的素材，选中复制的素材。点击底部工具栏中的“切画中画”按钮，将其切换至定格片段的下方，如图6-26和图6-27所示。

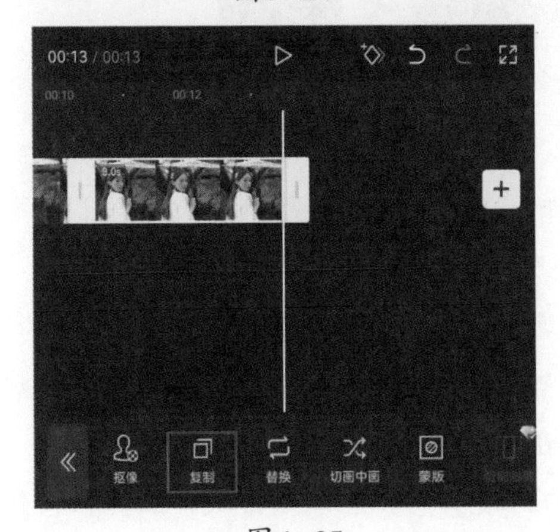

图6-25

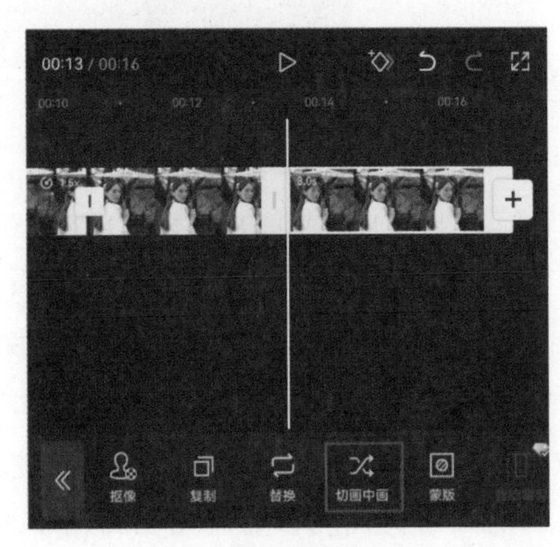

图6-26

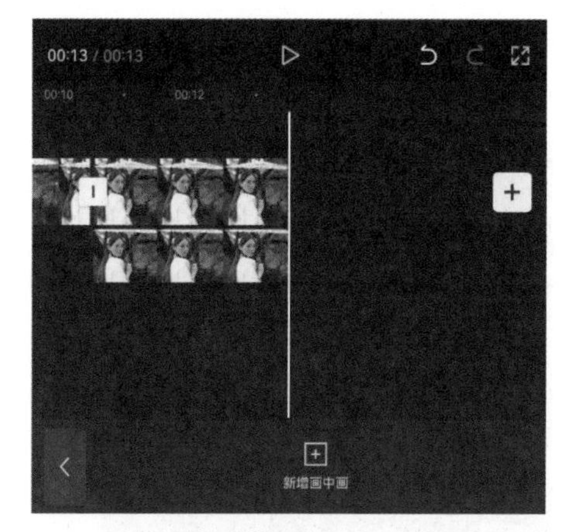

图6-27

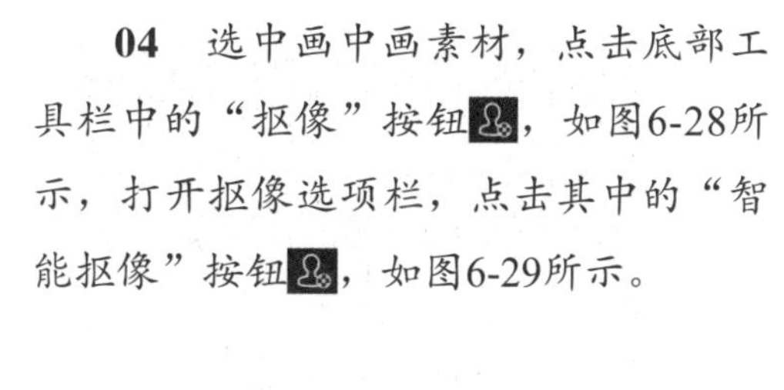

04　选中画中画素材，点击底部工具栏中的“抠像”按钮，如图6-28所示，打开抠像选项栏，点击其中的“智能抠像”按钮，如图6-29所示。

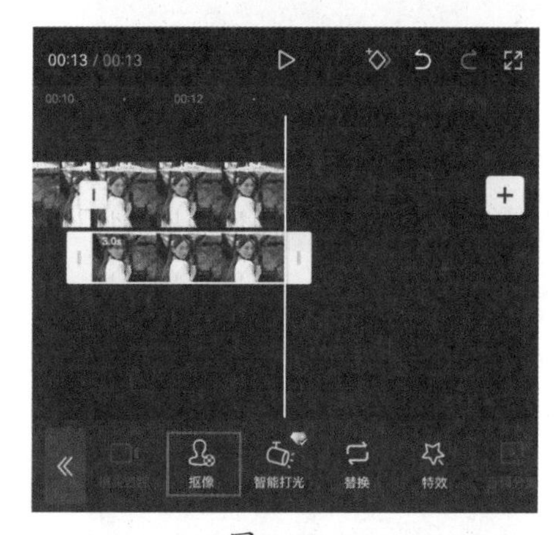

图6-28

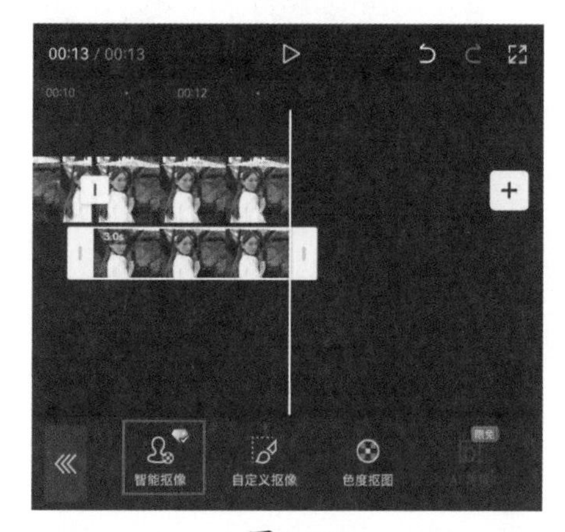

图6-29

05　选中定格片段，点击底部工具栏中的“滤镜”按钮，打开滤镜选项栏，选择“黑白”选项中的“赫本”滤镜，如图6-30所示。

06　在选中定格片段的状态下，点击底部工具栏中的“特效”按钮，再点击“画面特效”按钮，打开画面特效选项栏，选择“热门”选项中的“动感模糊”特效，如图6-31所示。

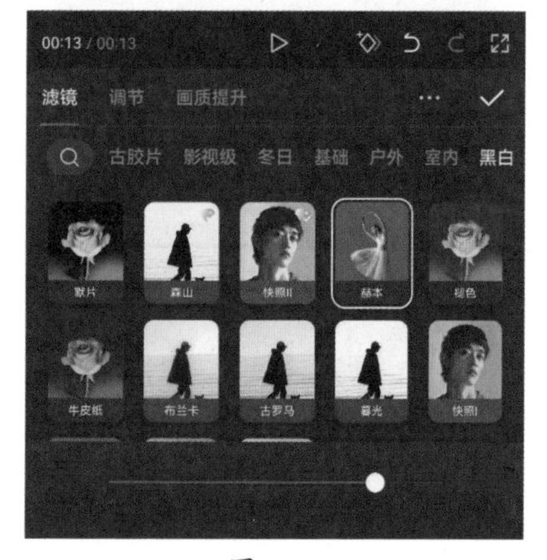

图6-30

07 参照步骤06的操作方法，为画中画素材添加画面特效中的“发光Ⅱ”特效，并将“发光”和“大小”参数均设置为30，如图6-32所示。

图6-31

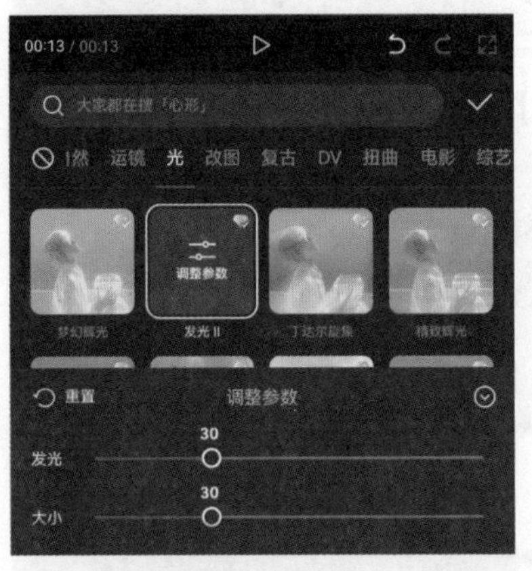

图6-32

08 选中画中画素材，将时间指示器移动至画中画素材的起始位置，点击界面中的“关键帧”按钮，如图6-33所示。

09 将时间指示器移动至00:13处，在预览区域将画中画素材适当放大，剪映将自动在时间指示器所在位置打上一个关键帧，如图6-34所示。

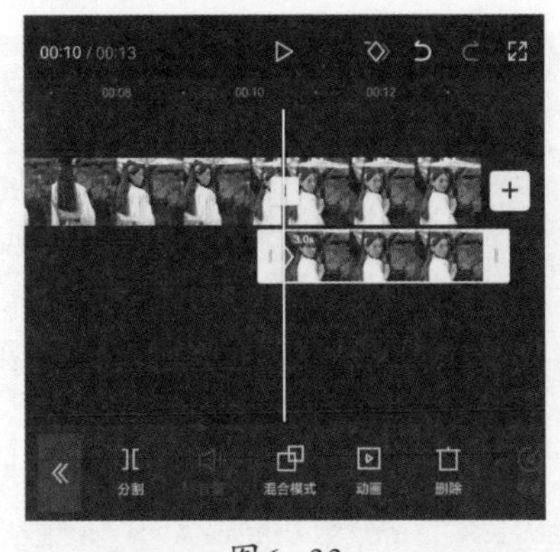

图6-33

图6-34

10 将时间指示器移动至画中画素材的起始位置，在未选中任何素材的状态下，点击底部工具栏中的“文本”按钮，再点击“文字模板”按钮，在文字模板选项栏中的古风选项中选择看中的模板，并在输入框中更改的文字内容，然后在预览区域将其缩小置于画面的右侧，如图6-35和图6-36所示。

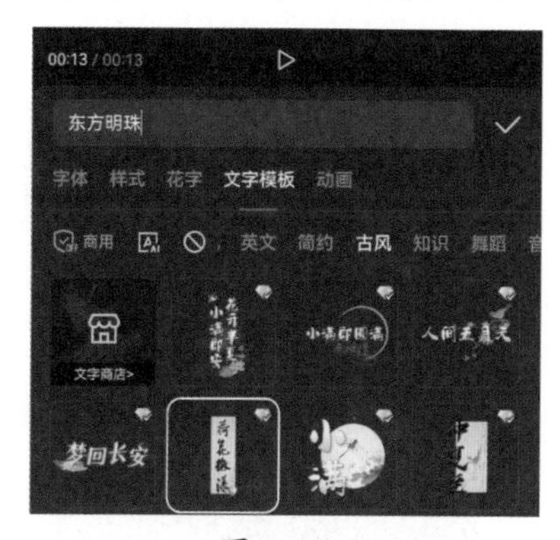

图6-35

图6-36

11　完成所有操作后，再为视频添加一首合适的背景音乐，即可点击“导出”按钮，将视频保存至相册。

6.2　自定义抠像的应用

“智能抠像”功能是系统自动识别画面中的人物并进行抠像，而“自定义抠像”功能则不同，需要用户使用“快速画笔”工具选取人物，从而进行抠像。

6.2.1　自定义抠像的使用方法

在剪映中导入一张人物图像素材和一张背景素材，在时间线区域选中人物图像素材，使用“切画中画”功能，将其移动至背景视频素材的下方，点击底部工具栏中的“抠像”按钮，如图6-37所示，打开抠像选项栏，点击其中的“自定义抠像”按钮，如图6-38所示。

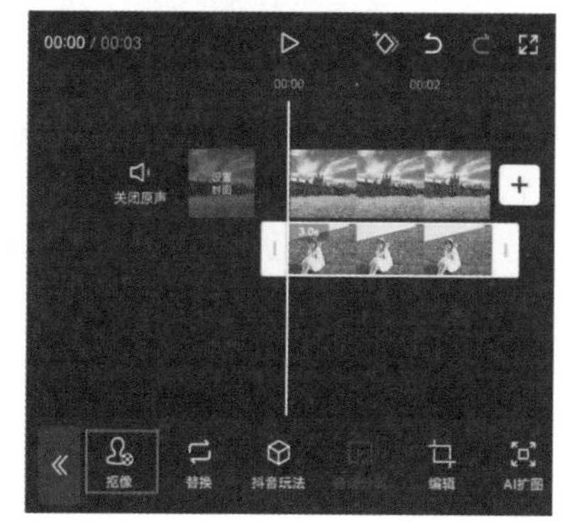

图6-37

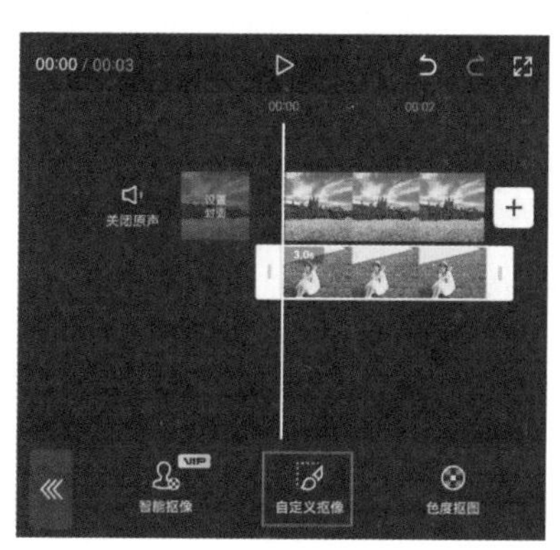

图6-38

在默认的“快速画笔”选项下，在预览区域手动选取画面中的人物，并点击按钮☑，如图6-39所示，执行操作后，即可将人物的背景画面去除，如图6-40所示。

图6-39

图6-40

6.2.2 实操：制作人物出框效果

扫码观看示例操作

在剪映中可以运用“自定义抠像”功能将人像抠出来，制作新颖酷炫的人物出框效果，使原本在相框内的人物出现在相框之外，非常新奇有趣。下面将通过实操的方式讲解制作人物出框效果的方法，效果如图6-41所示。

图6-41

01 打开剪映App，在素材添加界面选择一张人物写真照导入至剪辑项目中，点击底部工具栏中的“特效”按钮☆，如图6-42所示，打开特效选项栏，点击其中的“画面特效”按钮☆，如图6-43所示，打开画面特效选项栏，选择边框选项中的“原相机”特效，如图6-44所示。

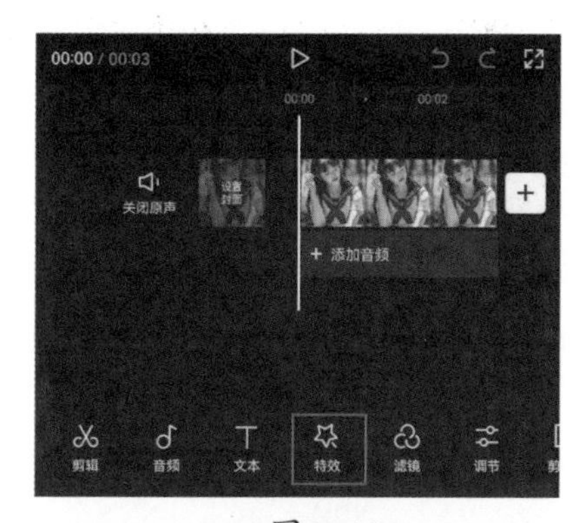

图6-42

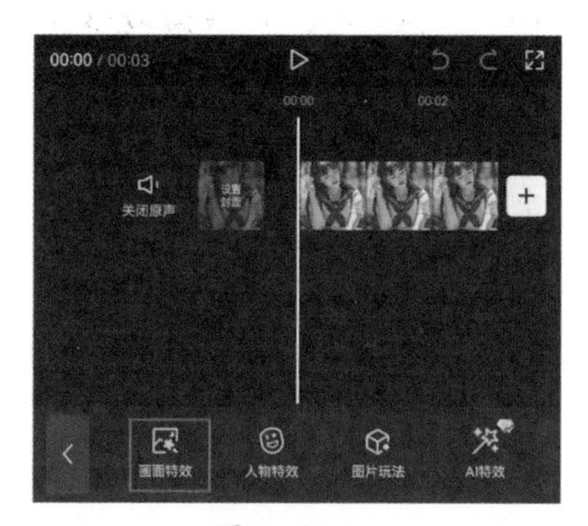

图6-43

图6-44

02　选择特效素材，点击底部工具栏中的“作用对象”按钮，如图6-45所示，在底部浮窗中选择“全局”选项，如图6-46所示。

03　执行操作后，点击界面右上角的“导出”按钮，将视频保存至相册。

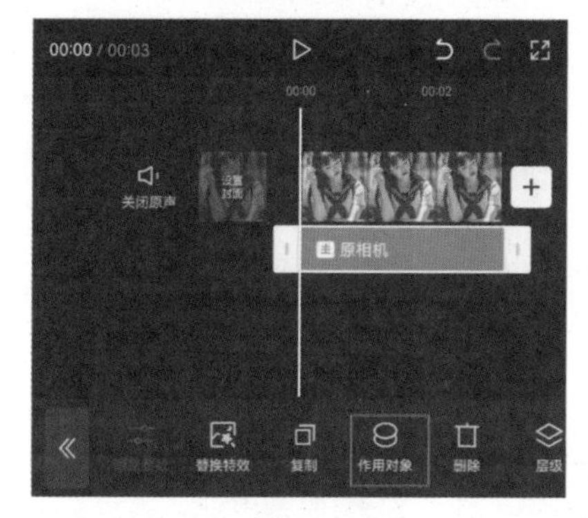

图6-45

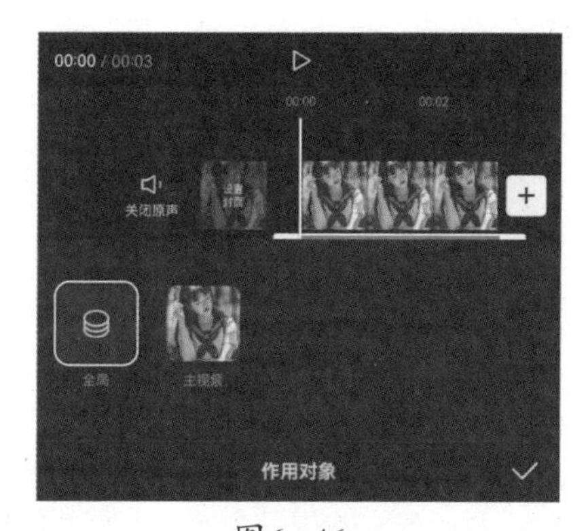

图6-46

04　创建一个新的剪辑项目，进入素材添加界面，将刚刚制作好的视频及原始图像素材添加至剪辑项目中。选中原始图像素材，点击底部工具栏中的“切画中画”按钮，如图6-47所示，将其切换至主视频轨道下方。

05　选中画中画素材，点击底部工具栏中的“抠像”按钮，如图6-48所示，打开抠像选项栏，点击其中的“自定义抠像”按钮，如图6-49所示。

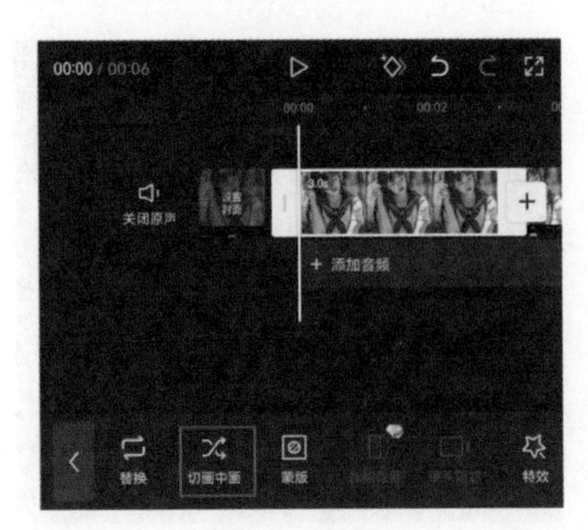

图6-47

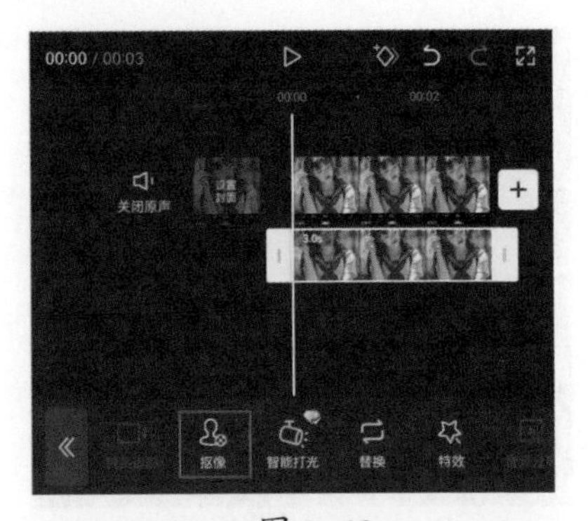

图6-48

06 在默认的“快速画笔”选项下，在预览区域手动选取画面中的人物，如图6-50所示，执行操作后，系统将根据用户的选择识别人物，如图6-51所示，执行操作后点击按钮✓，即可将人物的背景画面去除，如图6-52所示。

07 完成所有操作后，再为视频添加一首合适的背景音乐，即可点击“导出”按钮，将视频保存至相册。

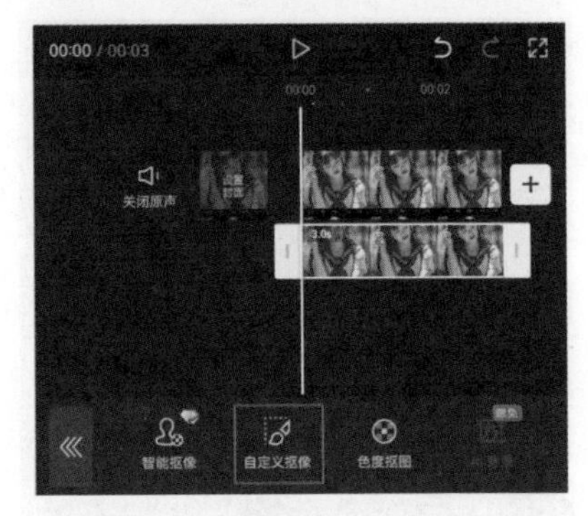

图6-49

图6-50

图6-51

图6-52

提示　由于剪映系统对同一主体的判定并不精准，使用“快速画笔”进行抠像时，有时会出现多余或者缺失的部分，这时可以使用“画笔”工具补足缺失的部分，或用“擦除”工具擦去多余的部分。

6.2.3　实操：制作人物穿越文字效果

扫码观看
示例操作

在某些影视剧中，有时候会出现人物穿越文字的画面作为故事的开头或者结尾的情景，下面将通过实操的方式讲解人物穿越文字效果的制作方法，效果如图6-53所示。

图6-53

01　打开剪映App，在素材添加界面选择一段视频添加至剪辑项目中，点击底部工具栏中的“文本”按钮T，打开文本选项栏，点击其中的“文字模板”按钮A，如图6-54所示，打开文字模板选项栏，在“旅行”选项栏中选择图6-55中的模板，并在预览区域将文字稍稍放大，如图6-56所示。

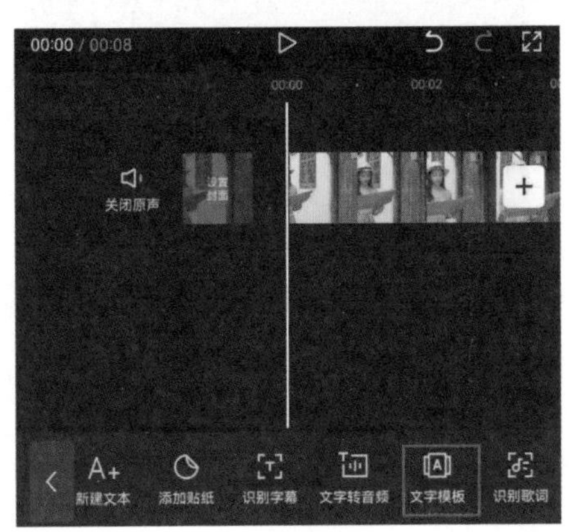

图6-54

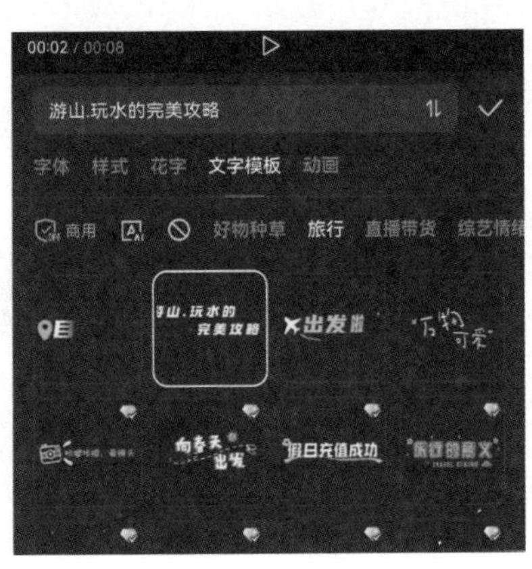

图6-55

图6-56

02　将时间指示器移动至00:06处，选中文字素材，点击底部工具栏中的“动画”按钮◎，如图6-57所示，打开动画选项栏，在“入场”选项栏中选择“模糊”效果，如图6-58所示。

03 执行操作后，点击界面右上角的“导出”按钮，将视频保存至相册。

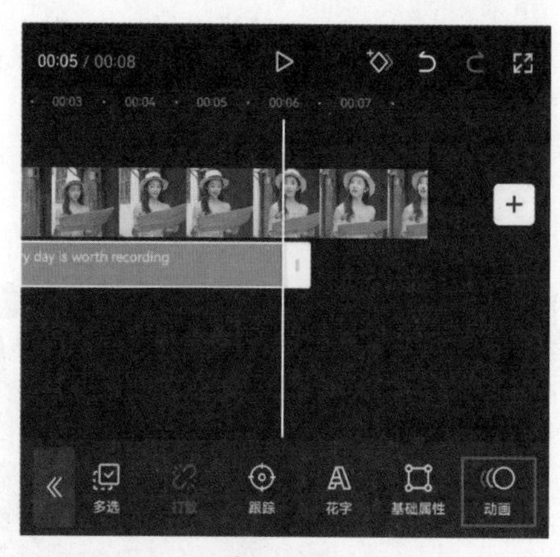

图6-57

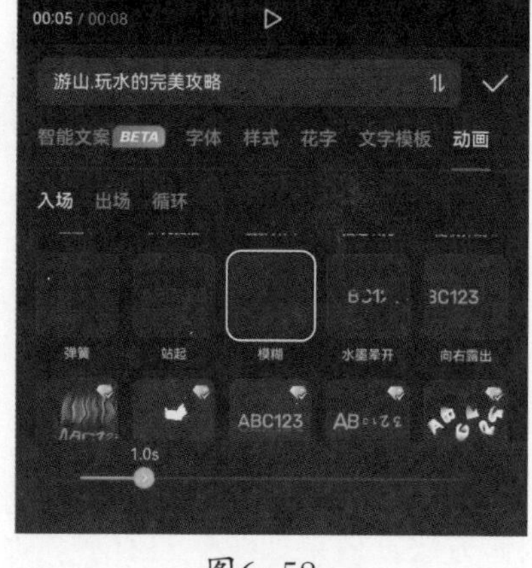

图6-58

04 创建一个新的剪辑项目，进入素材添加界面，将刚刚制作好的含有文字的视频以及原始视频添加至剪辑项目中。

05 选中原始视频，点击底部工具栏中的“切画中画”按钮，如图6-59所示，将其切换至主视频轨道下方，如图6-60所示。

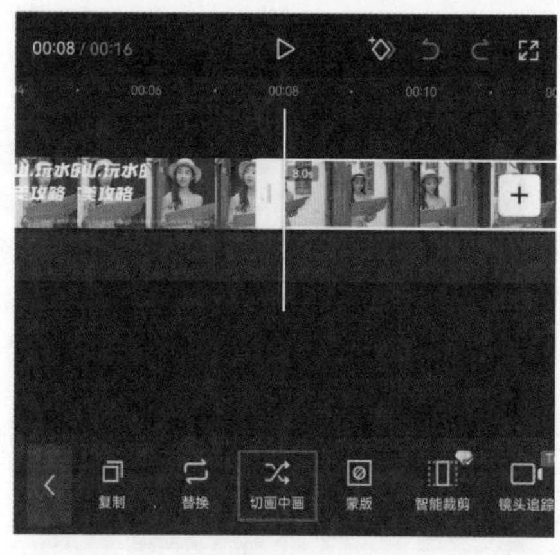

图6-59

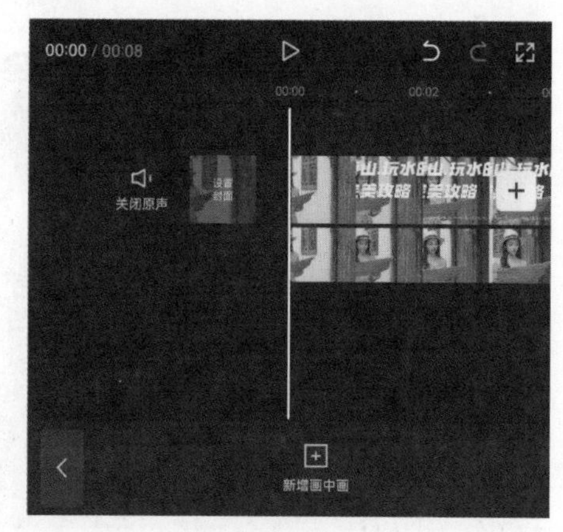

图6-60

06 选中画中画素材，将时间指示器移动至00:03处，点击底部工具栏中的“分割”按钮，如图6-61所示，选择分割出来的前半段素材，点击底部工具栏中的“删除”按钮，将其删除，如图6-62所示。

07 选中画中画素材，点击底部工具栏中的“抠像”按钮，如图6-63所示，打开抠像选项栏，点击“自定义抠像”按钮，如图6-64所示，在默认的“快速画笔”选项下，在预览区域手动选取画面中的人物，执行操作后，系统将根据用户的选择识别人物并进行抠像，如图6-65所示。

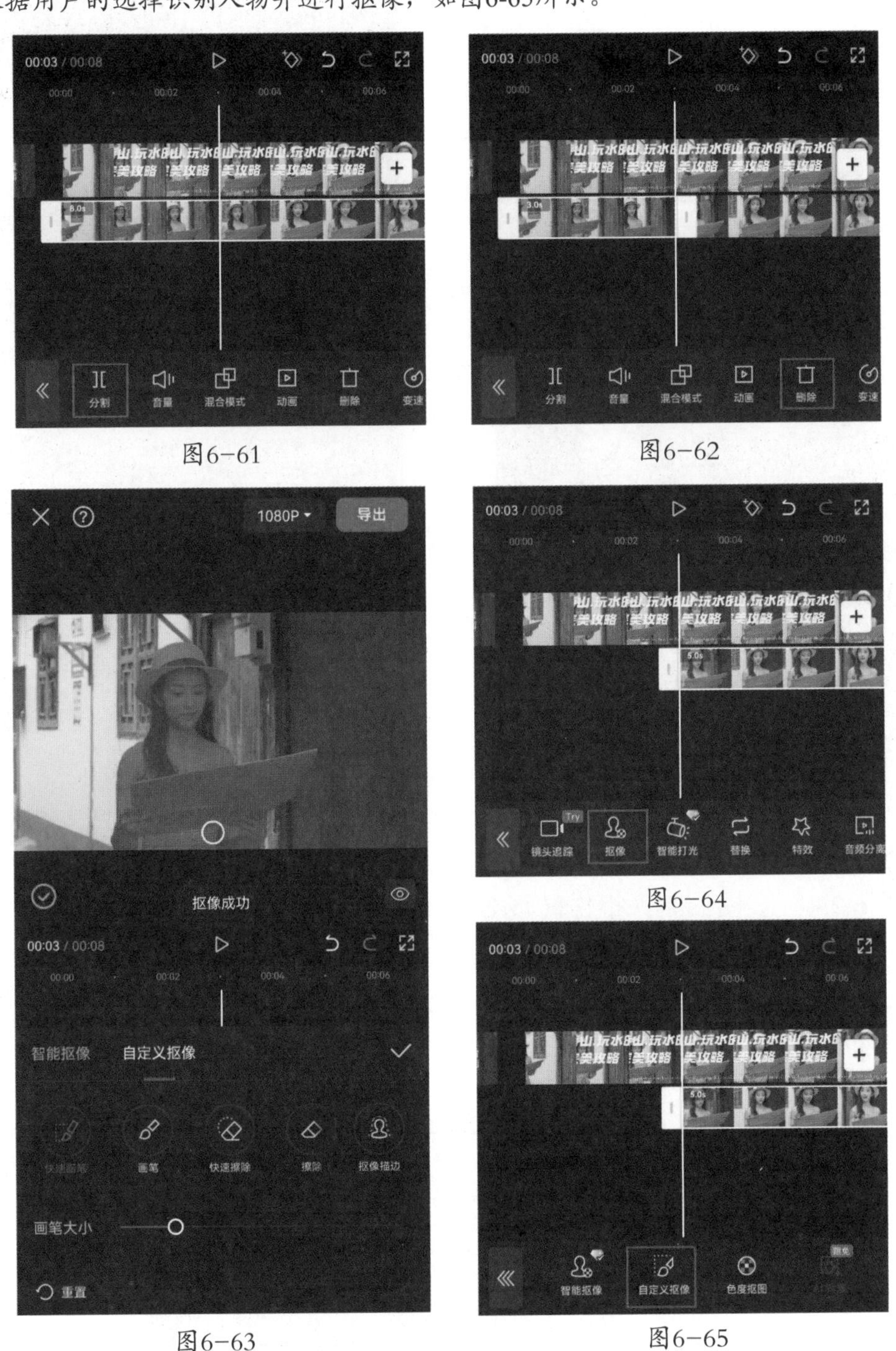

图6-61

图6-62

图6-63

图6-64

图6-65

08　将时间指示器移动至00:04处，点击按钮，打上一个关键帧，如图

6-66所示。将时间指示器移动至画中画素材的起始位置，点击按钮，打上一个关键帧，然后保持时间指示器的位置不变，点击底部工具栏中的“不透明度”按钮，将数值设置为0，如图6-67和如图6-68所示。

09 完成所有操作后，再为视频添加一首合适的背景音乐，即可点击“导出”按钮，将视频保存至相册。

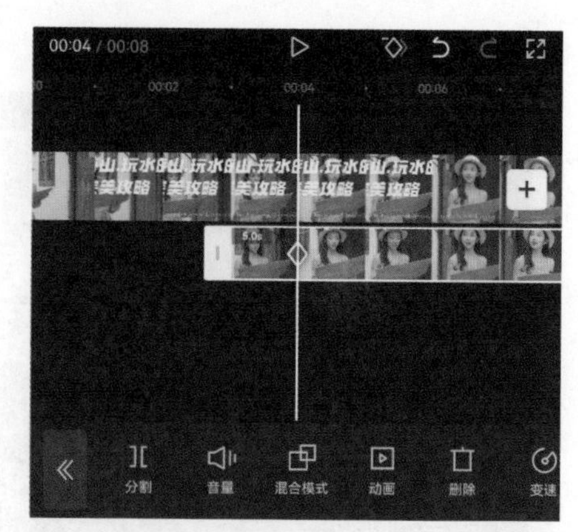

图6-66

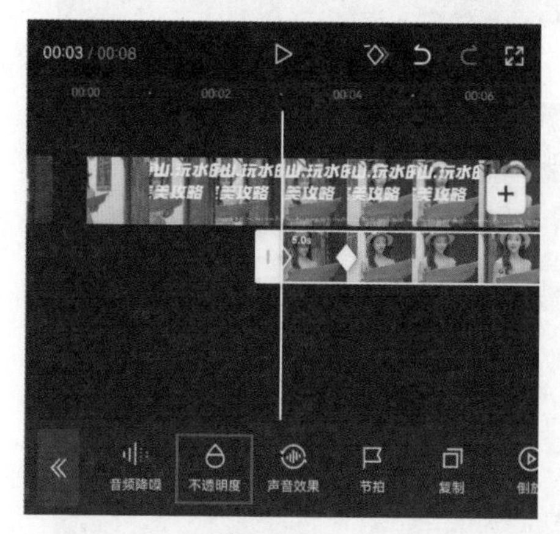

图6-67

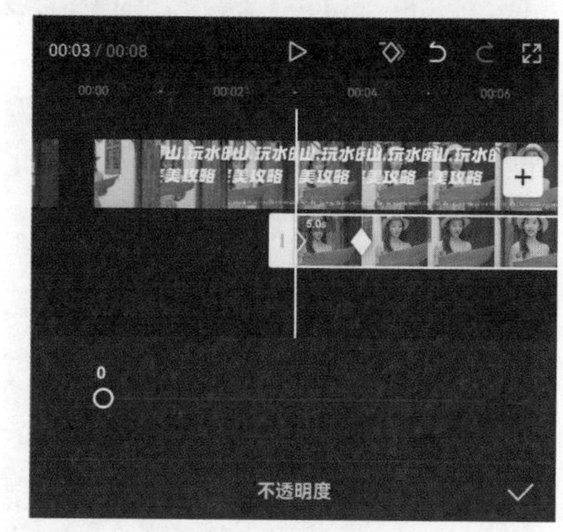

图6-68

6.2.4 实操：制作抠像转场效果

使用“抠像”功能能够制作富有趣味的转场效果。本案例将制作一则“旅拍地标打卡”视频，如图6-69所示，对抠像转场的应用效果进行讲解。

扫码观看示例操作

图6-69

01　打开剪映App，在素材添加界面选择3段地标建筑视频添加至剪辑项目中，并将其均缩短至3.0s。在时间线区域选中第2段素材，将时间指示器移动至第2段素材的起始位置，点击底部工具栏中的“定格”按钮，如图6-70所示。

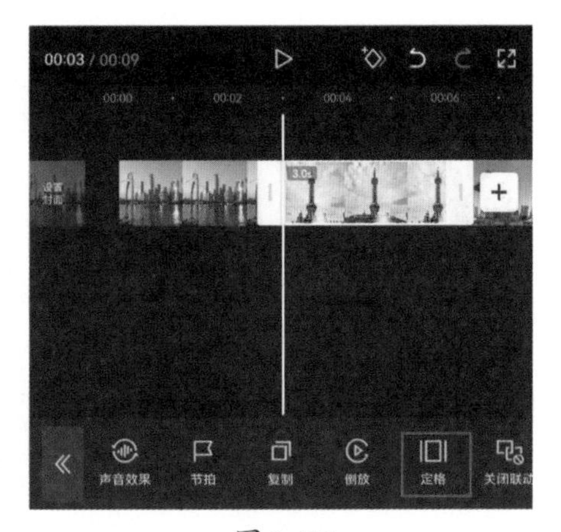

图6-70

02　选中定格片段，点击底部工具栏中的“切画中画”按钮，将定格画面切换至主视频轨道下方，点击底部工具栏中的“抠像”按钮，再点击“自定义抠像”按钮，如图6-71和图6-72所示。

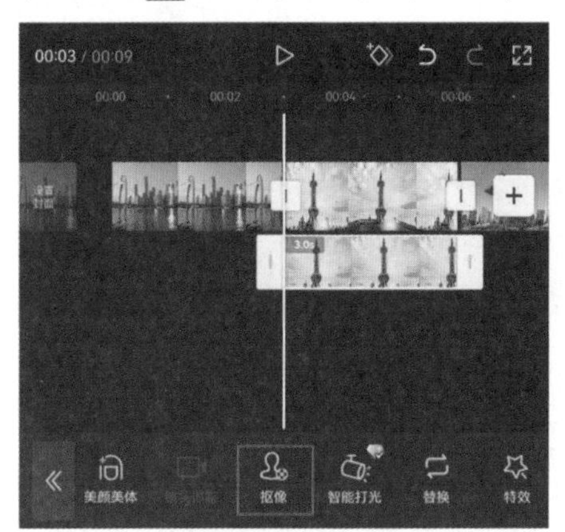

图6-71

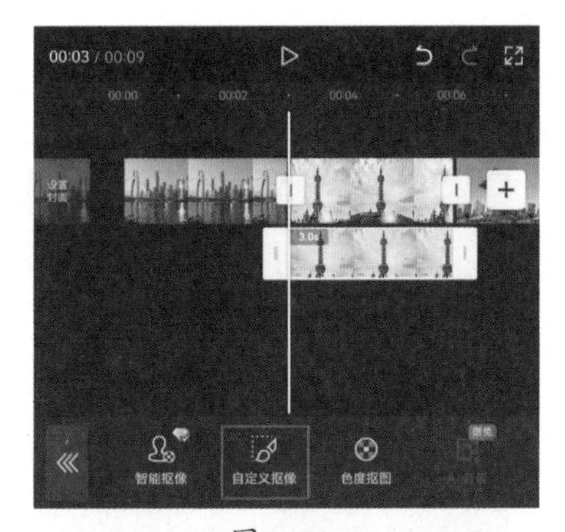

图6-72

03　在弹出的浮窗中点击“快速画笔”按钮，将“画笔大小”数值设置为15，如图6-73所示。

图6-73

04　在预览区域使用“快速画笔”工具描画画面中的地标建筑，建立选区，如图6-74所示。

05　在底部浮窗中点击“擦除”按钮，在预览区域将画面中多余选区擦除，如图6-75所示。点击按钮，即可完成抠像。

图6–74

图6–75

06 在时间线区域选中定格片段，并将其左侧白色边框向左拖动，将其时长延长15帧，如图6-76所示。将时间指示器移动至00:03处，使用“分割”按钮将定格片段一分为二，选中分割出来的后半段素材，点击底部工具栏中的“删除”按钮，将其删除，如图6-77所示。

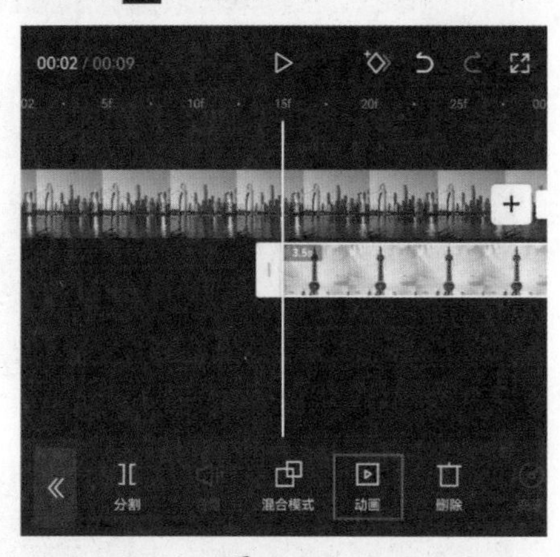

图6–76

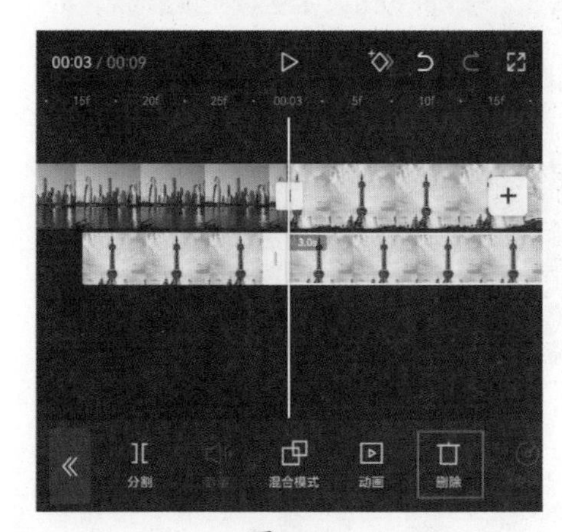

图6–77

07 选中定格片段，点击底部工具栏中的“动画”按钮，在“入场动画”选项中选择“雨刷”效果，如图6-78和图6-79所示。

08 参照步骤01至步骤05的操作方法，为第3段素材制作抠像效果，并点击底部工具栏中的“动画”按钮，如图6-80所示，打开动画选项栏，在“入场动画”选项中选择“向下甩入”效果，如图6-81所示。

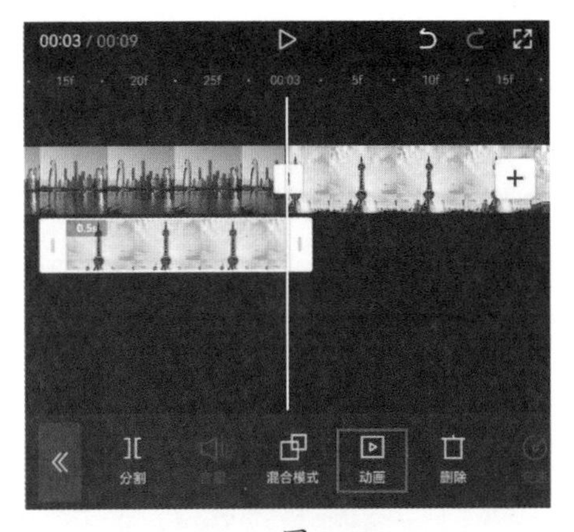

图6-78

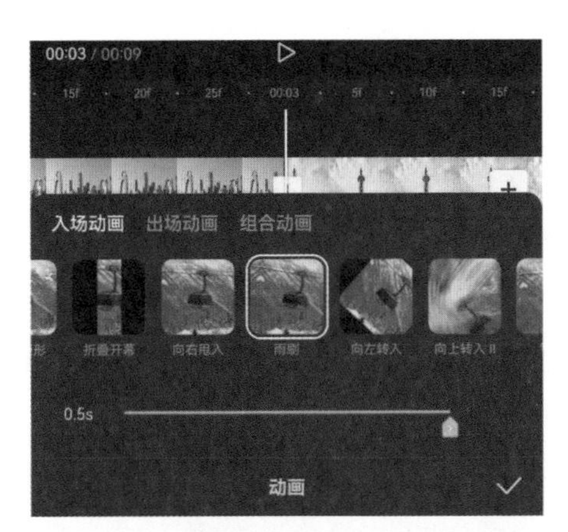

图6-79

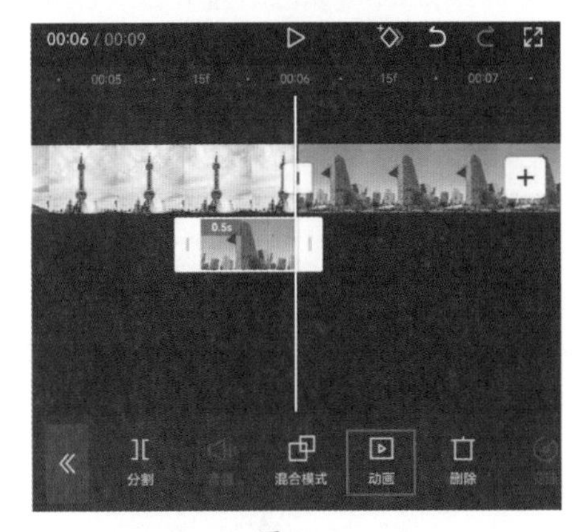

图6-80

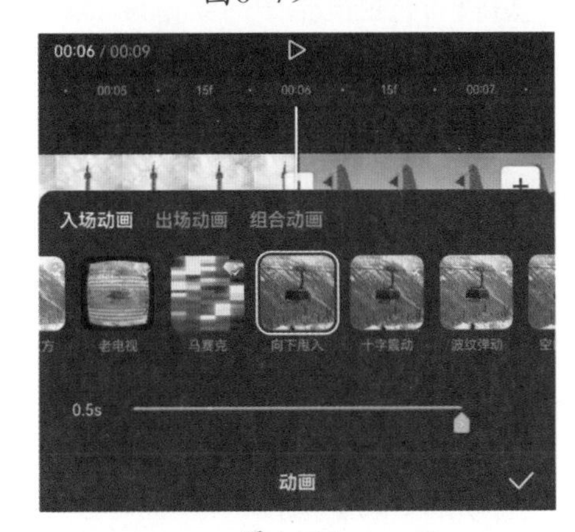

图6-81

09 返回一级工具栏，点击“文本”按钮，再点击“文字模板”，在“旅行”选项栏中选择图6-82中的模板，制作地点说明文字，并将文字轨道分别放置在对应的视频素材下方，如图6-83所示。

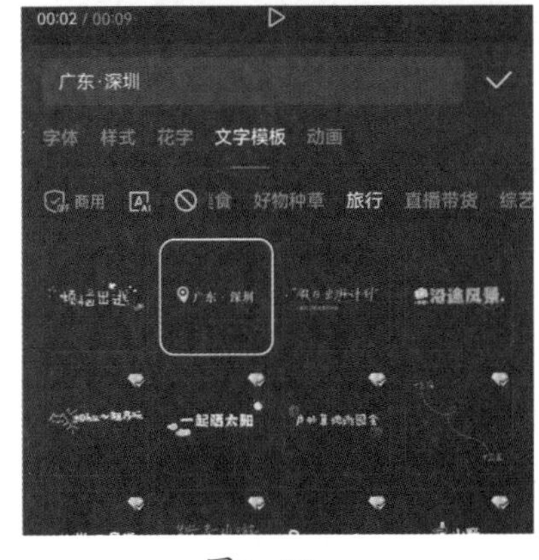

图6-82

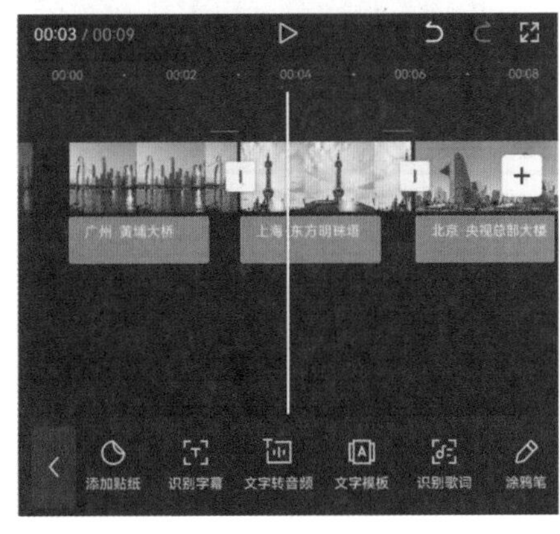

图6-83

10 完成所有操作后，再为视频添加一首合适的背景音乐，即可点击“导出”按钮，将视频保存至相册。

6.3 色度抠图的应用

“色度抠图”是指将前景素材画面中不想要的颜色抠除掉，从而可以显示背景中的画面，是视频制作中比较常用的功能之一，常见的使用场景是抠除素材中的绿幕、蓝幕等。

6.3.1 色度抠图的使用方法

剪映的“色度抠图”简单说就是对比两个像素点之间颜色的差异性，把前景抠取出来，从而达到置换背景的作用。“色度抠图”与“智能抠像”不同，“智能抠像”会自动识别人像，然后进行抠像处理，而“色度抠图”需要用户自己选择需要抠去的部分，抠图时，选中的颜色与其他区域的颜色差异越大，抠图的效果会越好。图6-84所示为色度抠图界面，图6-85所示为利用“色度抠图”功能置换背景的效果。

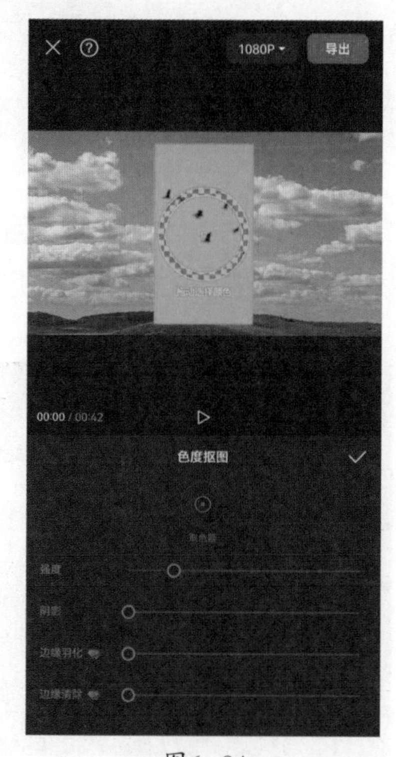

图6-84

图6-85

6.3.2　实操：制作手机穿越特效

扫码观看示例操作

运用“色度抠图”功能可以套用很多素材，比如穿越手机这个素材，可以在镜头慢慢推近至手机屏幕后，进入全屏状态穿越至手机中的世界。下面将通过实操的方式讲解制作飞机穿越特效的方法，效果如图6–86所示。

图6–86

01　打开剪映App，在素材添加界面选择一段背景视频素材，完成选择后切换至“素材库”选项，如图6-87所示。在界面顶部的搜索栏中输入关键词“手机”，点击键盘中的“搜索”按钮，在搜索出的手机素材中选择图6-88中的视频素材，完成选择后点击界面右下角的“添加”按钮将其添加至剪辑项目中。

图6–87

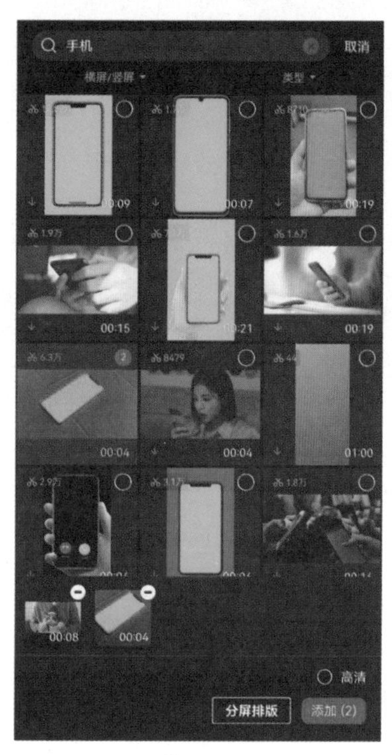

图6–88

02 进入视频编辑界面，在时间线区域选中绿幕素材，点击底部工具栏中的“切画中画”按钮，如图6-89所示，将其切换至画中画轨道并移动至背景视频素材的下方，如图6-90所示。

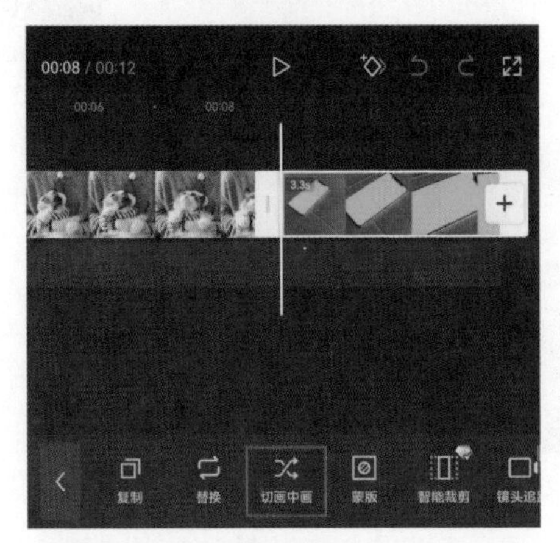

图6-89

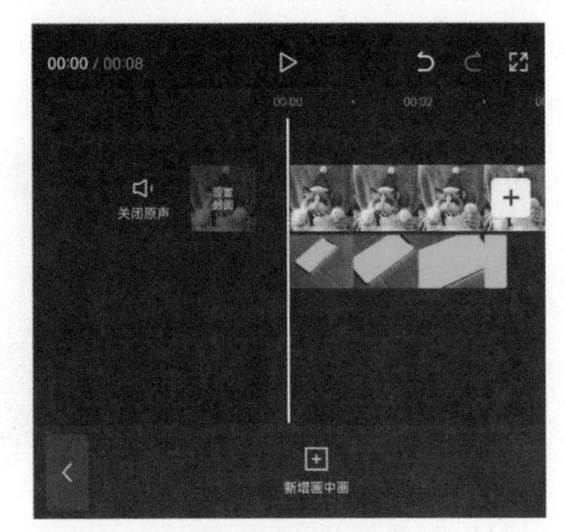

图6-90

03 在时间线区域选中绿幕素材，底部工具栏中的“抠像”按钮，如图6-91所示，打开抠像选项栏，点击其中的“色度抠图”按钮，如图6-92所示。

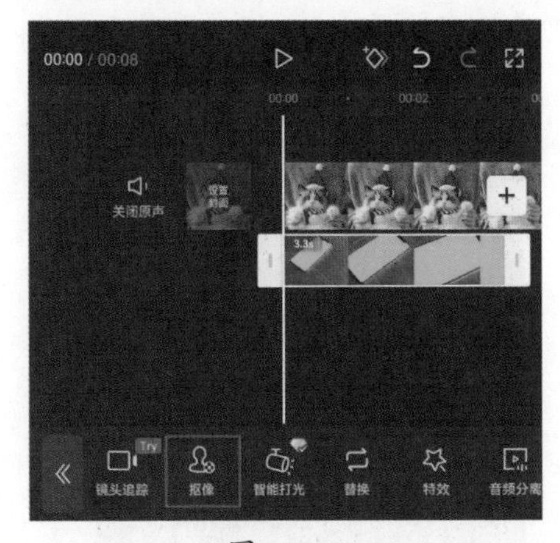

图6-91

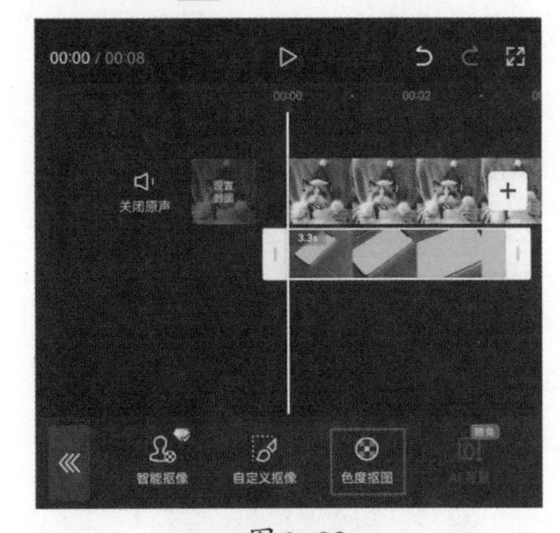

图6-92

04 在默认的“取色器”选项下，在预览区域将取色器移动至绿色的画面上，选取画面中的绿色，如图6-93所示。

05 执行操作后，将“强度”的数值设置为30，将“边缘羽化”的数值设置为100，将“边缘清除”的数值设置为15，如图6-94所示。

06 完成所有操作后，为视频添加一首合适的音乐，即可点击界面右上角“导出”按钮，将视频保存至相册。

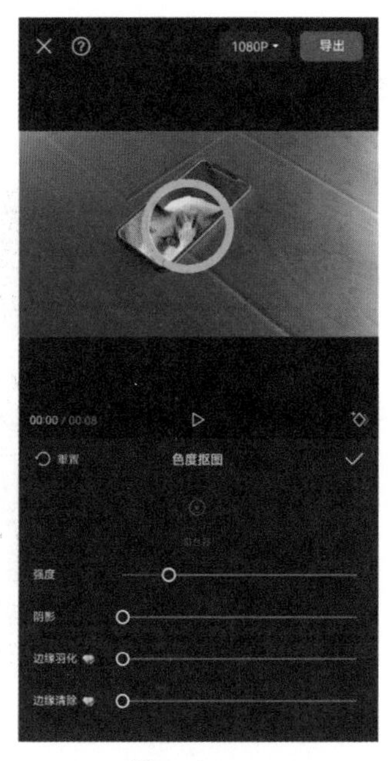

图6−93

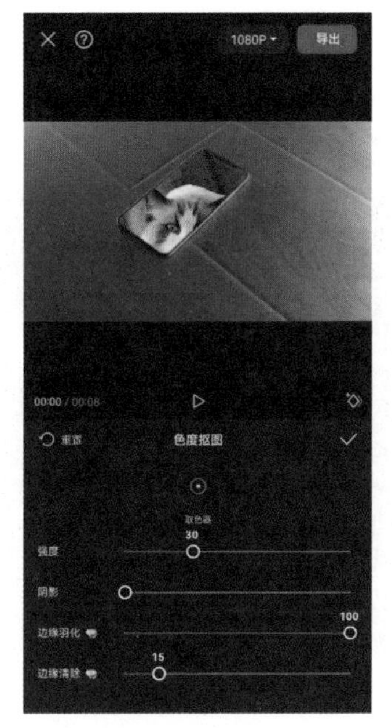

图6−94

提示　用户在完成抠图、抠像操作后，若发现画面中仍有绿幕或蓝幕的颜色残留，则可以在剪映的HSL模块中选中绿色元素，然后将其饱和度降到最低，从而将画面中残留的绿色去除。

6.3.3　实操：模拟飞机飞过

剪映自带的素材库中提供了很多绿幕素材，我们可以直接使用相应的绿幕素材做出满意的视频效果。例如，使用飞机飞过的绿幕素材就可以轻松制作出飞机飞过眼前的视频效果。下面将通过实操的方式讲解模拟飞机飞过这一效果的制作方法，效果如图6–95所示。

扫码观看示例操作

图6−95

01 打开剪映App，导入一段背景视频素材，在未选中任何素材的状态下，点击底部工具栏中的“画中画”按钮，如图6-96所示，再点击“新增画中画”按钮，如图6-97所示。

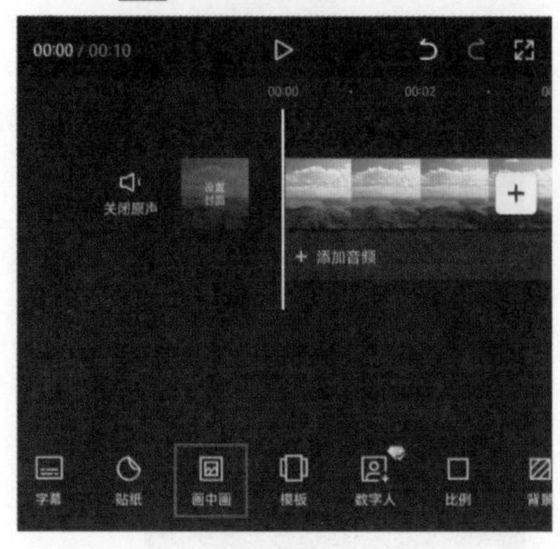

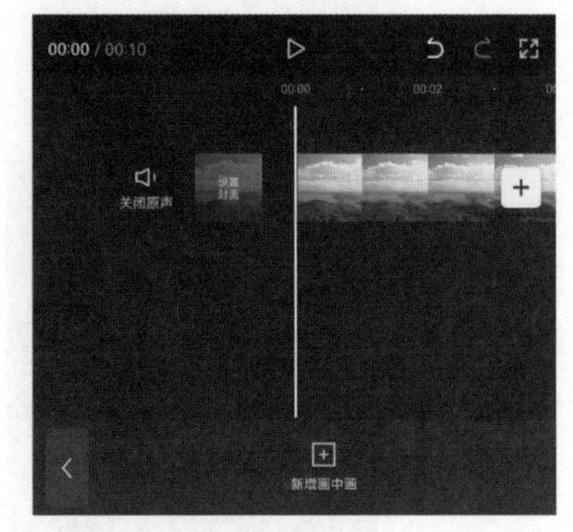

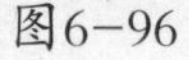
图6-96　　图6-97

02 进入素材添加界面，点击切换至“素材库”选项，如图6-98所示。在界面顶部的搜索栏中输入关键词“手机”，点击键盘中的“搜索”按钮，在搜索出的手机素材中选择图6-99中的视频素材，完成选择后点击界面右下角的“添加”按钮将其添加至剪辑项目，并在预览区域调整其大小，使其铺满画面，如图6-100所示。

图6-98　　图6-99　　图6-100

03　将时间指示器移动至00:05处，选中绿幕素材，点击底部工具栏中的“抠像”按钮，如图6-101所示，打开抠像选项栏，点击其中的“色度抠图”按钮，如图6-102所示。

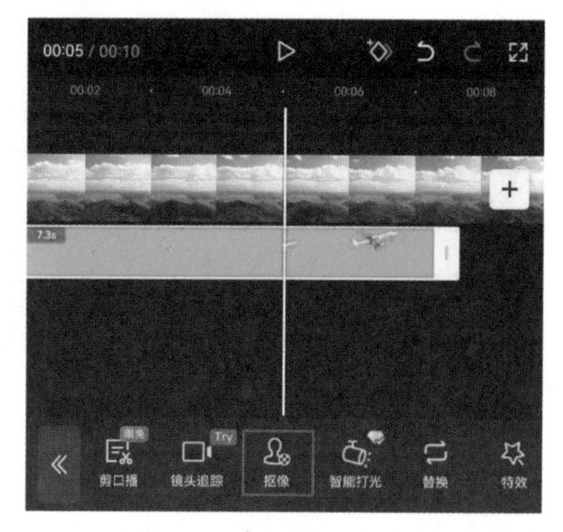

图6-101

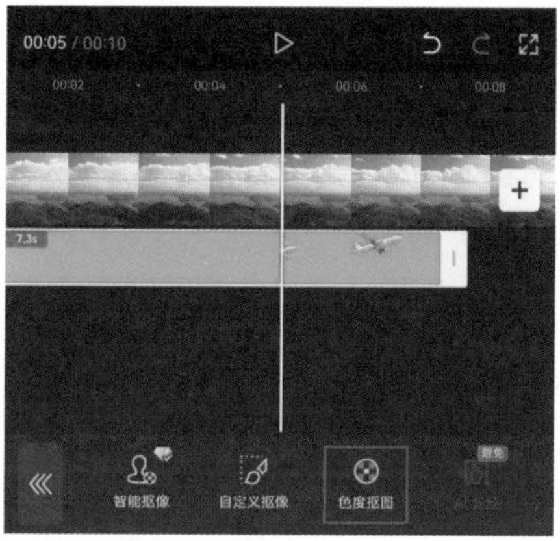

图6-102

04　在默认的“取色器”选项下，在预览区域将取色器移动至绿色的画面上，选取画面中的绿色，如图6-103所示。

05　执行操作后，将“强度”的数值设置为32，将“边缘羽化”的数值设置为20，将“边缘清除”的数值设置为46，如图6-104所示。

图6-103

图6-104

06 完成所有操作后，为视频添加一首合适的音乐，即可点击界面右上角“导出”按钮，将视频保存至相册。

6.3.4 实操：开门更换场景

扫码观看示例操作

“色度抠图”功能与绿幕素材搭配可以制作出意向不到的视频效果。比如开门穿越这个素材就能给人期待感，等门打开后显示视频，可以给人眼前一亮的效果。下面将通过实操的方式讲解制作开门更换场景的方法，效果如图6-105所示。

图6-105

01 打开剪映App，在素材添加界面选择一段背景视频素材，完成选择后切换至“素材库”选项，如图6-106所示。在界面顶部的搜索栏中输入关键词“手机”，点击键盘中的“搜索”按钮，在搜索出的手机素材中选择图6-107中的视频素材，完成选择后点击界面右下角的“添加”按钮将其添加至剪辑项目中。

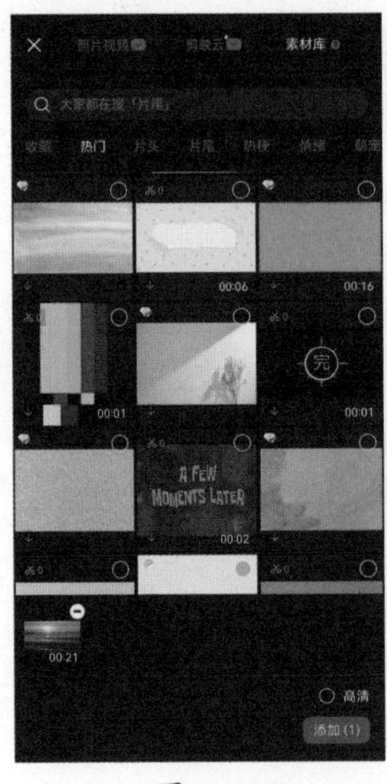

图6-106

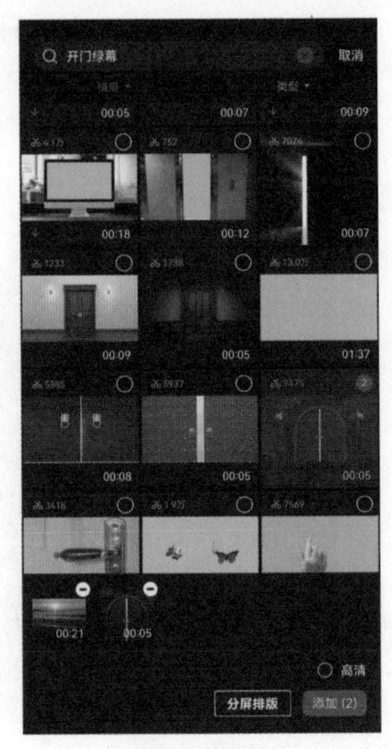

图6-107

02　进入视频编辑界面，在时间线区域选中绿幕素材，点击底部工具栏中的“切画中画”按钮，如图6-108所示，将其切换至画中画轨道并移动至背景视频素材的下方，如图6-109所示。

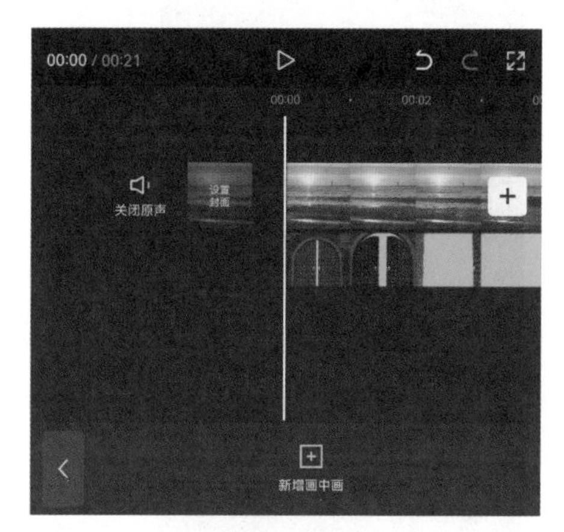

图6－108

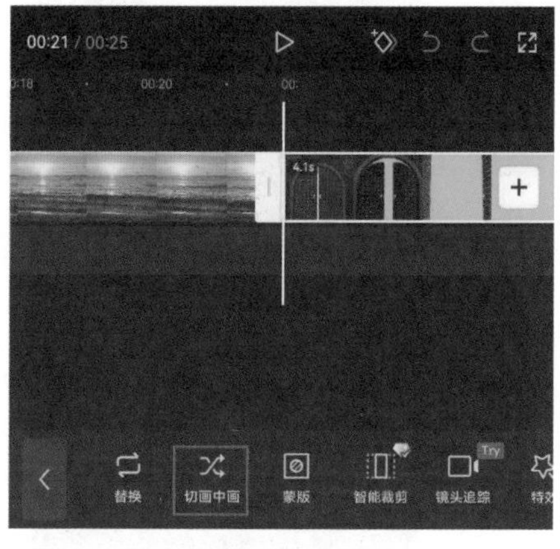

图6－109

03　将时间指示器移动至00:02处，选中绿幕素材，点击底部工具栏中的“抠像”按钮，如图6-110所示，打开抠像选项栏，点击其中的“色度抠图”按钮，如图6-111所示。

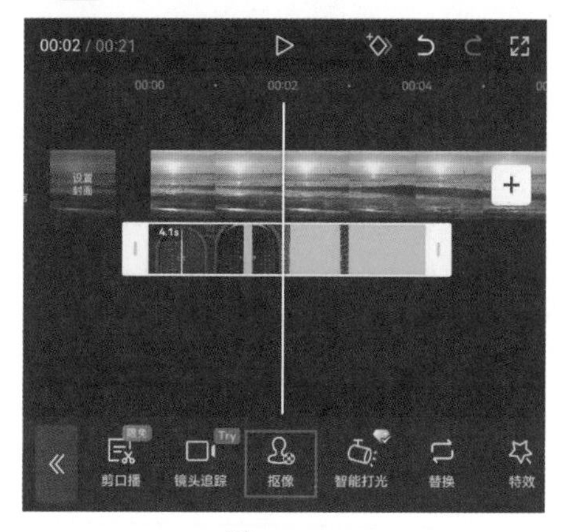

图6－110

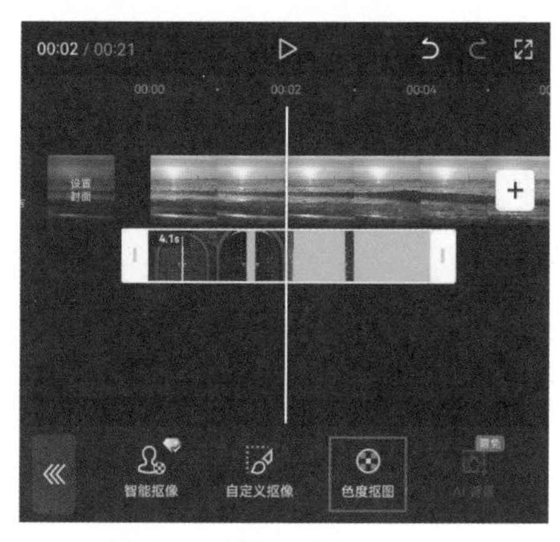

图6－111

04　在默认的“取色器”选项下，在预览区域将取色器移动至绿色的画面上，选取画面中的绿色，如图6-112所示。执行操作后，将“边缘清除”的数值设置为13，如图6-113所示。

05　完成所有操作后，为视频添加一首合适的音乐，即可点击界面右上角“导出”按钮，将视频保存至相册。

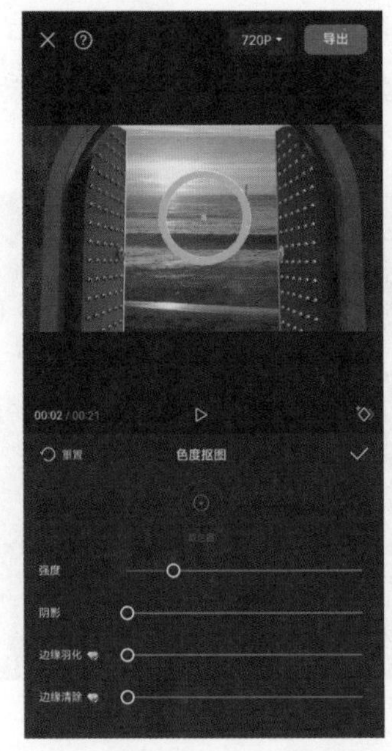
720P
导出
00:02 / 00:21
重置
色度抠图
强度
阴影
边缘羽化
边缘清除

图6-112

720P
导出
00:02 / 00:21
重置
色度抠图
取色器
强度
阴影
边缘羽化
13
边缘清除

图6-113

第7章

神奇关键帧让画面动起来

如果在一条轨道上打上了两个关键帧，并且在后一个关键帧处改变了显示效果，比如放大或缩小画面，移动贴纸或蒙版的位置，修改滤镜等，那么播放两个关键帧之间的轨道时，则第一个关键帧所在位置的效果会逐渐转变为第二个关键帧所在位置的效果。

7.1 关键帧概述

帧是指动画中最小单位的单幅影像画面，相当于度量尺上的刻度，一帧表示一格画面。关键帧则是指角色或者物体在运动或变化过程中关键动作所处的那一帧。

7.1.1 关键帧的作用

无论是在手机版剪映中，还是在电脑版剪映中，关键帧最直接的作用都是调整画面的位置、大小和方向。

以利用照片制作动态相册为例，运用关键帧可以让多张照片以不同的大小和方向出现，以表现出动感；再比如，在影视剪辑中，运用关键帧可以将人物情绪饱满的画面进行放大，增强画面感染力，从而调动观众的情绪。

从视频效果来看，运用关键帧可以利用静态的照片制作动态的视频，让歌词逐字逐句显示，增加片头片尾的丰富度，实现文字颜色渐变效果，制作无缝转场效果，为视频添加移动水印等。

总的来说，关键帧可以有运镜关键帧、运动关键帧、文字关键帧、转场关键帧、片头关键帧、片尾关键帧等不同的玩法。

7.1.2 关键帧使用方法

通过关键帧功能，可以让一些原本不会移动的、非动态的元素在画面中动起来，还可以让一些后期增加的效果随时间渐变。下面通过运镜效果的制作，来讲解“关键帧”功能的使用方法。

在时间线区域选中需要进行编辑的素材，然后在预览区域中，双指背向滑动，将画面放大，如图7–1所示。将时间指示器定位至视频的起始位置，点击界面中的按钮，添加一个关键帧，如图7–2所示。

图7–1

执行操作之后，轨道上就会出现一个关键帧的标识，如图7–3所示。将时间指示器移动至视频的结尾处，在预览区域中，双指相向滑动，将画面缩小，此时剪映会自动在时间指示器所在的位置再打上一个关键帧，如图7–4所示。至此，就实现了一个简单的运镜效果。

图7–2

图7–3

图7–4

7.1.3　实操：将照片变视频

在剪映中，运用关键帧功能可以将静态的照片转变为动态的视频，方法非常简单，下面将通过实操的方式讲解将照片变视频的方法，效果如图7–5所示。

扫码观看示例操作

图7–5

01　在剪映App中导入一张图像素材，并将素材时长缩短至1.5s，将时间指示器移动至素材的起始位置，选中素材，在预览区域中，双指背向滑动，将画面放大，点击界面中的按钮◇，添加一个关键帧，如图7-6所示。

02　将时间指示器移动至素材的结尾处，在预览区域将画面缩小，此时剪映会自动在时间指示器所在位置再创建一个关键帧，如图7-7所示。

图7－6

图7－7

03 在时间线区域选中素材，点击底部工具栏中的“复制”按钮，如图7-8所示，重复操作，在轨道中复制两段相同的素材，如图7-9所示。

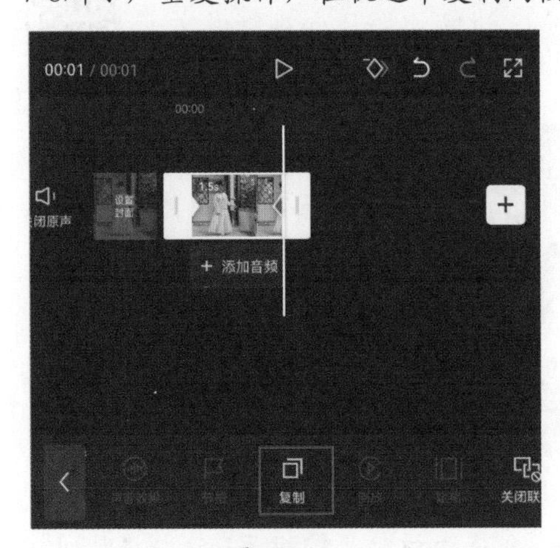

图7－8

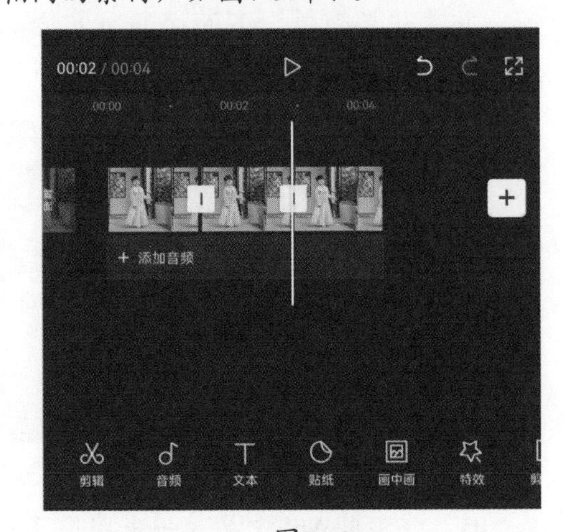

图7－9

04 选中第2段素材，点击底部工具栏中的“替换”按钮，如图7-10所示，进入素材添加界面，选择一段新的素材，执行操作后，第2段素材即可被替换为新的素材，如图7-11所示。

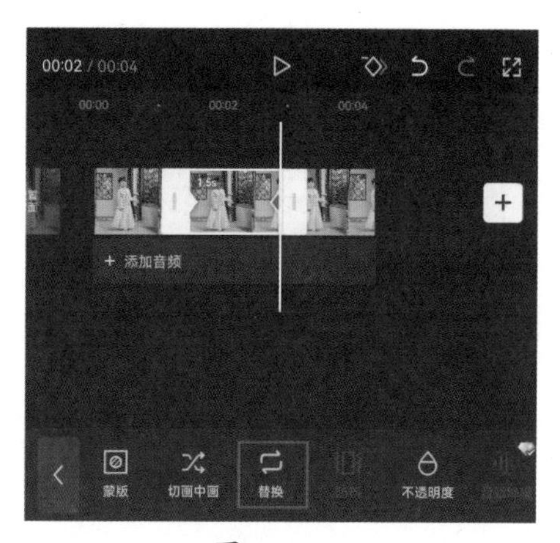

图7-10

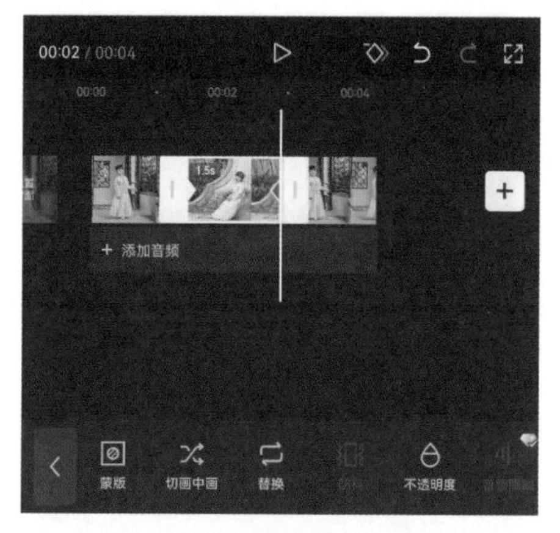

图7-11

05 参照步骤04的操作方法，将第3段素材替换为新的素材，如图7-12所示。

06 完成所有操作后，再为视频添加一首合适的背景音乐，即可点击“导出”按钮，将视频保存至相册。

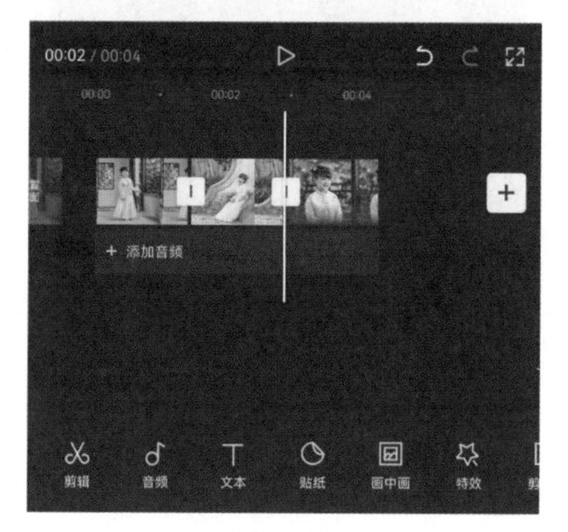

图7-12

7.2 常用的关键帧动画

关键帧的用处有很多，本节将介绍在剪辑过程中比较常用的一些运动关键帧（如缩放关键帧、旋转关键帧、位置关键帧）和透明度关键帧的制作方法。

7.2.1 缩放关键帧

通过设置“缩放”关键帧，可以有效地调整视频画面的显示大小。在剪映中设置缩放关键帧的具体方法是：在时间线区域选中素材后，将时间指示器定位至视频的起始位置，点击界面中的按钮，添加一个关键帧，如图7-13所示，再将时间指示器移动至视频的尾端，点击按钮，在视频的尾端添加一个关键帧，如图7-14所示。

将时间指示器定位至视频的第2个关键帧处，在选择素材的状态下，点击底部工具栏中的“基础属性”按钮，如图7-15所示，打开基础属性选项栏，切换至“缩放”选项，将其数值设置为80%，如图7-16所示。

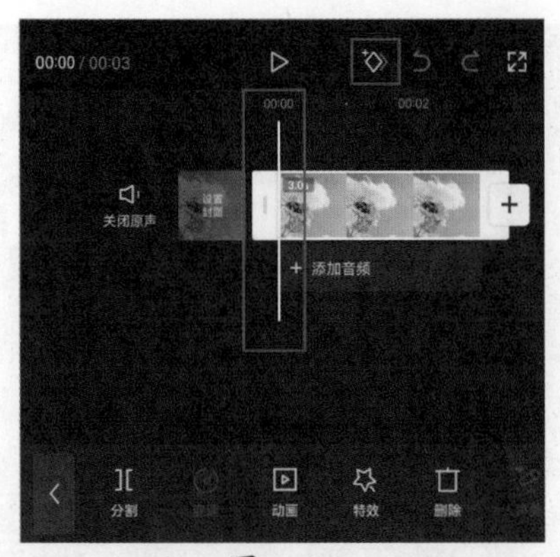

图7-13

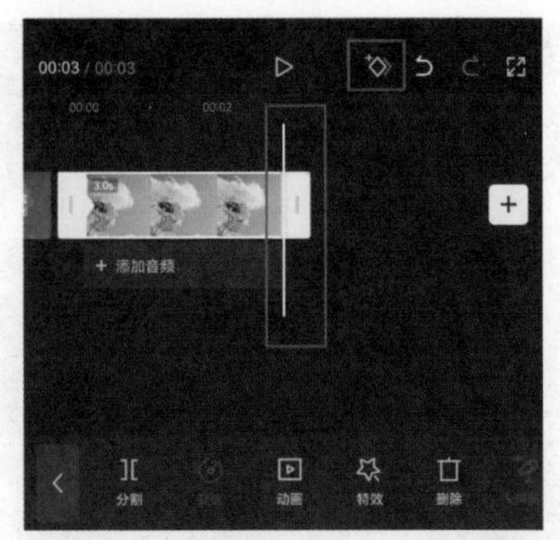

图7-14

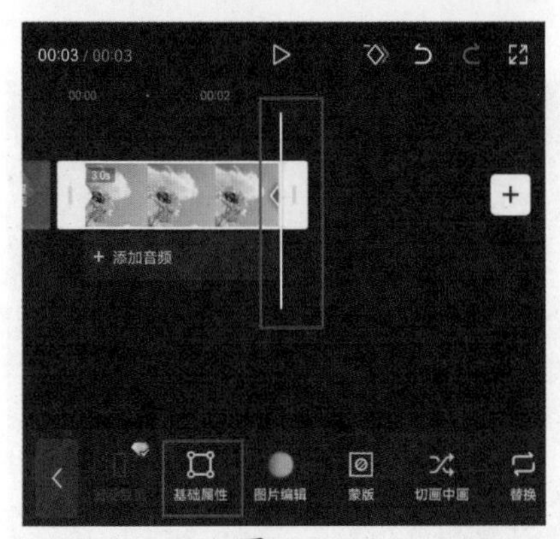

图7-15

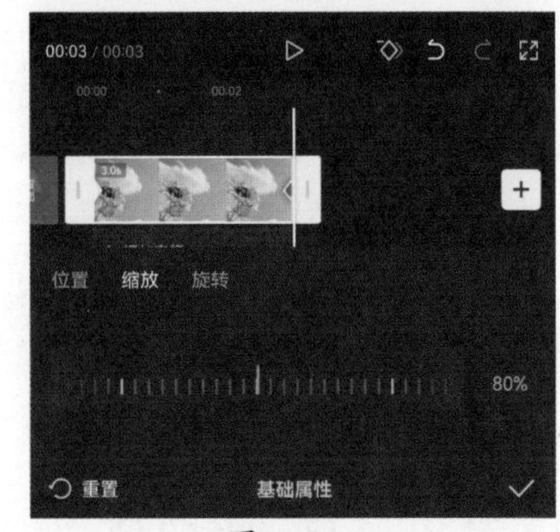

图7-16

执行操作后，即可为视频添加一个缩放关键帧，点击“播放”按钮▷，在预览区域查看制作好的关键帧动画，效果如图7–17所示。

图7-17

提示 在剪映中，用户可以通过“基础属性”功能调整素材的“位置”“缩放”和“旋转”参数，也可以直接在预览区域手动对素材进行移动、缩放和旋转等操作，这种方式更加便捷，但缺点是不够精确。

7.2.2　旋转关键帧

通过设置“旋转”关键帧，可以有效地调整视频画面的角度。在剪映中设置旋转关键帧的具体方法是：在时间线区域选中素材后，将时间指示器定位至视频的起始位置，点击界面中的按钮，添加一个关键帧，如图7–18所示，再将时间指示器移动至视频的尾端，点击按钮，在视频的尾端添加一个关键帧，如图7–19所示。

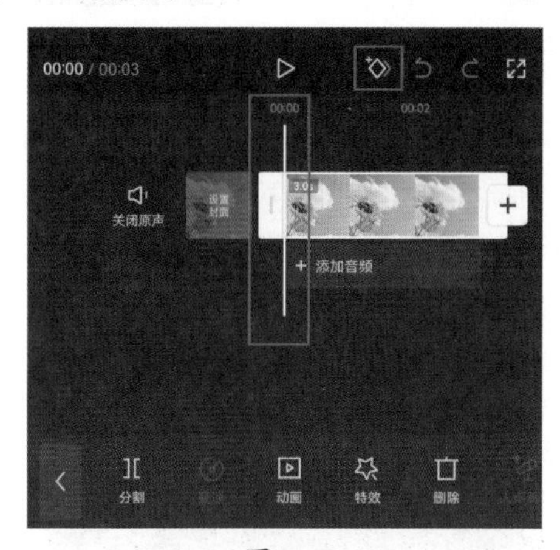

图7–18

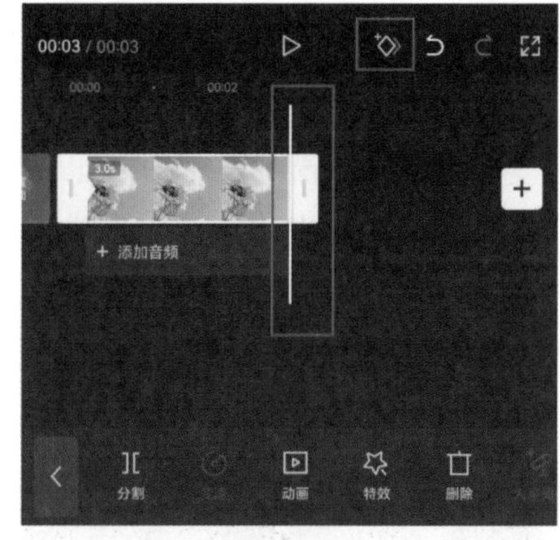

图7–19

将时间指示器定位至视频的第2个关键帧处，在选择素材的状态下，点击底部工具栏中的“基础属性”按钮，如图7–20所示，打开基础属性选项栏，切换至“旋转”选项，将其数值设置为–20°，如图7–21所示。

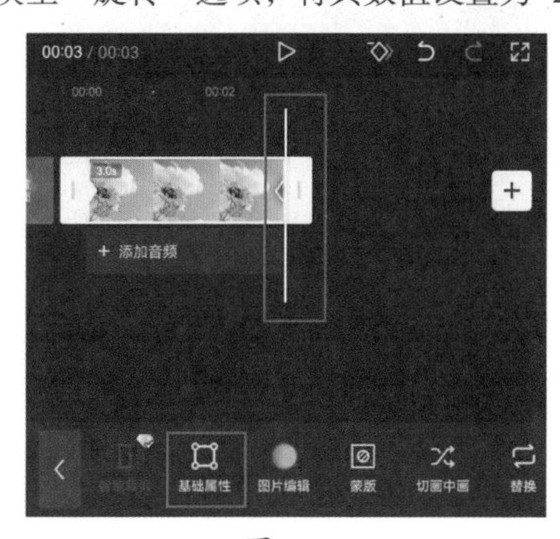

图7–20

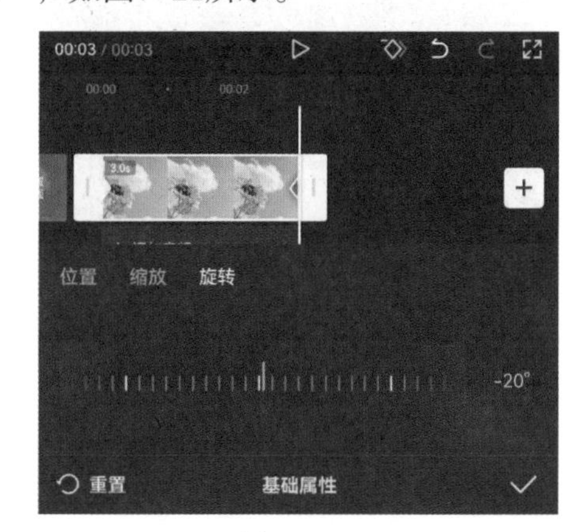

图7–21

执行操作后，即可为视频添加一个旋转关键帧，点击“播放”按钮，在预览区域查看制作好的关键帧动画，效果如图7–22所示。

图7-22

7.2.3 位置关键帧

通过设置“位置”关键帧，可以有效地调整视频画面的显示位置。在剪映中设置位置关键帧的具体方法是：在时间线区域选中素材，并在预览区域双指相向滑动将其缩小，将时间指示器定位至视频的起始位置，点击界面中的按钮◇，添加一个关键帧，如图7-23所示，再将时间指示器移动至视频的尾端，点击按钮◇，在视频的尾端添加一个关键帧，如图7-24所示。

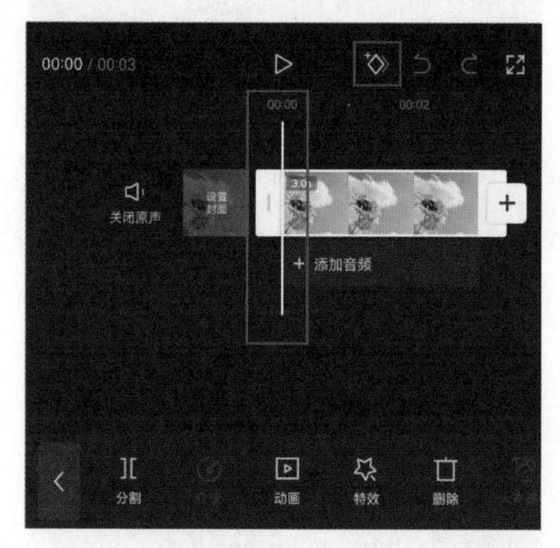

图7-23

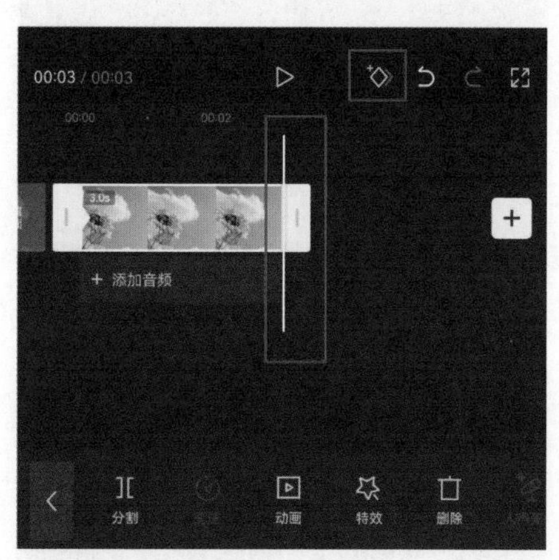

图7-24

将时间指示器定位至视频的第1个关键帧处，在选择素材的状态下，点击底部工具栏中的“基础属性”按钮，如图7-25所示，打开基础属性选项栏，在位置选项中将“X轴”的数值设置为-148，将“Y轴”的数值设置为-169，如图7-26所示；将时间指示器定位至视频的第2个关键帧处，将“X轴”的数值设置为161，将“Y轴”的数值设置为146，如图7-27所示。

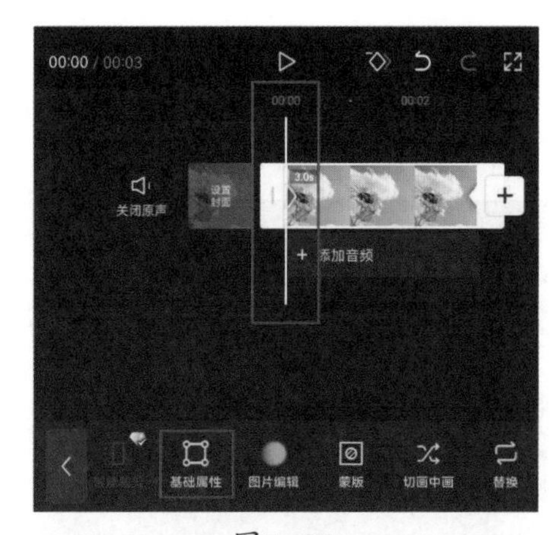

图7-25

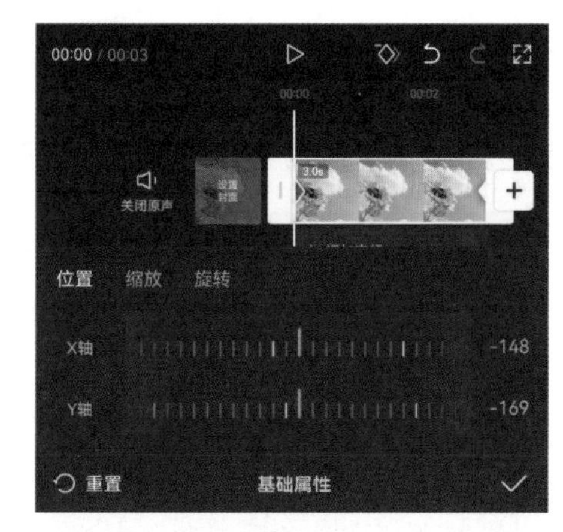

图7-26

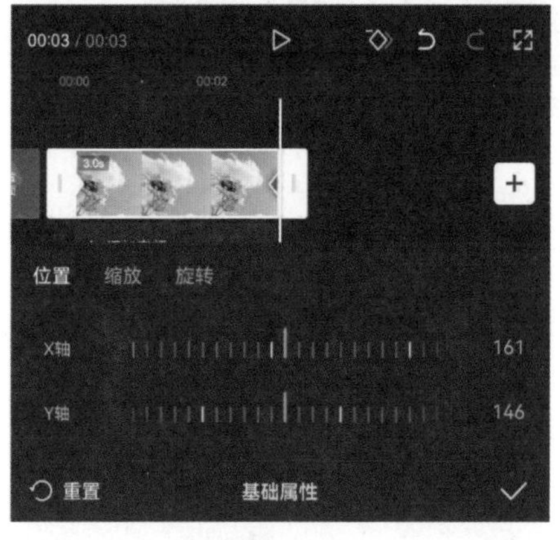

图7-27

执行操作后，即可为视频添加一个位置关键帧，点击“播放”按钮▷，在预览区域查看制作好的关键帧动画，效果如图7-28所示。

图7-28

7.2.4　透明度关键帧

通过设置透明度关键帧，可以制作出淡入淡出的特殊效果。在剪映中设置透明度关键帧的具体方法是：在时间线区域选中素材后，将时间指示器定位至视频的起始位置，点击界面中的按钮，添加一个关键帧，然后点击底部工具栏中的“不透明度”按钮，如图7-29所示，在底部浮窗中滑动白色圆圈滑块将数值设置为30，并点击按钮，如图7-30所示。

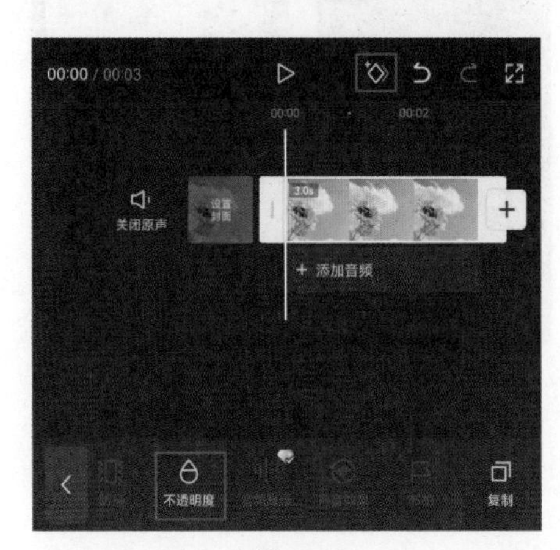

图7-29

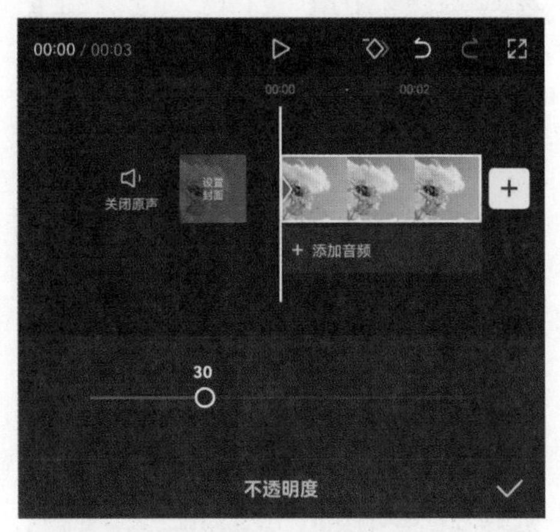

图7-30

将时间指示器移动至视频的尾端，点击底部工具栏中的“不透明度”按钮，如图7-31所示，在底部浮窗中滑动白色圆圈滑块将数值设置为100，剪映将自动在时间指示器所在的位置打上一个关键帧，如图7-32所示。

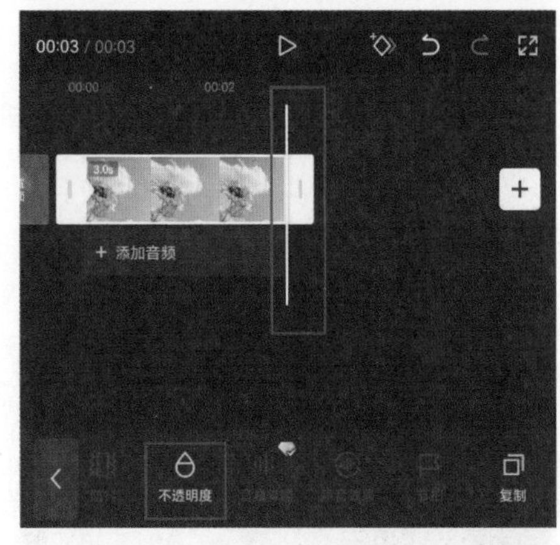

图7-31

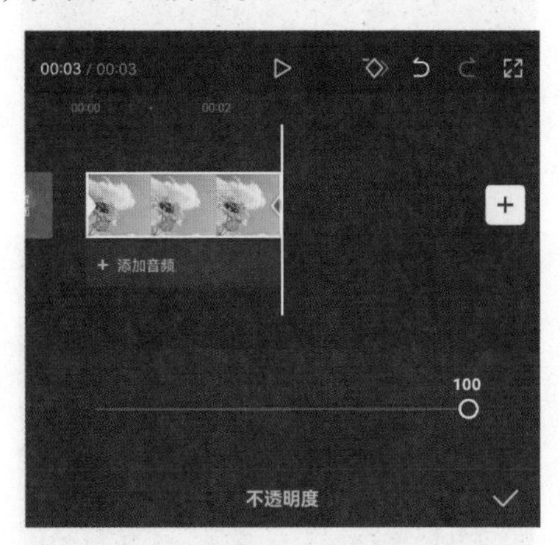

图7-32

执行操作后，即可为视频添加一个透明度关键帧，点击“播放”按钮，在预览区域查看制作好的关键帧动画，效果如图7-33所示。

图7-33

7.2.5　实操：制作无缝转场效果

在进行剪辑的过程中，既有通过“硬切”实现的无缝转场（对拍摄素材的要求较高），也有经过后期处理实现的无缝转场。下面将通过实操的方式讲解通过后期制作无缝转场的方法，效果如图7-34所示。

图7-34

01　打开剪映，在素材添加界面选择3段婚礼视频添加至剪辑项目中，并将其时长均缩短为4.0s。选中第2段素材，点击底部工具栏中的“切画中画”按钮，如图7-35所示，将其切换至第1段素材下方，并将其起始位置移动至00:03处，使第2段素材与第1段素材的重合时间为1s，如图7-36所示。

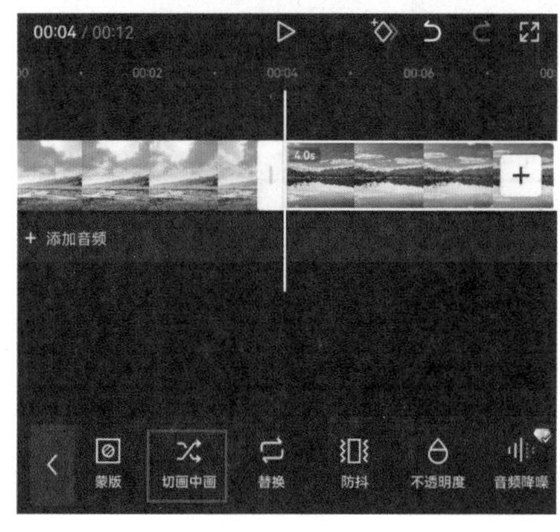

图7-35

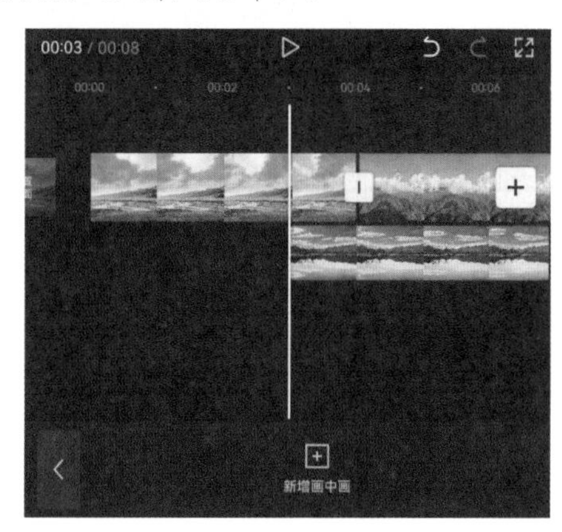

图7-36

02 选中第3段素材，将其切换至画中画轨道，并置于第2段素材下方，将其起始位置移动至00:06处，使第3段素材与第2段素材的重合时间也为1s，如图7-37所示。

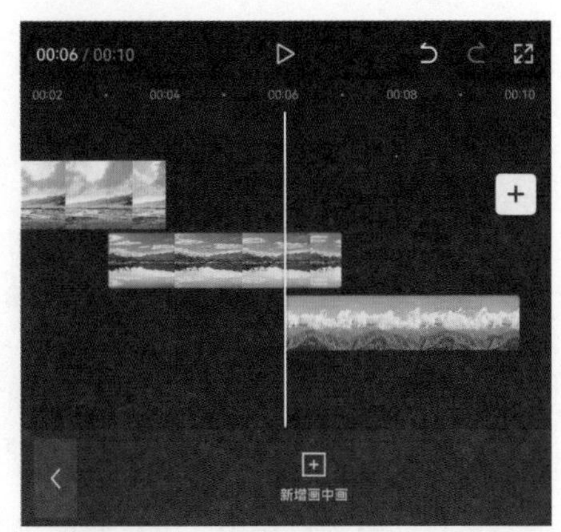

图7-37

03 选中第2段素材，将时间指示器移动至第2段素材的起始位置，点击“关键帧”按钮，打上一个关键帧，如图7-38所示。执行操作后，点击底部工具栏中的“不透明度”按钮，如图7-39所示。

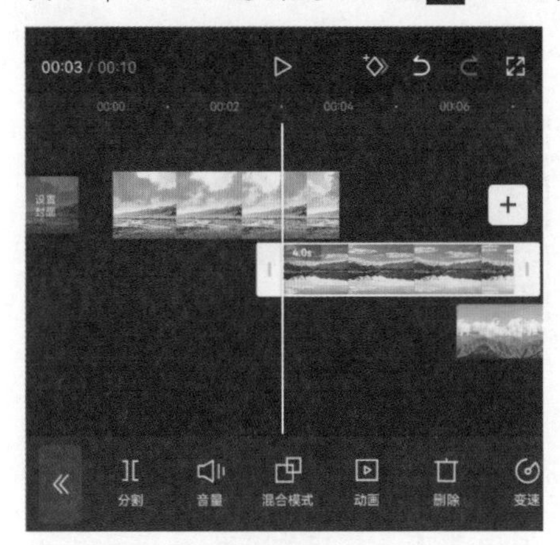

图7-38

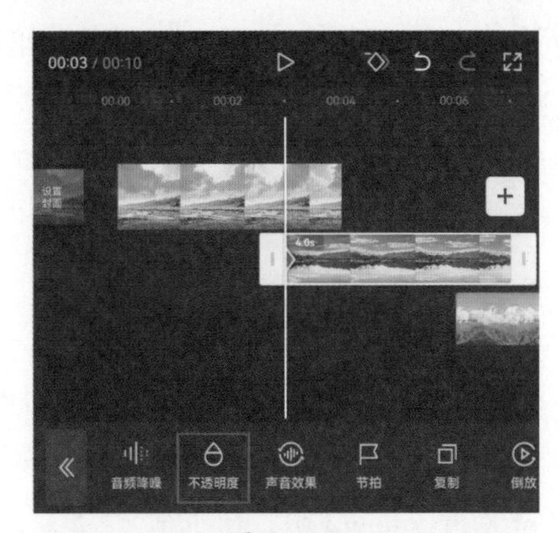

图7-39

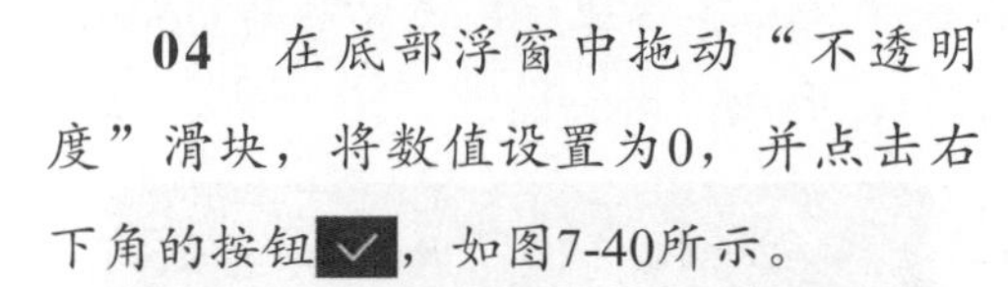

04 在底部浮窗中拖动“不透明度”滑块，将数值设置为0，并点击右下角的按钮，如图7-40所示。

05 将时间指示器移动至第1段素材尾端，选中第2段素材，点击底部工具栏中的“不透明度”按钮，在底部浮窗中拖动“不透明度”滑块，将数值设置为100，如图7-41所示。

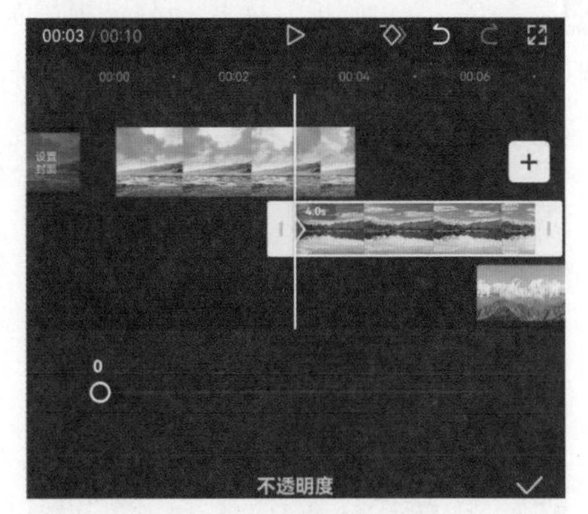

图7-40

06 参照步骤03至步骤05的操作方法为第3段素材制作不透明度关键帧，完成所有操作后，再为视频添加一首合适的背景音乐，即可点击“导出”按钮，将视频保存至相册。

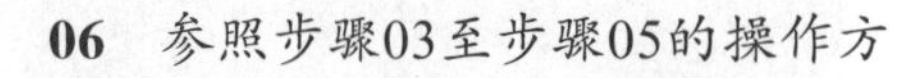

7.3　关键帧结合其他功能

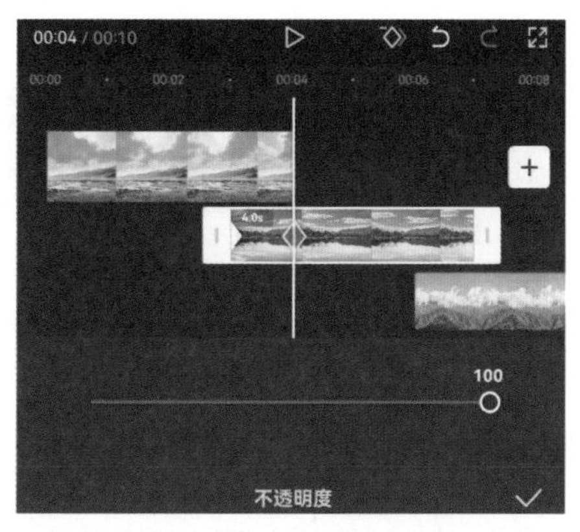

图7−41

在剪映中，用关键帧结合其他功能可以制作出很多令人惊奇的效果，例如，用关键帧结合混合模式可以制作出滚动字幕、结合滤镜或调节功能可以制作出色彩渐变效果。

7.3.1　实操：制作电影片尾滚动字幕

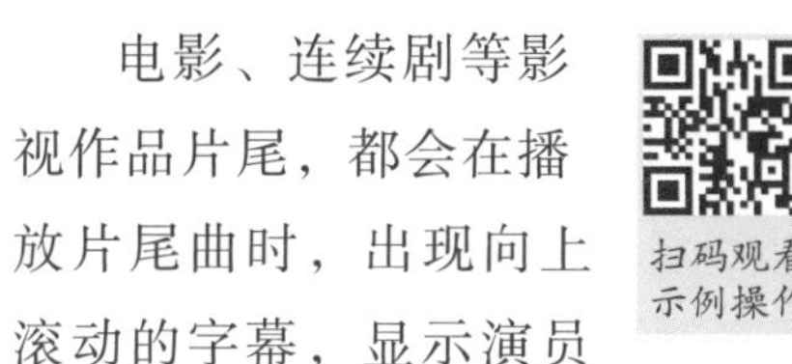
扫码观看示例操作

电影、连续剧等影视作品片尾，都会在播放片尾曲时，出现向上滚动的字幕，显示演员表、导演、编剧等信息。下面将通过实操的方式介绍片尾滚动字幕的具体制作方法，效果如图7–42所示。

图7−42

01　打开剪映，在素材添加界面切换至“素材库”选项，并在其中选择黑场视频素材，点击“添加”按钮将其添加至剪辑项目中。

02　进入视频编辑界面后，点击底部工具栏中的“文本”按钮T，如图7-43所示，打开文本选项栏，点击其中的“新建文本”按钮A+，如图7-44所示。

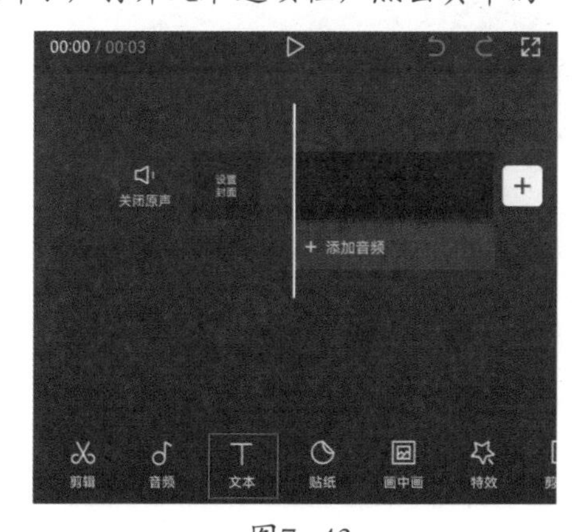

图7−43

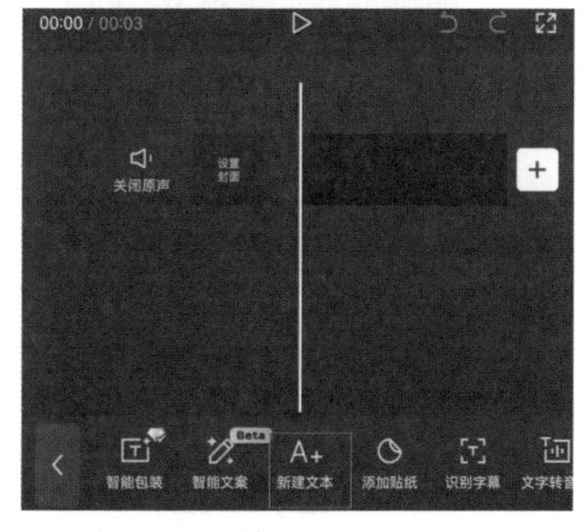

图7−44

03　在文本框中输入需要添加的文字内容，切换至“样式”选项栏，将字号的数值设置为3，如图7-45和图7-46所示。

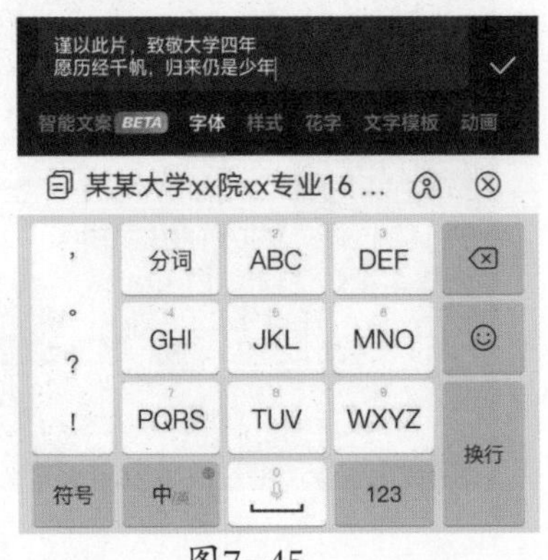

图7-45

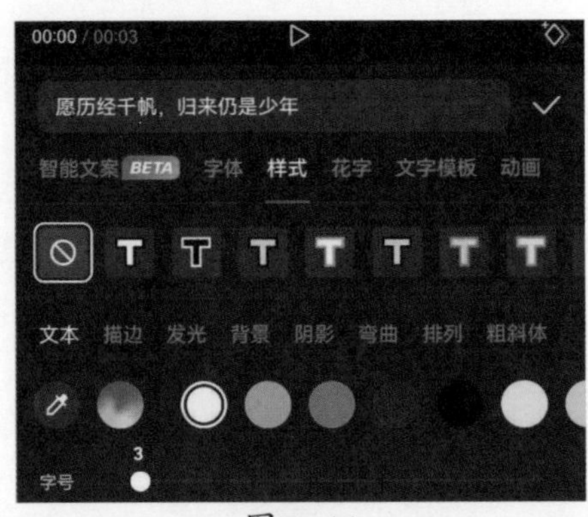

图7-46

提示 上述文案是事先准备好并粘贴至剪映中的，用户也可以直接在DeepSeek中生成类似文案。如需片尾致谢名单，可输入提示词：'帮我写一份短视频片尾致谢名单，内容包含[具体要感谢的人物类别或具体人物，若暂未确定可先不写]，格式简洁明了。'DeepSeek将生成一份通用名单，用户可根据需求修改。

04 点击“排列”选项，将字间距的数值设置为2，行间距的数值设置为10，并在预览区域将文字素材移动至画面的右侧，点击按钮✓保存操作，如图7-47所示。

05 在时间线区域将文字素材和黑场素材延长至14.5s，如图7-48所示。完成上述操作后，点击界面右上角的“导出”按钮将视频保存至相册。

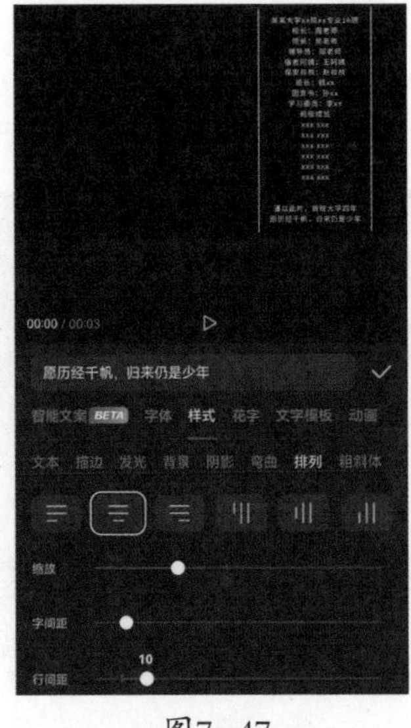

图7-47

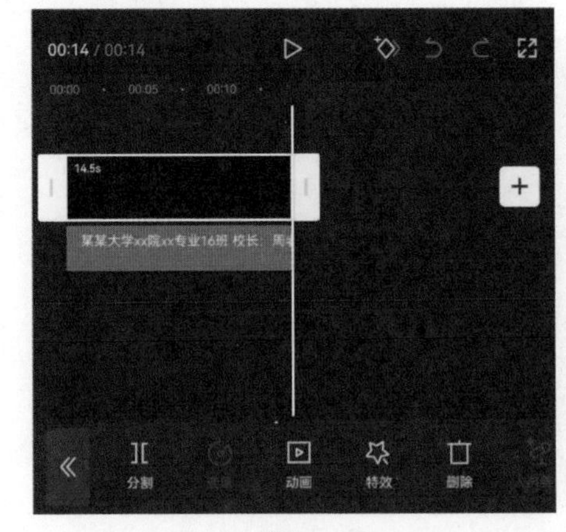

图7-48

06 打开剪映，在素材添加界面选择一段背景视频素材添加至剪辑项目中。

将时间指示器移动至视频的起始位置，选中视频素材，点击界面中的按钮◇，添加一个关键帧，如图7-49所示。

07　将时间指示器移动至视频的00:01处，在预览区域双指相向滑动，将画面缩小，此时剪映会自动在时间指示器所在位置创建一个关键帧，如图7-50所示。

08　将时间指示器移动至视频的00:02处，在预览区域将视频素材移动至画面的左侧，剪映即会再次自动在时间指示器所在的位置创建一个关键帧，如图7-51所示。

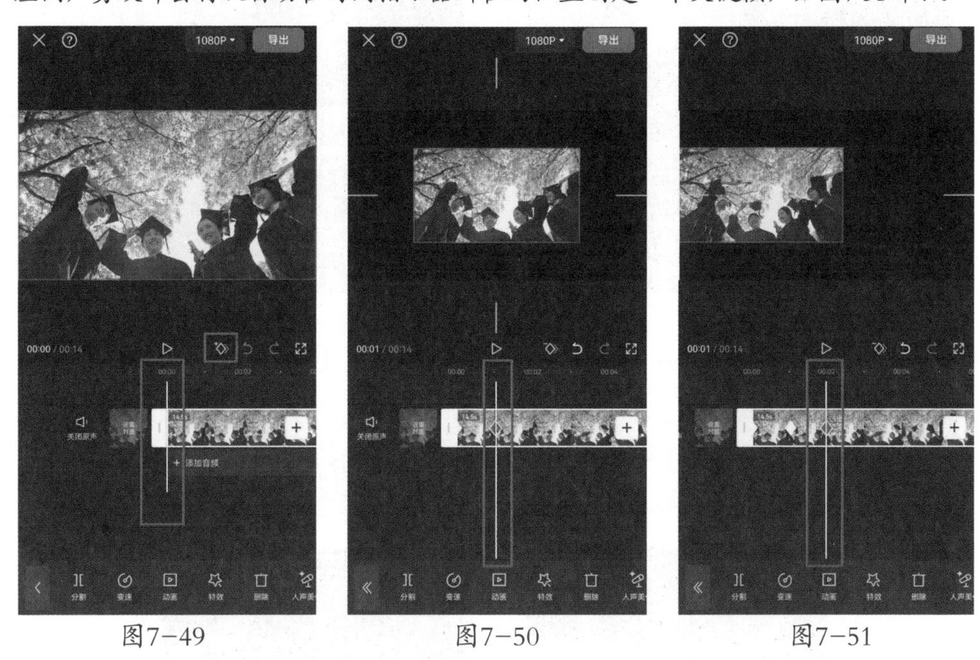

图7−49　　图7−50　　图7−51

09　将时间指示器移动至视频的起始位置，在未选中任何素材的状态下，点击底部工具栏中的“画中画”按钮▣，再点击“新增画中画”按钮⊞，如图7-52和图7-53所示。

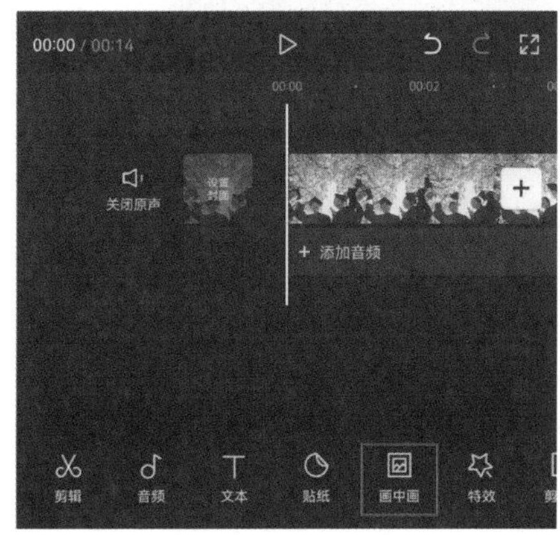

图7−52

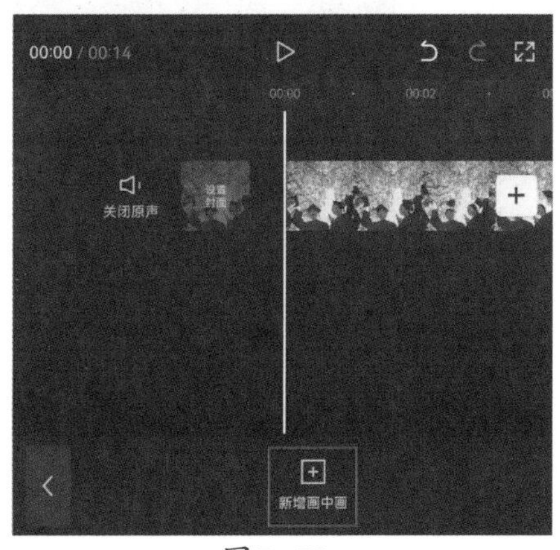

图7−53

10 打开手机相册，将刚刚导出的文字素材添加至剪辑项目中，点击底部工具栏中的“混合模式”按钮，如图7-54所示，在效果选项栏中选择“滤色”效果，点击按钮保存操作，如图7-55所示。

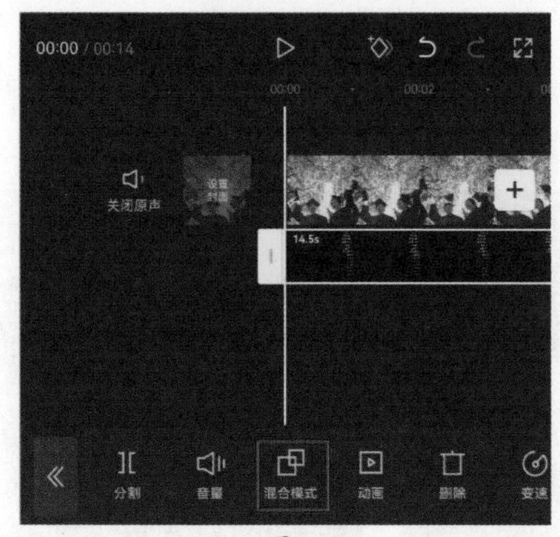

图7-54

图7-55

11 将时间指示器移动至文字素材的起始位置，在预览区域将文字素材移动至画面的最下方，点击界面中的按钮，添加一个关键帧，如图7-56所示。

12 将时间指示器移动至文字素材的尾端，在预览区域将文字素材移动至画面的最上方，此时剪映会自动在时间指示器所在位置再创建一个关键帧，如图7-57所示。

图7-56

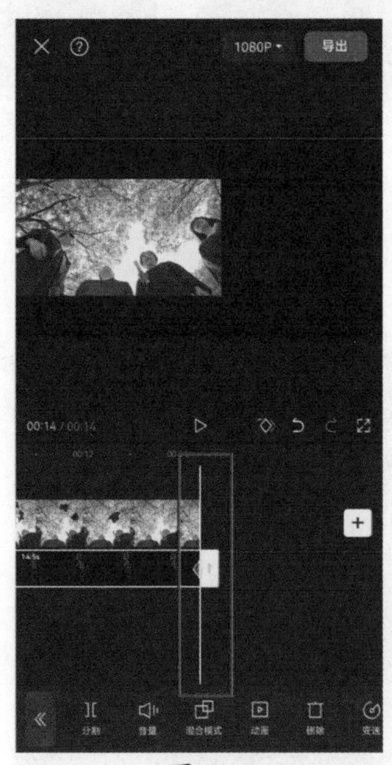

图7-57

13 完成所有操作后，再为视频添加一首合适的音乐，即可点击界面右上角的“导出”按钮，将视频保存至相册。

> **提示** 字幕滚动效果不仅可以使用“关键帧”功能制作，也可以通过添加循环动画中的“字幕滚动”效果来制作。

7.3.2　实操：制作颜色渐变效果

扫码观看示例操作

制作色彩渐变效果的关键在于调节功能/滤镜功能和关键帧的结合，下面将通过实操的方式讲解制作色彩渐变效果的方法，效果如图7–58所示。

图7–58

01　打开剪映App，在素材添加界面选择一段视频素材添加至剪辑项目中。将时间指示器定位至视频的起始处，选中素材，点击界面中的按钮◇，添加一个关键帧，如图7-59所示。参照上述操作方法，在视频的00:10处再添加一个关键帧，如图7-60所示。

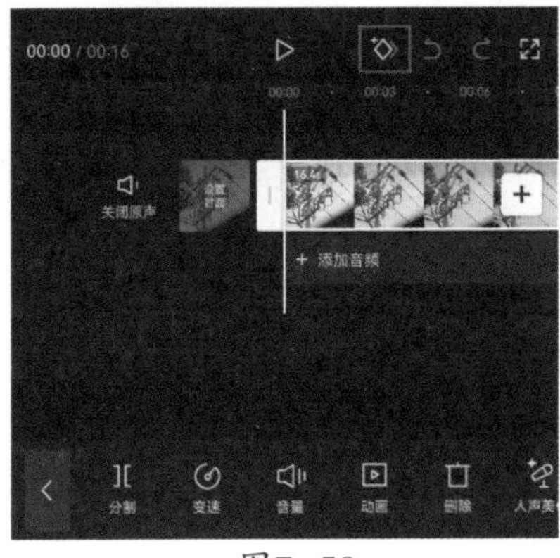

图7–59

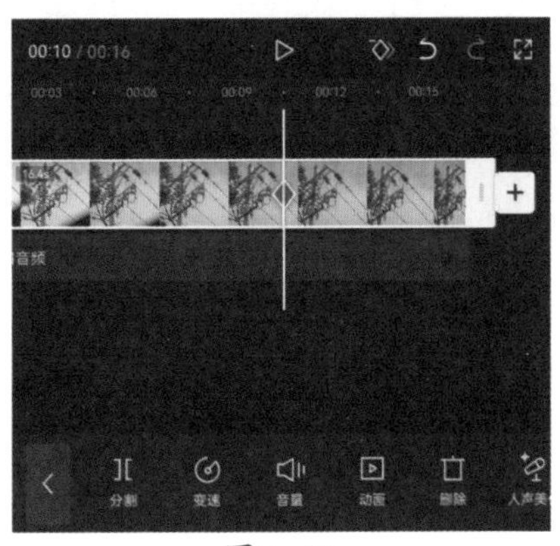

图7–60

02 在选中视频素材的状态下，将时间指示器移动至第一个关键帧的位置，点击底部工具栏中的“滤镜”按钮，如图7-61所示。

03 打开滤镜选项栏，搜索“月升之国”滤镜并点击应用，滑动底部滑块将数值设置为80，如图7-62所示。

04 点击搜索框旁边的“取消”按钮，如图7-63所示，返回滤镜选项栏，然后切换至“调节”选项栏，根据画面的实际情况，将饱和度、对比度、阴影和色温调到合适的数值，使画面秋季的氛围感更加浓郁，如图7-64所示。具体数值参考：饱和度为30、对比度为-20、阴影为3、色温为31。

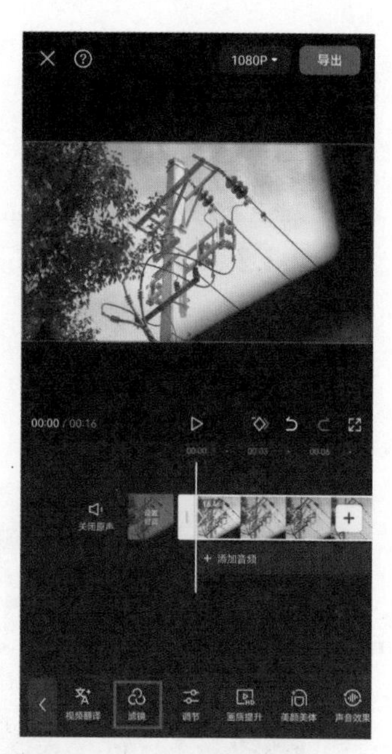

图7-61

图7-62

图7-63

图7-64

05 完成所有操作后，再为视频添加一首合适的背景音乐，即可点击界面右上角的“导出”按钮，将视频保存至相册。

7.3.3　实操：制作移动水印

如果用户想为自己的视频添加水印，则可以用“关键帧”功能制作一个移动的水印，这样既能避免被别人抹去水印盗用视频，也能增加视频的趣味性，效果如图7-65所示。

图7-65

01　打开剪映，在素材添加界面选择一段视频素材添加至剪辑项目中。进入视频编辑界面后，点击底部工具栏中的“文本”按钮T，如图7-66所示，打开文本选项栏，点击其中的“新建文本”按钮A+，如图7-67所示。

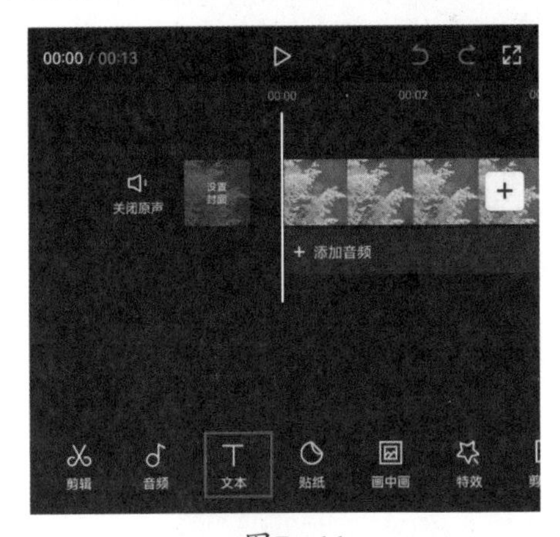

图7-66

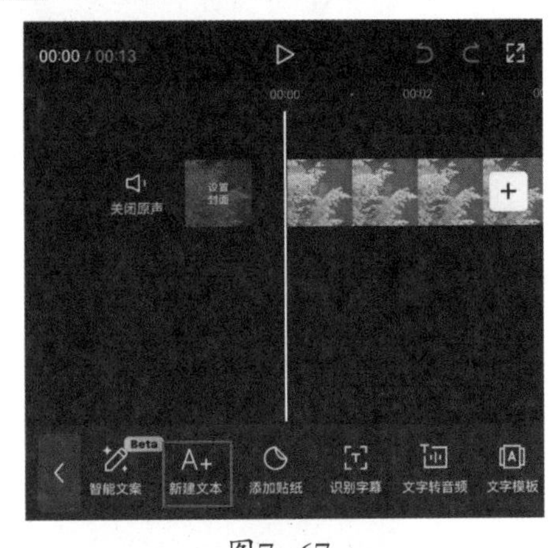

图7-67

02　在文本框中输入需要添加的文字内容，切换至“样式”选项栏，将透明度的数值设置为60%，如图7-68所示。执行操作后，在时间区域将文字素材延长至和视频同长，如图7-69所示。

03　将时间指示器移动至文字素材的起始位置，在预览区域将文字素材缩小置于画面的左上角，点击界面中的“关键帧”按钮◇，添加一个关键帧，如图7-70所示。

04　将时间指示器先后移动至00:03、00:05、00:07、00:09、00:11以及文字

素材的尾端，与此同时，在预览区域调整文字素材的尾端，使其逐渐移动至画面的右下角，如图7-71所示。

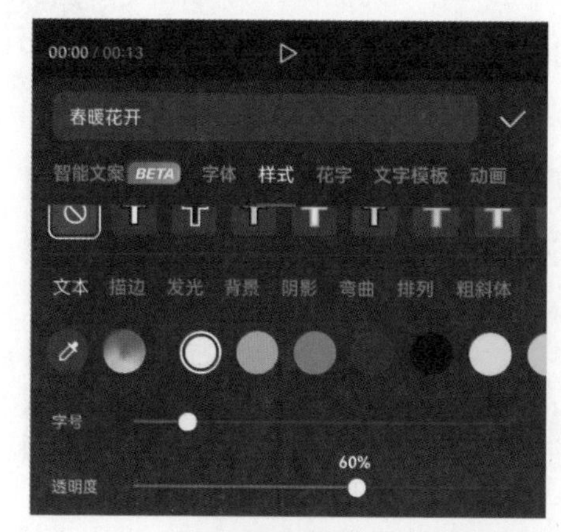

图7-68

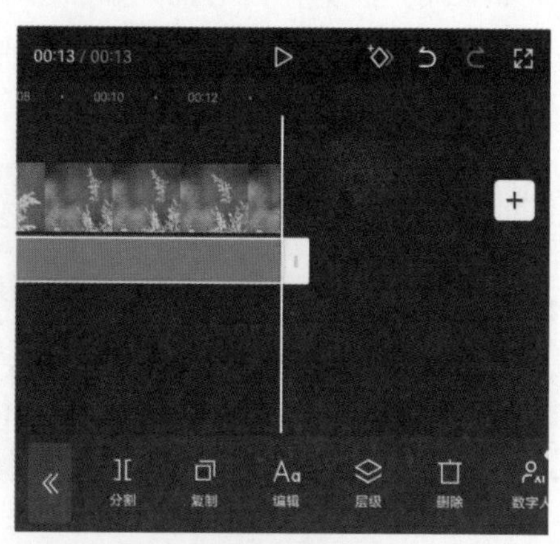

图7-69

图7-70

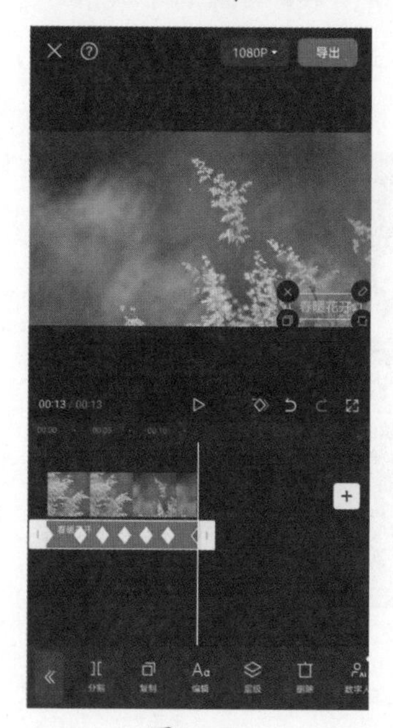

图7-71

05 完成所有操作后，再为视频添加一首合适的背景音乐，即可点击界面右上角的“导出”按钮，将视频保存至相册。

7.3.4 实操：制作照片墙扩散开场

扫码观看示例操作

本案例将制作多图汇聚开场效果，通过实训的方式帮助读者掌握

“关键帧”功能的使用方法，下面介绍具体的操作，效果如图7-72所示。

图7-72

01 打开剪映App，在剪映素材库中选择黑场素材添加至剪辑项目中。在未选择任何素材的状态下点击底部工具栏中的“画中画”按钮，再点击“新增画中画”按钮，如图7-73和图7-74所示。

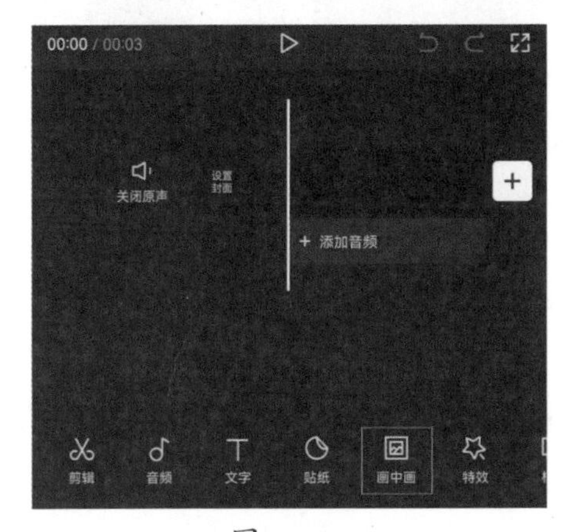

图7-73

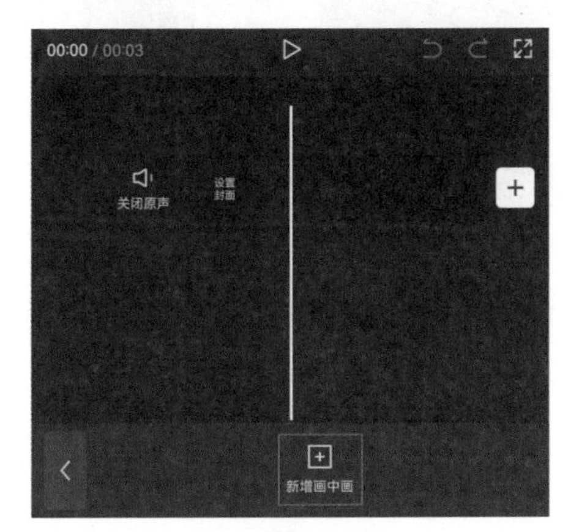

图7-74

02 进入素材添加界面选择一张萌娃写真照将其导入剪辑项目，然后将素材右侧的白色边框向左拖动，使其缩短至1.0s，并点击界面中的按钮，在素材的尾端添加一个关键帧，如图7-75所示。

03 将时间指示器移动至素材的起始位置，点击界面中的按钮，添加一个关键帧，如图7-76所示。

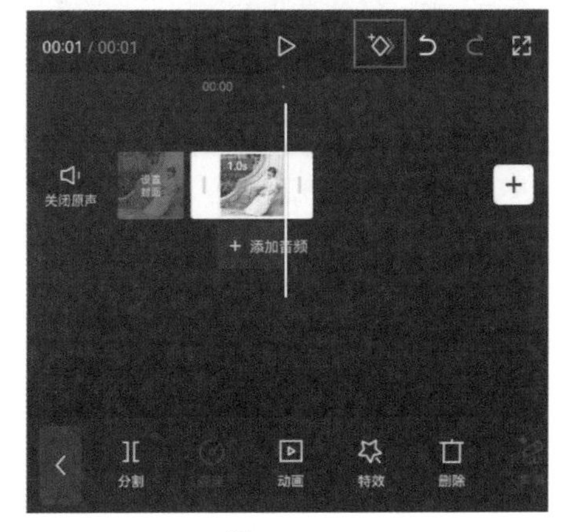

图7-75

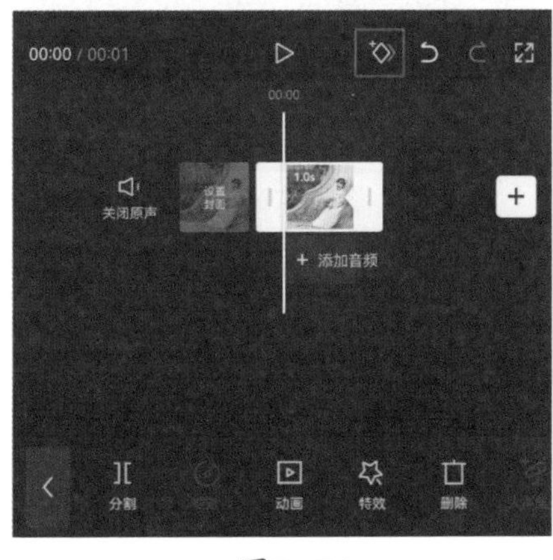

图7-76

04 将时间指示器定位至第1个关键帧所在位置，选中图像素材，点击底部工具栏中的“基础属性”按钮，如图7-77所示。

05 打开基础属性选项栏，在位置选项中将“X轴”的数值设置为-280，将“Y轴”的数值设置为-180，如图7-78所示。

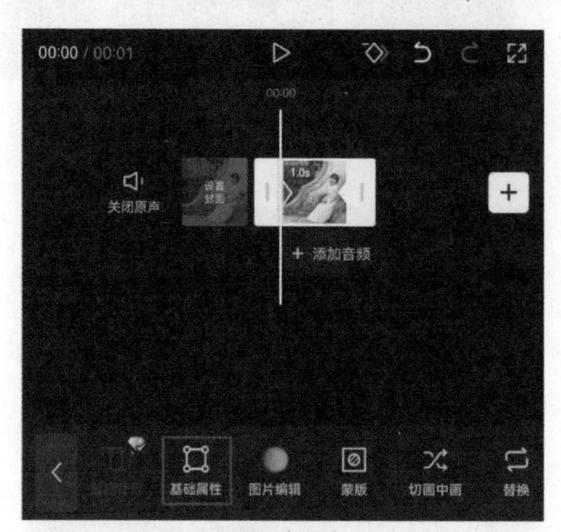

图7-77

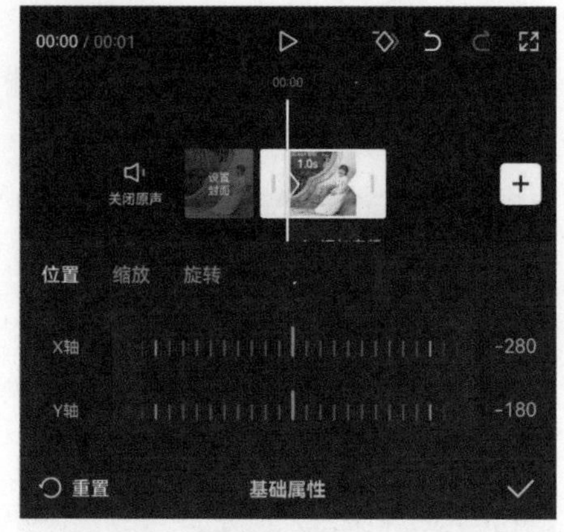

图7-78

06 切换至“缩放”选项，将其数值设置为66%，如图7-79所示，再切换至“旋转”选项，将其数值设置为14°，如图7-80所示。

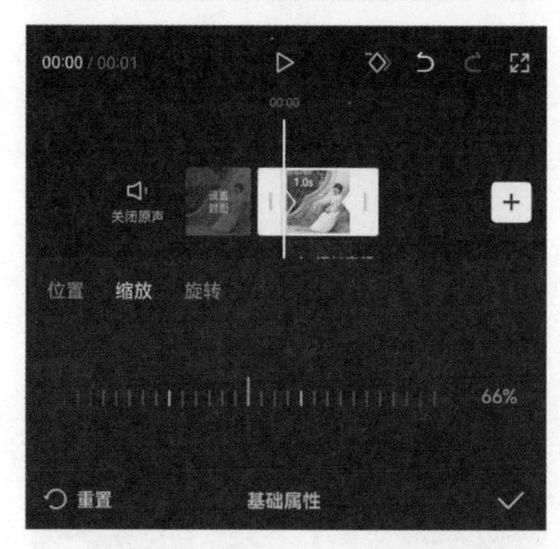

图7-79

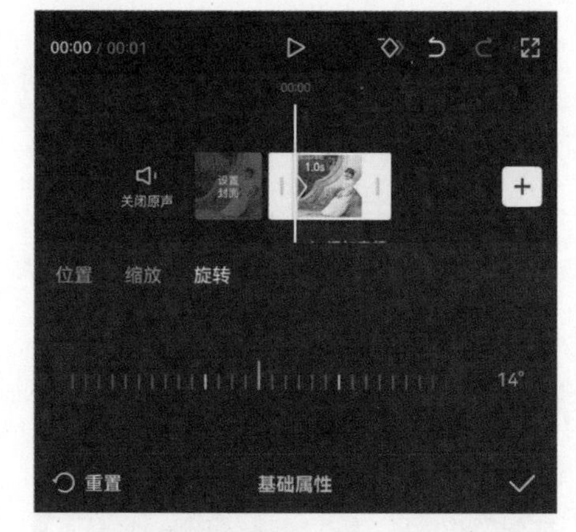

图7-80

07 将时间指示器移动至第2个关键帧所在的位置，切换至“缩放”选项，将其数值设置为0%，并点击界面右下角的按钮，如图7-81所示。执行操作后，点击底部工具栏中的“动画”按钮，如图7-82所示。

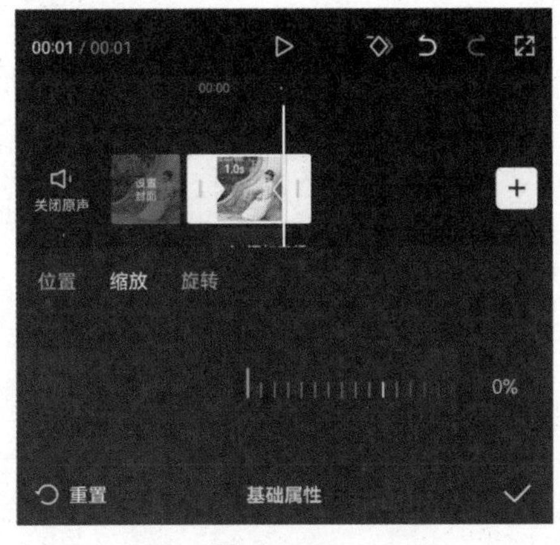

图7-81

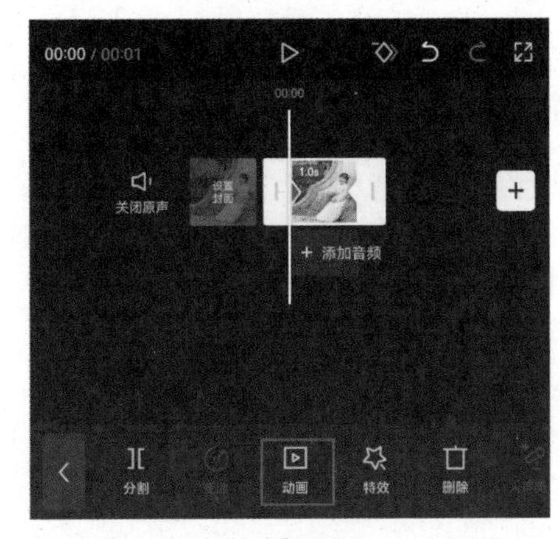

图7-82

08　打开动画选项栏，在入场动画选项中选择“渐显”效果，滑动底部滑块将时长设置为0.2s，并点击按钮✓保存操作，如图7-83所示。

09　参照步骤02至步骤08的操作方法依次导入5张萌娃写真照，为其制作关键帧动画，并添加“渐显”的开场动画效果，完成所有操作后，在时间线区域调整素材在轨道中所处的位置，使其呈阶梯排列，如图7-84所示。

10　完成所有操作后，再为视频添加一首合适的背景音乐，即可点击界面右上角的“导出”按钮，将视频保存至相册。

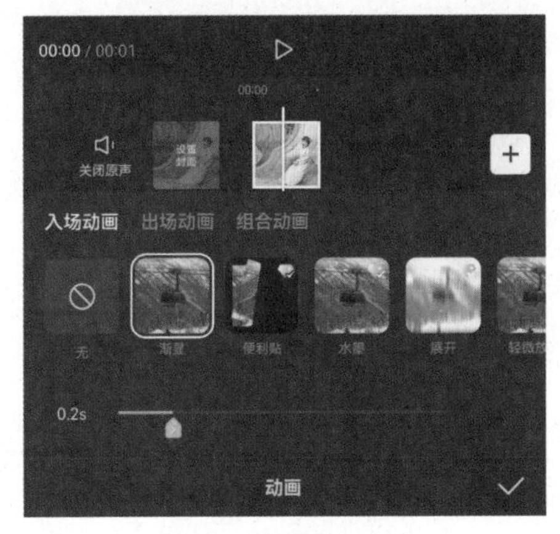

图7-83

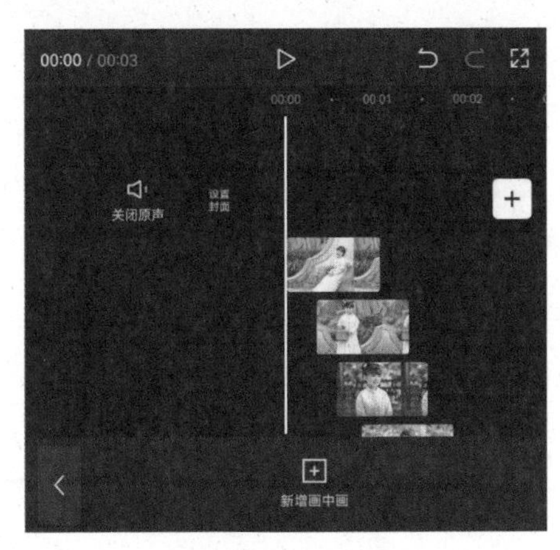

图7-84

第8章

创意转场让画面切换更流畅

转场指的是视频段落、场景间的过渡或切换。合理应用转场效果能够使画面的衔接更为自然，不仅如此，“看不见”的转场还能使观众忽略剪辑的存在，更加沉浸于故事之中，而“看得见”的转场则能使画面更为酷炫、精彩，给观众留下深刻的印象。本章将介绍视频转场的相关知识。

8.1　无技巧转场

无技巧转场是指使镜头之间自然过渡，也就是“硬切”，强调视觉上的流畅和逻辑上的连贯。无技巧转场对于拍摄素材的要求较高，并不是任何两个镜头都适合使用这种方式进行转场。如果要使用无技巧转场方式，则需要注意寻找合理的转场因素，做好前期的拍摄准备。

8.1.1　特写转场

特写转场具有强调细节的作用，一般用于强调人物的内心活动或情绪。特写转场指的是在观众的注意力集中在某一人物的内心活动或某一物体上时转换场景，这样不会使观众产生不适感。例如，一位女性坐在椅子上看书的画面接教孩子读书的特写，再接抱着孩子坐在树下阅读的画面，读书特写就将前后两个画面和谐地衔接在了一起，如图8-1所示。

图8-1

提示　在实际拍摄时，可以有意识地拍摄一些场景内的特写镜头，这些镜头在后期剪辑中遇到转场不好处理的情况时可以使用。

8.1.2　空镜头转场

空镜头是指镜头中只有景或物，没有人，通常用于介绍背景、交代时间、抒发人物情绪、推进故事情节等。空镜头转场是指使用没有明确人物形象的空镜头来衔接前后两个镜头。例如，一对情侣在吃棉花糖的画面通过主体为同心锁的空镜头转场到桥上，一对情侣牵着手在桥上散步，如图8-2所示。

图8-2

提示　为了满足后期剪辑的需要，一般在前期拍摄时需要有意识地拍摄一些空镜头备用。

8.1.3　主观镜头转场

主观镜头表现的是画面中人物看到的场景。主观镜头转场通常指上一个镜头是主体人物的观望动作，下一个镜头接他看到的人或物，这种转场方式可以让观众产生身临其境的感觉。

在后期制作时，剪辑一些对话场景时一般会用到主观镜头转场，如谁说话镜头就给谁，这个人说完后会盯着对方看他的反应，然后下一个镜头就切给对方，如图8-3所示。切给对方的这个镜头就是说话者的主观镜头，这样就很自然地实现了主观镜头转场。

图8-3

8.1.4　其他转场

除上述介绍的主观镜头转场、空镜头转场和特写转场外，常用的无技巧转场还有出入画转场、遮挡转场、匹配转场相似性转场等，下面将分别进行介绍。

1. 出入画转场

出入画转场是视频剪辑中一种常用的无技巧转场方式。剪辑时需要用两个或多个镜头表示一个持续的动作，前后镜头靠逻辑连接。一般在上一个镜头的结尾，运动主体出画；在下一个镜头的开始，运动主体入画。入画的方向要同上一个镜头的方向保持一致，也就是运动方向需匹配，如图8-4所示。出画和入画的主体可以是人物、动物、车辆等。主体出画可以带给观众短暂的悬念，主体入画则回应了这一悬念。

图8-4

提示　运动主体出画的时候没有必要一定要等到其完全离开画面才切镜头，也可以在其接近画面形时候切镜头。

2. 遮挡转场

遮挡转场指的是两个镜头通过被遮挡的画面相连接，通常以画面被挡黑的形式出现，在即将完成一个镜头的拍摄时，用一些物体将镜头挡住，获得遮挡画面。以同样的遮挡画面作为下一个镜头的开场画面，将这两个镜头连接在一起，即可获得流畅的转场效果。除直接将镜头挡黑以外，还可以用玻璃遮挡制作模糊效果，或者配合运镜将墙壁、横梁、门框等作为遮挡物实现遮挡转场，如图8-5所示。

图8-5

3. 匹配转场

匹配转场分为镜头匹配和声音匹配两种。镜头匹配是指使用相似的镜头角度、焦距或运动来实现场景的连贯性。例如，一个镜头从一个房间的窗户向外拍摄，然后转场到室外的景色。这两个场景可以使用相似的镜头角度和运动来匹配，使观众感觉像是从一个场景无缝过渡到另一个场景，如图8-6所示。

而声音匹配则是指通过声音提示的方式进行转场，比如在上一个镜头中响起了钢琴弹奏的声音，下一个镜头就出现有人弹奏钢琴的画面，这样的转场符合观众的心理预期，能够使画面实现平滑过渡。

图8-6

4. 相似性转场

相似性转场通常配合特写镜头出现。在一个镜头快结束时，推镜头拍摄某一物体的局部特写，然后使下一个镜头的开场画面中出现与该物体相似的物体，拉镜头将画面转换至下一个场景，从而实现场景转换，如图8-7所示。

图8-7

8.2 有技巧转场

有技巧转场指的是使用一些技巧连接前后镜头，如叠化、淡入/淡出、虚化、划入/划出等技巧。有技巧转场通常是通过多种技巧的结合使用实现的，能让剪辑变得自然、流畅。常见的剪辑软件中都有相应的转场功能。

8.2.1 叠化转场

叠化转场即一个镜头融入另一个镜头，简单来说就是在第一个镜头渐渐消失的同时让第二个镜头渐渐显示，从而实现“你中有我，我中有你”的效果，如图8-8所示，可以看到在中间的转场效果示意图中，既有人物睡觉的画面，又有阳台的画面。在使用叠化转场时，叠化的时间可长可短，能使画面的转换更加流畅即可。

图8-8

提示 无论是有技巧转场还是无技巧转场，都应该尊重观众的习惯，考虑观众的心理接受能力，这样才能让镜头连接更加流畅、自然，让观众感到舒适。

8.2.2 白/黑屏转场

白屏会伴随光等元素，让人不自觉地眨眼，并在人眨眼的同时实现无缝转场。白屏通常可以用来表示梦境，比如，上一个镜头是一个人躺在沙发上睡觉，下一个镜头切换至另一个场景，中间使用白屏转场，表示后面这个镜头的画面是人物的梦境，如图8-9所示。而黑屏是指画面渐渐变成黑色，可让观众对下一个镜头产生期待。

图8-9

8.2.3 其他转场转场

除上述介绍的白/黑屏转场和叠化转场外，常用的有技巧转场还有划入/划出转场、虚化转场等，下面将分别进行介绍。

1. 划入/划出

划入/划出转场即一个画面的边缘线划过另一个画面，如图8-10所示。这条边缘线有时是直线，有时是波浪

图8-10

线，有时是图形。如果是圆形，划入/划出转场就会变成圈入/圈出转场。

2. 虚化转场

虚化转场即将上一个镜头慢慢调虚，直到完全模糊，下一个镜头则从虚像开始慢慢变实，好像一个人慢慢地闭上眼睛，又慢慢地睁开眼睛一样，如图8-11所示。

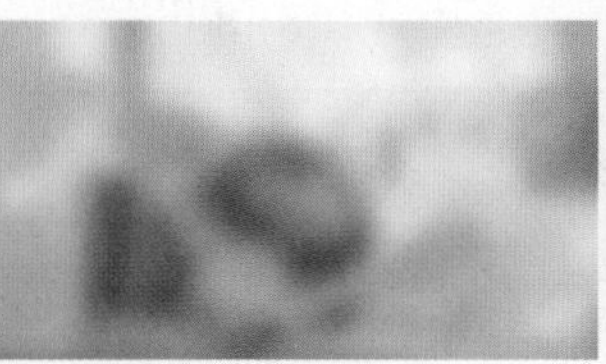

图8-11

8.2.4 实操：添加剪映内置的转场效果

剪映拥有丰富的转场效果，点击素材之间的“转场”按钮▯便可以进入“转场”选项栏。可以在列表上方选择转场效果。选中任意一种转场效果后，拖动底部的白色圆圈滑块即可设置转场的持续时间。下面将通过实操的方式讲解制作光效转场视频的方法，效果如图8-12所示。

图8-12

01 打开剪映App，在素材添加界面选择5段视频素材添加至剪辑项目中，并将其裁剪至合适的时长，点击第1段素材和第2段素材之间的“转场”按钮▯，打开转场选项栏，如图8-13和图8-14所示。

02 在光效选项中选择“炫光”效果，如图8-15所示，点击界面左下角的“全局应用”按钮，执行操作后，即可在所有片段之间添加“炫光”转场效果，如图8-16所示。

03 完成所有操作后，再为视频添加一首合适的背景音乐，即可点击界面右上角的“导出”按钮，将视频保存至相册。

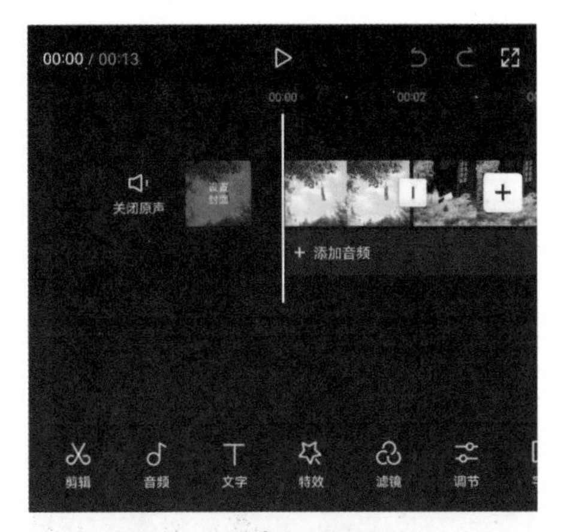

图8-13

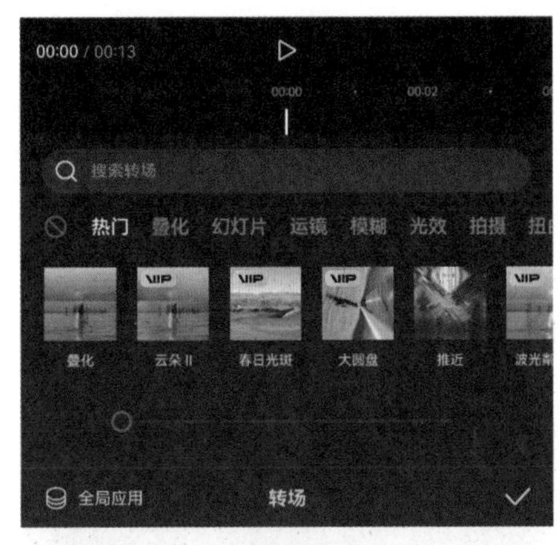

图8-14

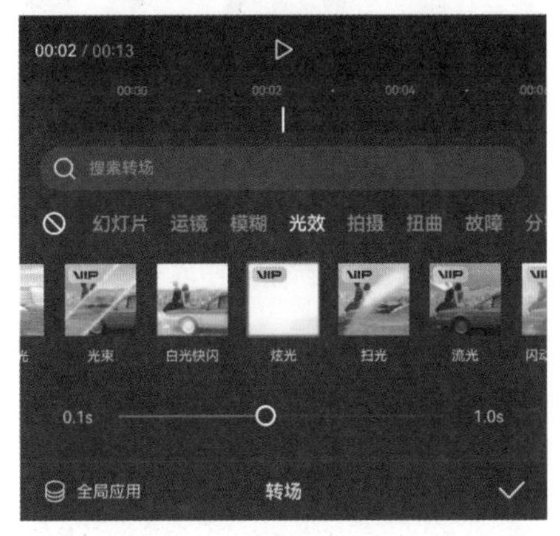

图8-15

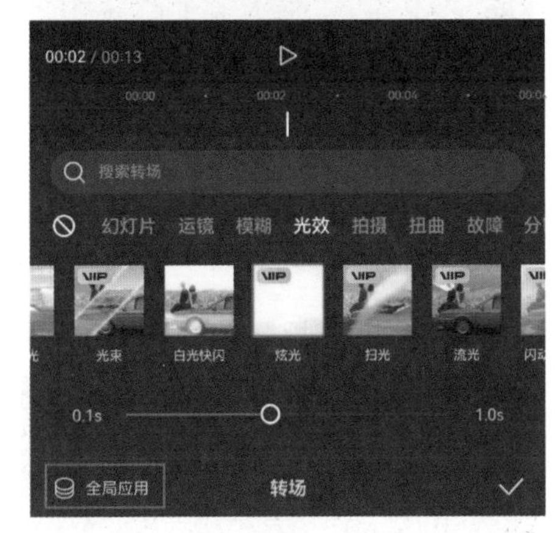

图8-16

8.2.5　实操：制作水墨古风短片

扫码观看示例操作

在很多古风类型的视频或与传统文化有关的视频中，经常出现水墨晕染的转场效果，不仅画面美观，而且与视频主题相得益彰。下面将通过实操的方式讲解制作水墨转场的方法，效果如图8-17所示。

图8-17

01 打开剪映App，在素材添加界面选择4段视频素材添加至剪辑项目中，并将其裁剪至合适的时长，点击第一段素材和第2段素材之间的“转场”按钮▯，打开转场选项栏，如图8-18和图8-19所示。

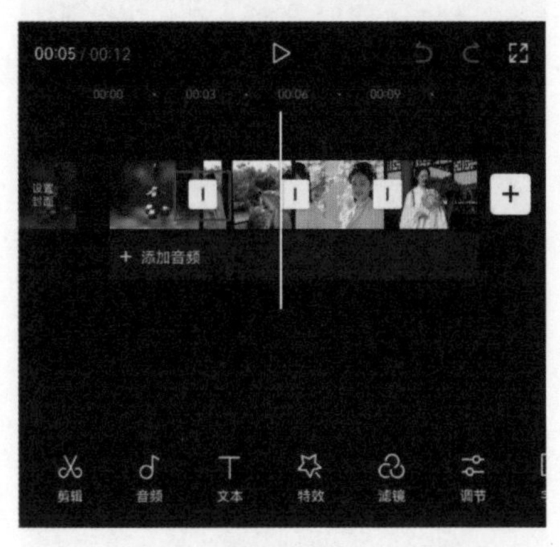

图8-18　　图8-19

02 在叠化选项中选择“水墨”效果，并将时长设置为1.0s，如图8-20所示，点击界面左下角的“全局应用”按钮▯，执行操作后，即可在所有片段之间添加“水墨”转场效果，如图8-21所示。

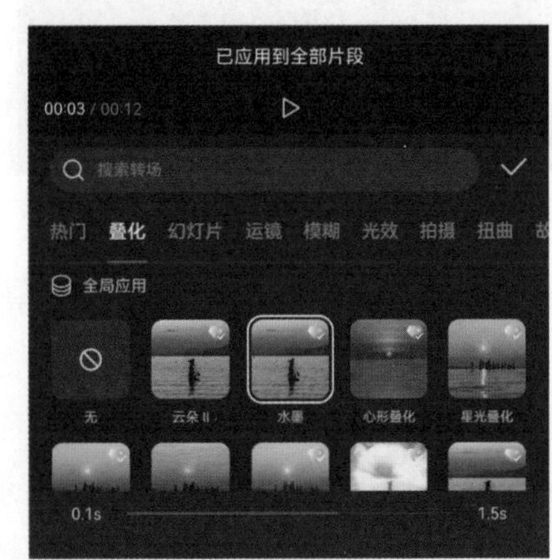

图8-20　　图8-21

03 完成所有操作后，再为视频添加一首合适的背景音乐，即可点击界面右上角的“导出”按钮，将视频保存至相册。

8.3 制作特殊转场效果

在短视频中，转场镜头非常重要，它发挥着廓清段落、划分层次、连接场景、转换时空和承上启下的作用，利用合理的转场手法和技巧，即能满足观众的视觉需求，保证其视觉的连贯性。下面将介绍几种常见的特殊转场效果的制作方法。

8.3.1　实操：制作蒙版转场

在剪映中，蒙版结合关键帧可以做出非常酷炫的镜面蒙版转场效果。下面将通过实操的方式讲解制作蒙版转场的方法，效果如图8-22所示。

扫码观看示例操作

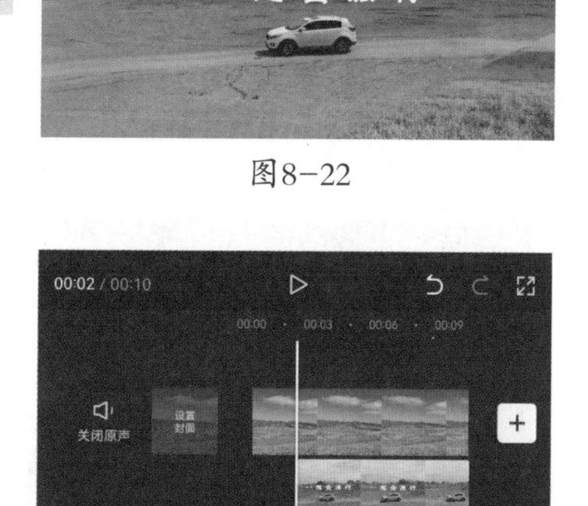

图8-22

01　打开剪映App，在剪辑项目中导入一段背景素材和一段包含文字的素材。在时间线区域选中含有文字的视频素材，点击底部工具栏中的“切画中画”按钮，将其切换至另一段素材下方，将画中画素材的起始位置移动至时间刻度00:02处，并将两段素材裁剪至同长，如图8-23所示。

图8-23

02　选中画中画素材，点击底部工具栏中的“蒙版”按钮，在浮窗中选择“镜面”蒙版，如图8-24所示。在预览区域调整蒙版选框的高度，使画面中间显露出文字，并点击按钮保存操作，如图8-25所示。

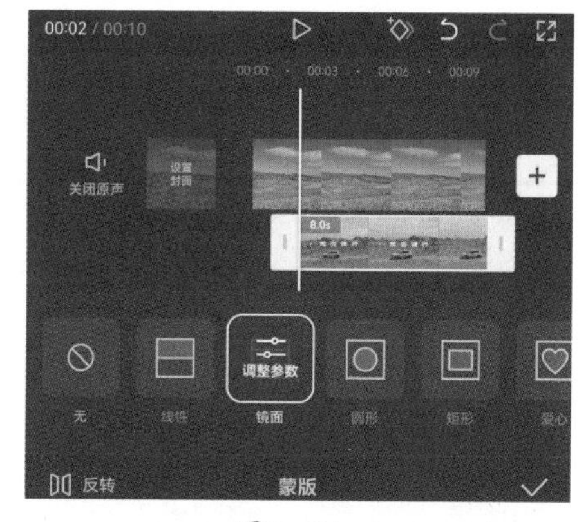

图8-24

图8-25

03 将时间指示器移动至00:03处，点击按钮，打上一个关键帧，如图8-26所示。再将时间指示器移动至00:05处，点击按钮，打上一个关键帧，如图8-27所示。

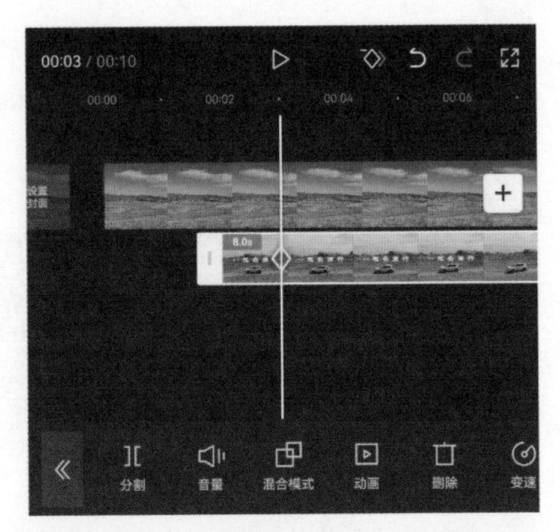

图8-26

04 将时间指示器移动至第2个关键帧的位置，点击底部工具栏中的"蒙版"按钮，在预览区域调整蒙版选框的高度使其框选整个画面，并将选框顺时针旋转180°，点击按钮保存操作，如图8-28所示。

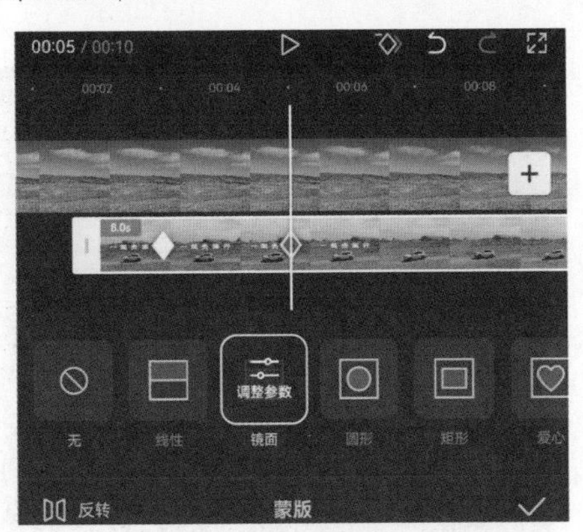

图8-27

图8-28

05 在选中画中画素材的状态下，点击底部工具栏中的"动画"按钮，如图8-29所示。为画中画素材添加持续时长为1s的"向下甩入"入场动画，点击按钮保存操作，如图8-30所示。

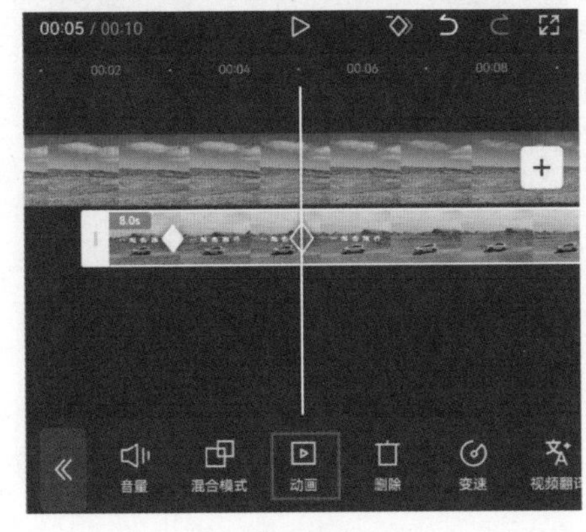

图8-29

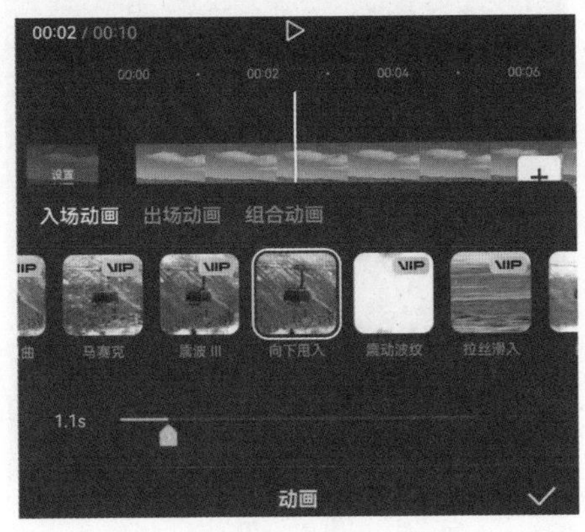

图8-30

06　完成所有操作后，再为视频添加一首合适的背景音乐，即可点击“导出”按钮，将视频保存至相册。

8.3.2　实操：制作遮罩转场

如果画面中出现了横梁、栏杆等物品，或者某个时刻镜头中只出现了某一事物，那么可以使用“蒙版”功能和“关键帧”功能，配合画面中的这些物件，制作遮罩转场效果。下面将通过实操的方式讲解制作遮罩转场的方法，效果如图8-31所示。

扫码观看示例操作

图8-31

01　在剪映App中导入一段背景素材，再导入一段画中画素材，如图8-32所示，选中画中画素材，将时间指示器移动至00:03处，即遮罩物出现的位置，点击底部工具栏中的“蒙版”按钮，如图8-33所示。

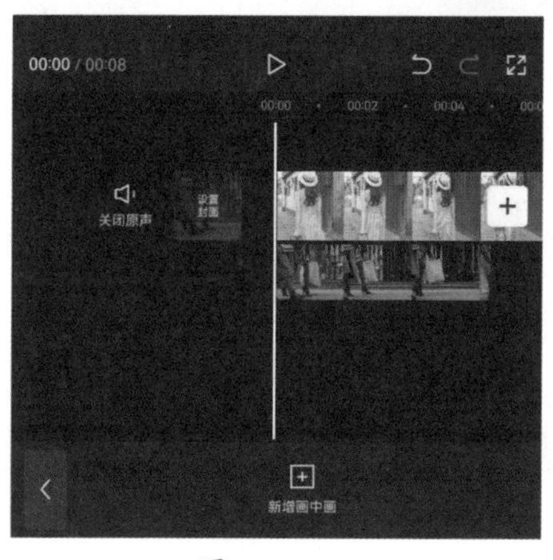

图8-32

图8-33

02　打开蒙版选项栏，选择其中的线性蒙版，在预览区域将蒙版移动至画面的最右侧，执行操作后，点击界面中的按钮，添加一个关键帧，如图8-34所示。

03　将时间指示器稍稍向后移动，在预览区域将蒙版稍稍向左移动，使其紧贴遮罩物的边缘，执行操作后，剪映将自动在时间指示器所在的位置添加一个关键帧，如图8-35所示。

04 参照上述操作方法，将时间指示器向后移动，在预览区域将蒙版向左移动，使其紧贴遮罩物的边缘，可以观察到主视频轨道的画面逐渐显现，如图8-36所示。

05 重复上述操作，直到遮罩物消失在画面中，蒙版被移动至画面的最左侧，主视频轨道的画面全部显现，如图8-37所示。

06 完成所有操作后，再为视频添加一首合适的背景音乐，即可点击“导出”按钮，将视频保存至相册。

图8-34

图8-35

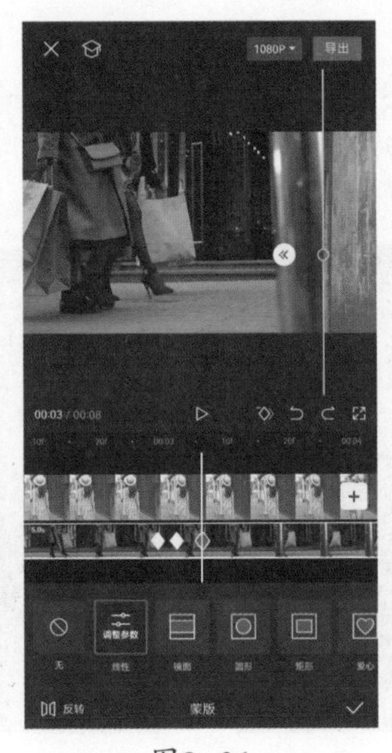

图8-36

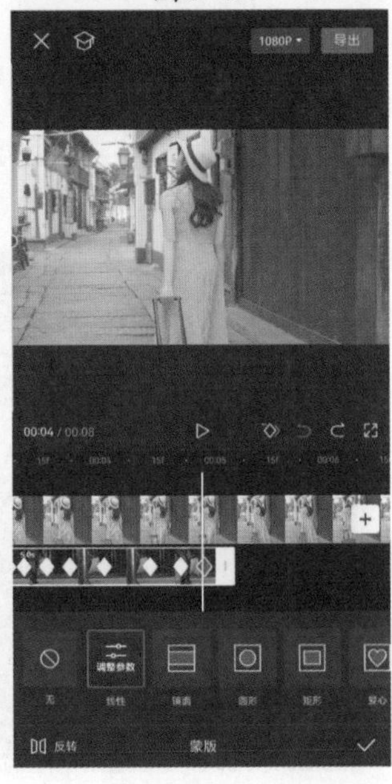

图8-37

8.3.3 实操：制作瞳孔转场

在剪映中，使用圆形蒙版再结合关键帧，可以制作出火爆全网的瞳孔转场效果，下面将通过实操的方式讲解制作瞳孔转场的方法，效

果如图8-38所示。

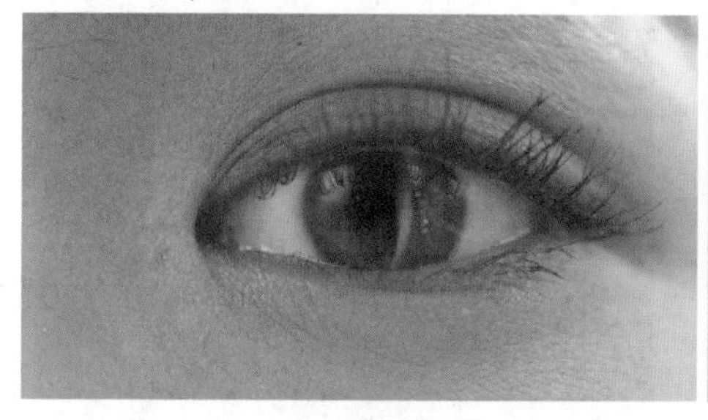

图8-38

01　打开剪映App，在素材添加界面选择一段人物脸部特写视频添加至剪辑项目中。选中视频素材，将时间指示器移动至00:02处，点击界面中的按钮，添加一个关键帧，如图8-39所示，再将时间指示器移动至视频的尾端，在预览区域将视频放大，直至人物的眼球铺满整个画面，如图8-40所示。

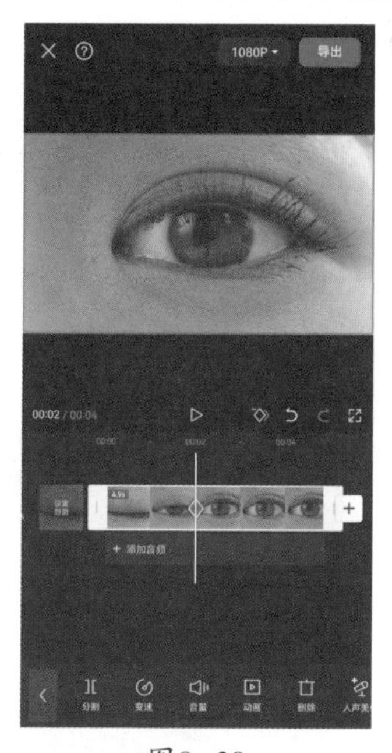

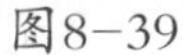
图8-39

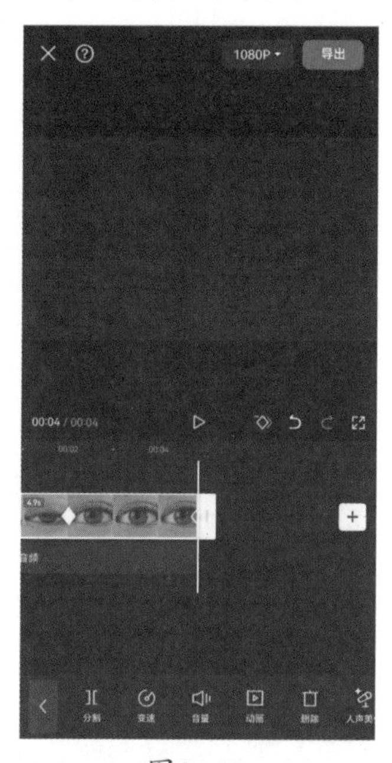

图8-40

02　将时间指示器移动至画面中人物睁开眼睛的位置，点击底部工具栏中的“画中画”按钮，再点击“新增画中画”按钮，如图8-41和图8-42所示，进入素材添加界面，选择一段背景视频添加至剪辑项目中。

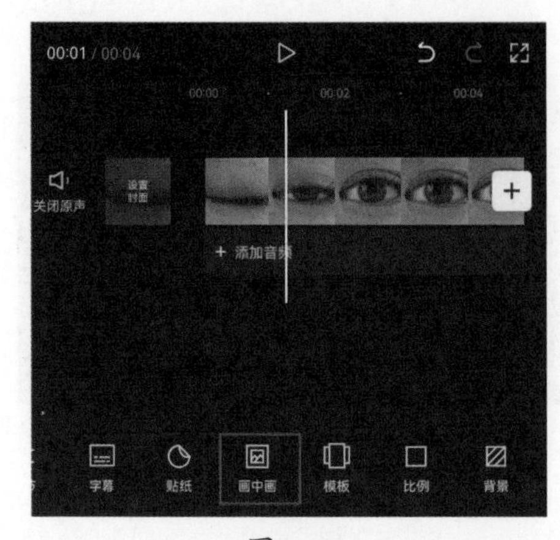

图8-41

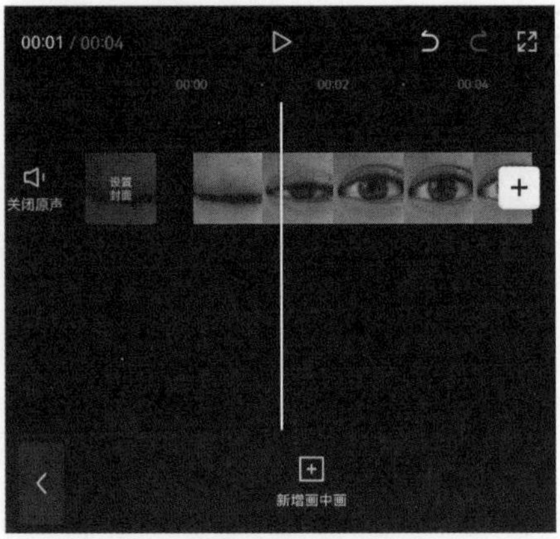

图8-42

03 在时间线区域选中画中画素材，点击底部工具栏中的“蒙版”按钮，如图8-43所示，打开蒙版选项栏，选择其中的圆形蒙版，在预览区域蒙版缩至最小，置于人物的眼球之中，并点击界面中的按钮，添加一个关键帧，如图8-44所示。

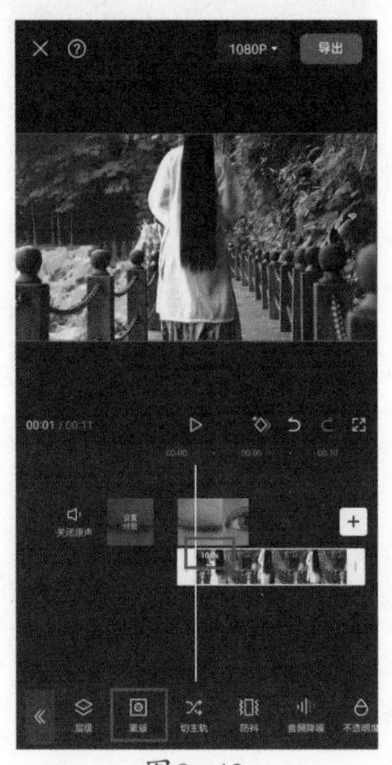

图8-43

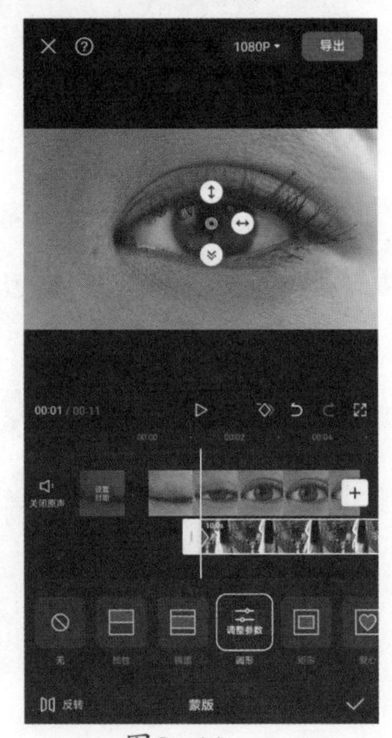

图8-44

04 将时间指示器移动至人物眼球即将被放大的时间点，在预览区域将蒙版稍稍放大，并拖动按钮羽化蒙版边缘，如图8-45所示。

05 参照上述操作方法将时间指示器向后移动，并调整蒙版的大小和位置，确保画中画的画面随着人物的眼球放大，从而铺满整个画面，如图8-46所示。

06　完成所有操作后，再为视频添加一首合适的背景音乐，即可点击“导出”按钮，将视频保存至相册。

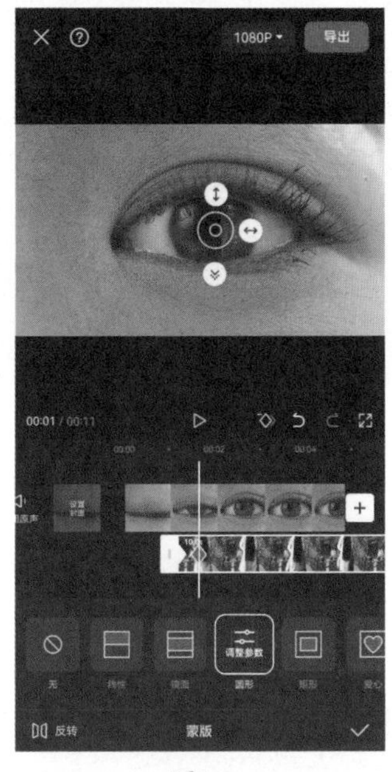

图8−45

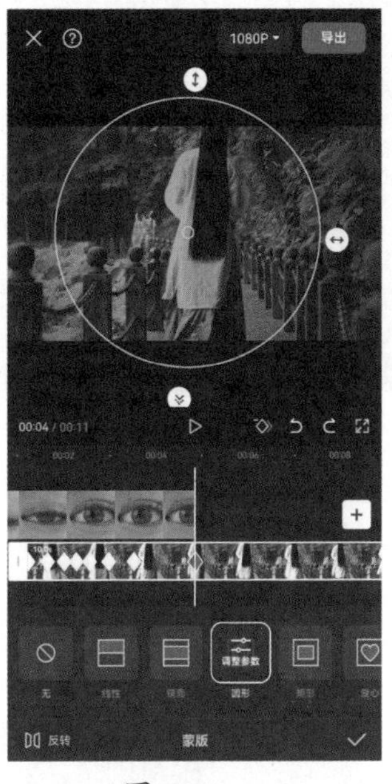

图8−46

8.3.4　实操：制作碎片转场

扫码观看
示例操作

使用剪映素材库中的碎片素材，可以制作出非常有特色的碎片转场效果。下面将通过实操的方式讲解制作碎片转场的方法，效果如图8–47所示。

图8−47

01　打开剪映App，在素材添加界面选择一段风景视频素材添加至待剪辑项目中。在未选中素材的状态下点击底部工具栏中的“画中画”按钮，再点击“新增画中画”按钮，如图8-48和图8-49所示。

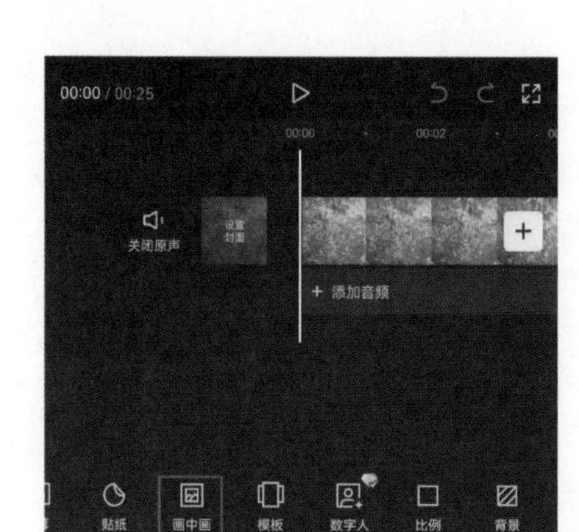

图8-48

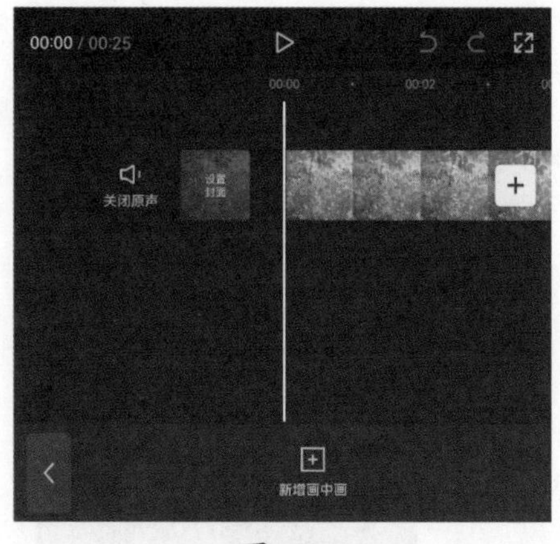

图8-49

02 进入素材添加界面，切换至素材库选项，搜索碎片转场素材，选择图8-50中的素材并将其添加至剪辑项目中。

03 选中碎片素材，在预览区域将其放大使其铺满整个画面，并在底部工具栏中点击“抠像”按钮，如图8-51所示。

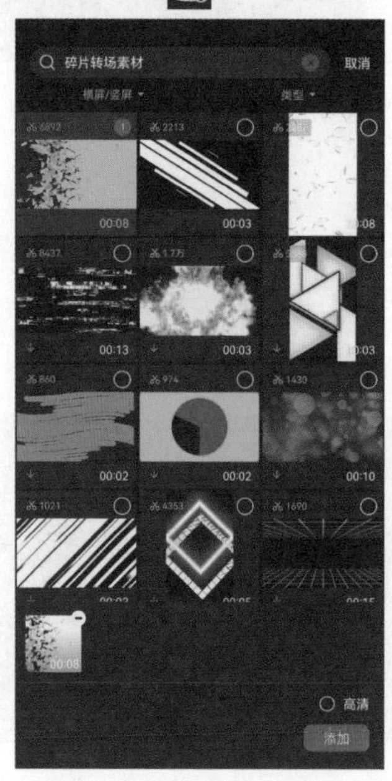

图8-50

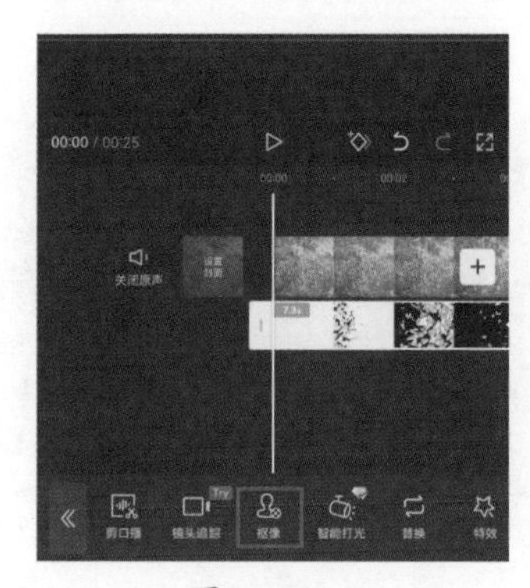

图8-51

04 打开抠像选项栏，点击其中的“色度抠图”按钮，如图8-52所示，在默认的“取色器”选项下，在预览区域将取色器移动至绿色的画面上，选取画面中的白色，如图8-53所示。

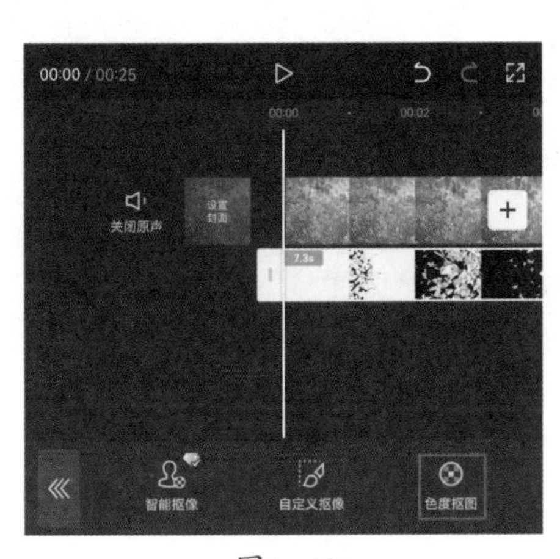

图8-52

图8-53

05　将时间指示器移动至碎片素材的尾端，选中风景素材，点击底部工具栏中的“分割”按钮，如图8-54所示，将视频一分为二，选择分割出来的后半段素材，点击底部工具栏中的“删除”按钮，如图8-55所示。

06　执行操作后，点击界面右上角的“导出”按钮，将视频保存至相册。

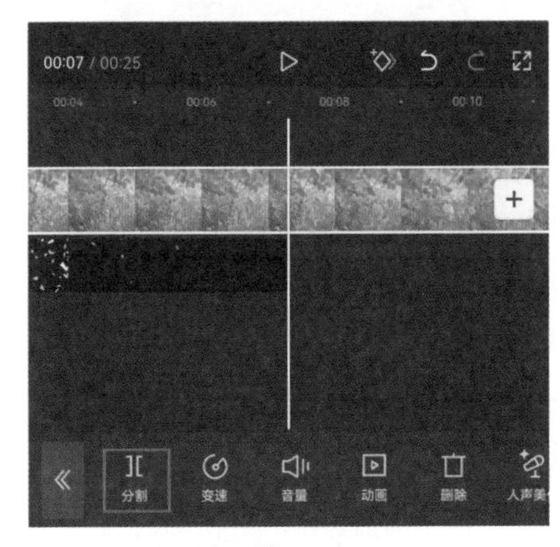

图8-54

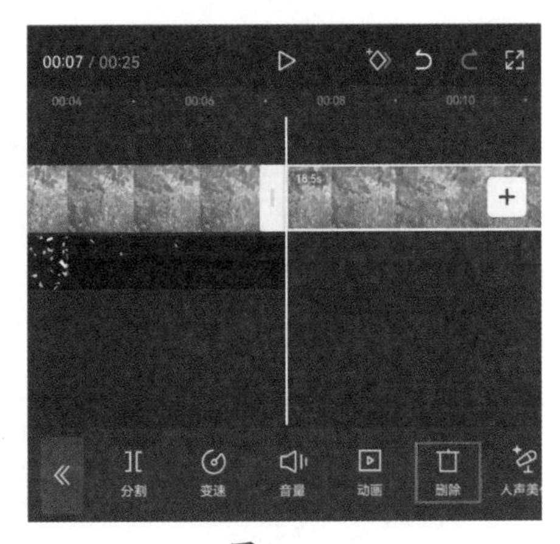

图8-55

07　创建一个新的剪辑项目，进入素材添加界面，将刚刚制作好的视频以及背景素材添加至剪辑项目中。选中碎片素材，点击底部工具栏中的“切画中画”按钮，如图8-56所示，将其切换至背景素材的下方，并点击底部工具栏中的

“抠像”按钮，如图8-57所示。

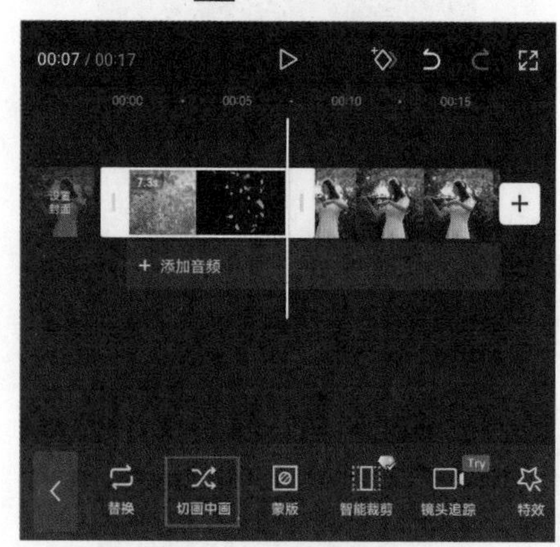

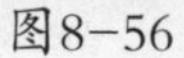

图8-56

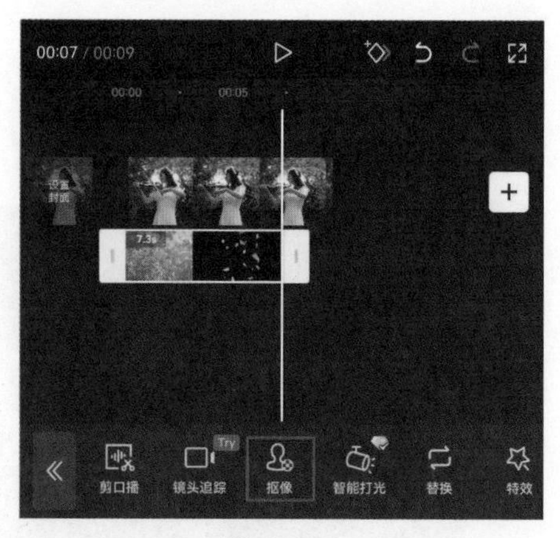

图8-57

08 打开抠像选项栏，点击其中的“色度抠图”按钮，如图8-58所示，在默认的“取色器”选项下，在预览区域将取色器移动至绿色的画面上，选取画面中的黑色，如图8-59所示。

09 完成所有操作后，再为视频添加一首合适的背景音乐，即可点击“导出”按钮，将视频保存至相册。

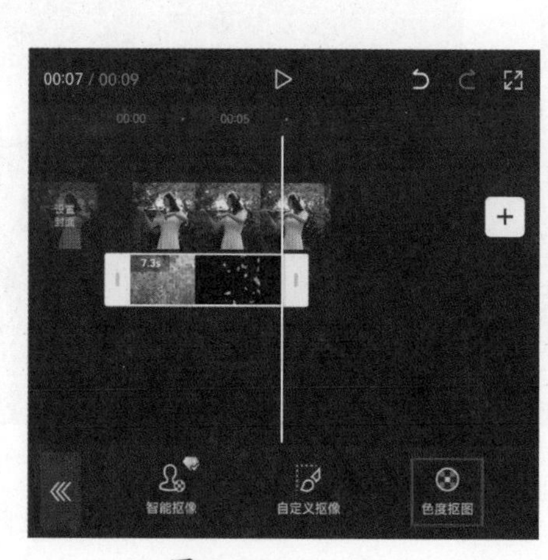

图8-58

图8-59

第9章 剪映也能调出风格大片

调色是视频编辑中不可或缺的一项操作，画面色彩能在一定程度上决定作品的好坏。就像影视作品一样，每一部电影的色调都跟剧情密切相关。调色不仅可以赋予视频画面一定的艺术美感，还可以为视频注入情感，比如黑色代表黑暗、恐惧；蓝色代表沉静、神秘；红色代表温暖、热情等。对于视频作品来说，与作品主题相匹配的色彩能很好地传达作品的主旨。

9.1 剪映App的调色功能

用户通过剪映的“调节”功能，不仅可以调节画面的基础参数，还可以使用“曲线”和“HSL”来调整画面色彩，从而营造出自己想要的画面效果。

9.1.1 基础参数调节

用户在剪映的“调节”功能中，可以通过调整画面的亮度、对比度、饱和度等基础参数，营造出自己想要的画面效果。

在时间线区域选中视频素材，点击底部工具栏中的“调节”按钮，打开调节选项栏，即可对选中的素材画面进行色彩调整，如图9-1和图9-2所示。

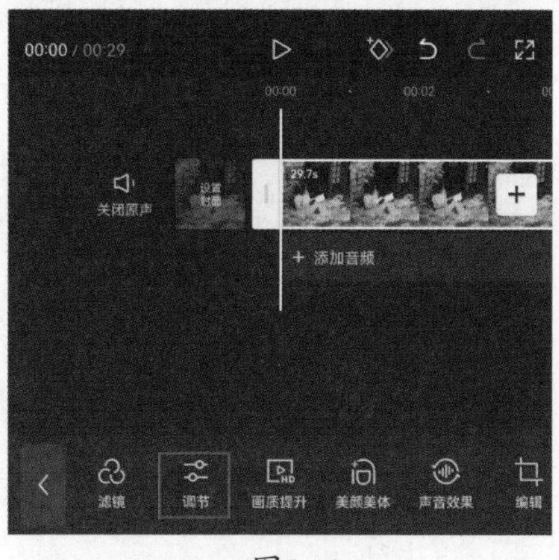

图9-1

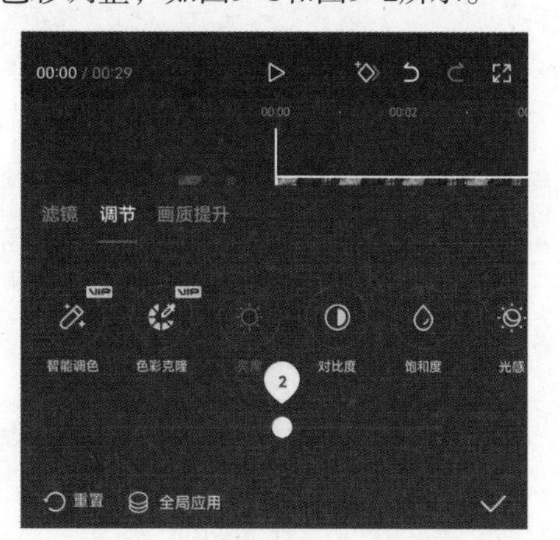

图9-2

在未选中素材的状态下，点击底部工具栏中的“调节”按钮，进入调节选项栏对某一调节选项进行调整，即可在轨道区域中生成一段可调节时长位置的色彩调节素材，如图9-3和图9-4所示。

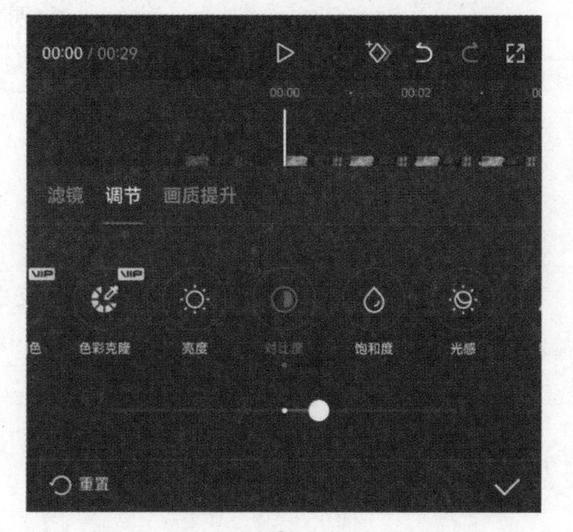

图9-3

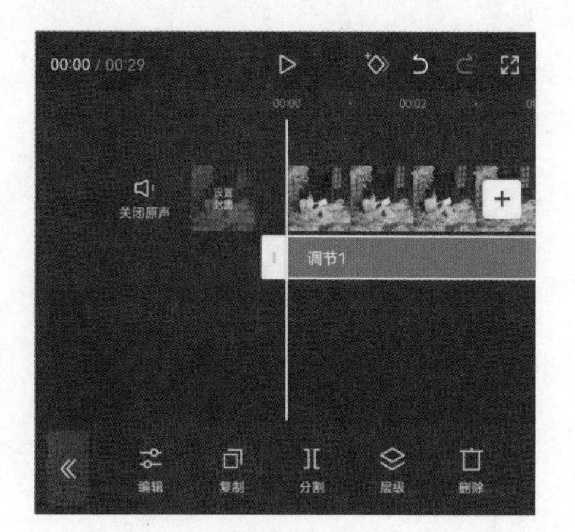

图9-4

调节选项栏中包含了“亮度”“对比度”“饱和度”和“色温”等选项，下面进行具体介绍。

- 亮度：用于调整画面的明亮程度。数值越大，画面越明亮。
- 对比度：用于调整画面暗与亮的比值。数值越大，从暗到亮的渐变层次就越多，色彩的表现越丰富。
- 饱和度：指色彩的纯度，数值越大，画面饱和度越高，画面色彩就越鲜艳。
- 锐化：用来调整画面的锐化程度。数值越大，画面细节越丰富。
- 高光/阴影：用来改善画面中的高光或阴影部分。
- 色温：用来调整画面中色彩的冷暖倾向。数值越大，画面越偏向暖色；数值越小，画面越偏向冷色。
- 色调：用来调整画面中色彩的颜色倾向。
- 褪色：用来调整画面中颜色的附着程度。

9.1.2　曲线功能

在时间线区域选中素材，点击底部工具栏中的“调节”按钮，打开调节选项栏，点击其中的“曲线”选项，打开曲线窗口，可以看到默认的白色曲线，即图9-5中呈45° 的白色斜线。

剪映的曲线选项中有白色、红色、绿色和蓝色4条曲线，其中白色曲线调节画面整体色彩状态，红色、绿色和蓝色曲线调节画面相应颜色的状态，如图9-5所示。

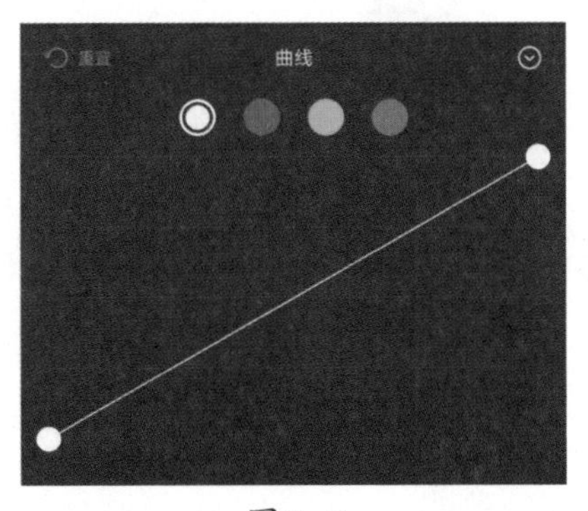

图9-5

用户可以在曲线上直接点击添加控制点，然后通过移动控制点的方式调整曲线。以白色曲线为例，在白色曲线上添加一个控制点，将其向上移动，画面的整体色彩亮度将会提高，如图9-6所示。反之，将控制点往下移动，画面的整体亮度将会降低，如图9-7所示。

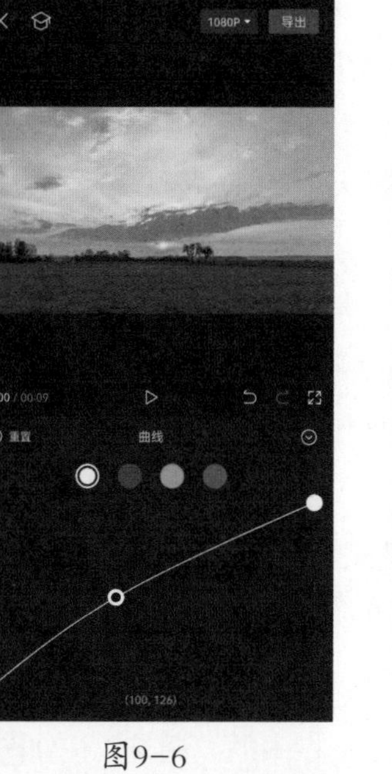

图9-6

图9-7

以上是利用曲线调节画面亮度的方法，若用户需要利用曲线来调节画面某个单个颜色，则先要了解一下颜色的互补关系，因为剪映中的红色、绿色和蓝色曲线是根据颜色的互补来调整画面颜色的，如图9-8所示。

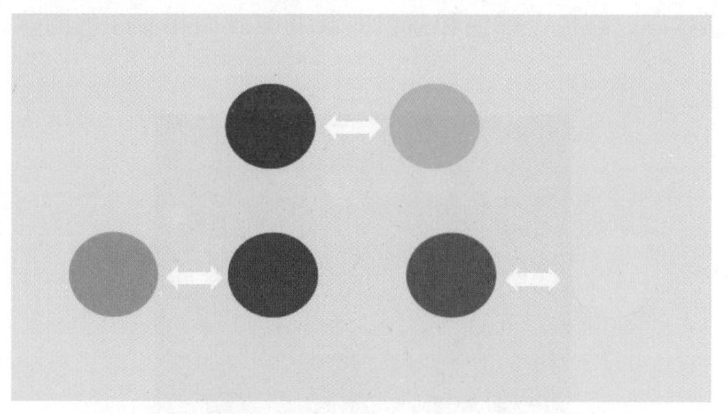

图9-8

以红色曲线为例，在红色曲线上添加一个控制点，将其向上移动，画面会偏向红色，如图9-9所示，但若将其向下移动，画面便会偏向蓝色，如图9-10所示。

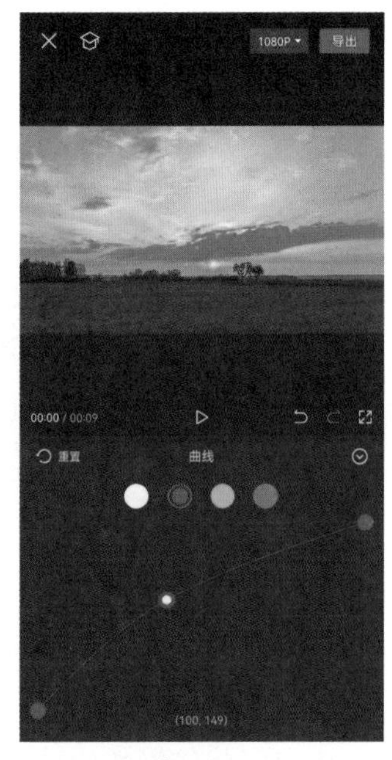

图9-9

图9-10

> 提示　绿色和蓝色曲线的使用逻辑与红色曲线的使用逻辑是一样的，当绿色曲线向上移动时，画面会偏向绿色；向下移动时，画面会偏向粉色。当蓝色曲线向上移动时，画面会偏向蓝色；向下移动时，画面会偏向黄色。

9.1.3　HSL功能

HSL即色相（H）、饱和度（S）和亮度（S）。色相是色彩的基本属性，就是平常所说的颜色名称，如红色、黄色等；饱和度是指色彩的纯度，数值越高色彩越纯，数值越低画面则越灰暗；亮度是指画面的明亮程度，数值越大，画面越明亮，反之则会变暗。

在时间线区域选中素材，点击底部工具栏中的“调节”按钮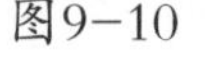，打开调节选项栏，点击其中的“HSL”选项，在底部浮窗中点击选中某一种颜色的图标之后，即可滑动白色圆圈滑块调整该颜色的色相、饱和度和亮度数值，如图9-11所示。

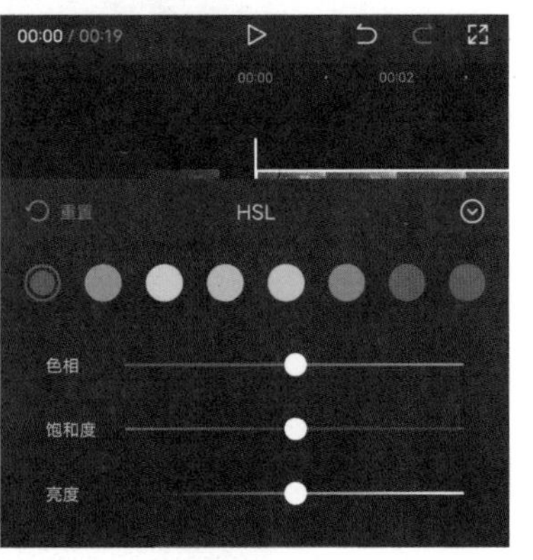

图9-11

因为“HSL”可以直接选中某种颜色对其进行调整，所以其经常用于对视频进行精准调色，从而实现各种创意调色，如图9-12所示，将原图中的绿色与蓝色去除后，整个画面的氛围便发生了变化。

图9-12

9.1.4 滤镜功能

滤镜是各大视频剪辑软件的必备功能，它可以很好地掩盖拍摄时造成的缺陷，对素材进行美化，使画面更加生动、完善。剪映为用户提供了数十种滤镜特效，用户可以将这些滤镜应用到单个素材里，也可以将滤镜作为独立的一段素材应用于某段时间内。

1. 在单个素材中应用滤镜

在时间线区域选中背景素材，点击底部工具栏中的“滤镜”按钮，如图9-13所示，进入滤镜选项栏，在其中点击任意一款滤镜效果，即可将其应用到所选素材，滑动底部的白色圆圈滑块还可以改变滤镜效果的强度，如图9-14所示。

图9-13　图9-14

> **提示** 完成操作后滤镜效果仅被添加给了选中的素材。若剪辑项目中拥有多段素材，且需要将滤镜效果同时应用到其他素材，可在选择滤镜效果后点击“全局应用”按钮。

2. 在某段时间内应用滤镜

在未选中素材的状态下，点击底部工具栏中的“滤镜”按钮，如图9–15所示，进入滤镜选项栏，在其中点击一款滤镜效果，如图9–16所示。

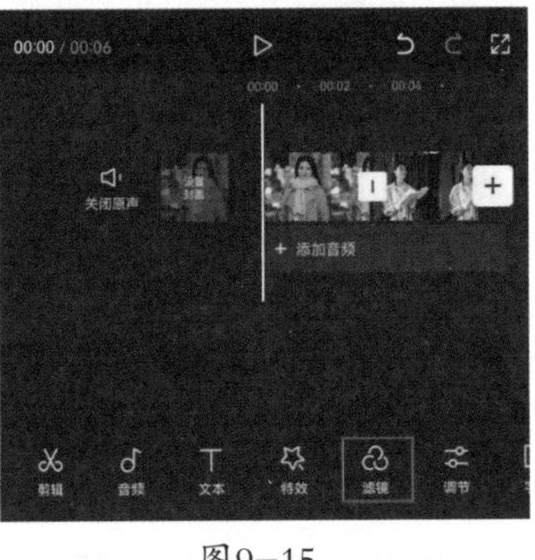

图9–15

图9–16

完成滤镜的选取后，点击右下角的按钮，此时轨道区域将生成一段可调节时长和位置的滤镜素材，如图9–17所示。调整滤镜素材的方法与调整音视频素材的方法一致，拖动滤镜素材前后的白色边框，可以对素材持续时长进行调节；选中素材前后拖动即可改变素材需要应用的时间段，如图9–18所示。

图9–17

图9–18

9.1.5 实操：赛博朋克夜景调色

赛博朋克是网上非常流行的色调，画面以青色和洋红色为主，也就是说这两种色调的搭配是画面的整体主基调。下面将以实操的方式讲解赛博朋克夜景调色的方法，调色前后的效果如图9-19所示。

扫码观看示例操作

图9-19

01 打开剪映，在素材添加界面选择1张城市夜景的图像素材添加至剪辑项目中。在时间线区域选中素材，点击底部工具栏中的“调节”按钮，打开调节选项栏，如图9-20和图9-21所示。

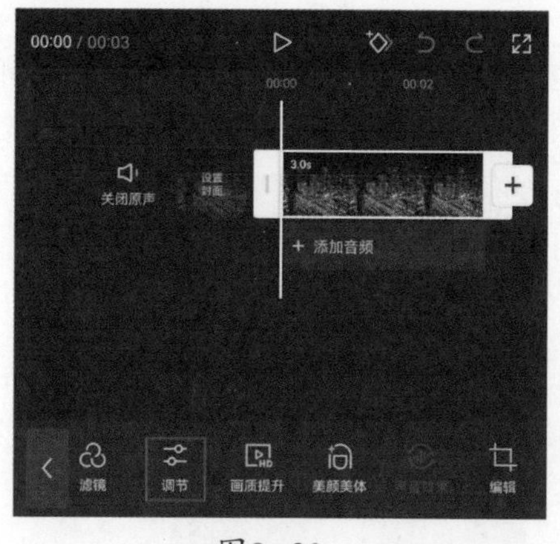

图9-20

图9-21

02 根据画面的实际情况，在选项栏中将色温、饱和度、亮度、对比度、光感和锐化调到合适的数值，使画面的颜色更加透亮，如图9-22所示。具体数值参考：色温-30、饱和度-10、亮度5、对比度10、光感5、锐化10。

03 切换至滤镜选项栏，选择风格化选项中的“赛博朋克”滤镜，并点击按钮保存操作，如图9-23所示。

04 完成所有操作后，即可点击界面右上角的“导出”按钮，将视频保存至相册。

图9-22

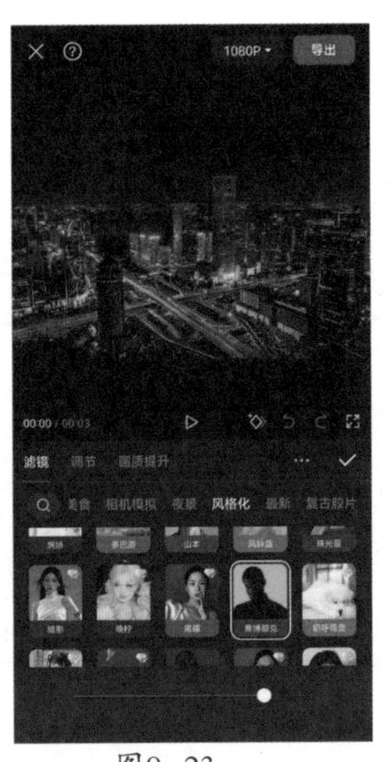

图9-23

提示　“风格化”滤镜是一种模拟真实艺术创作手法的视频调色方法，主要通过将画面中的像素进行置换，同时查找并增加画面的对比度，来生成类似于绘画风格的视频画面效果。例如，“风格化”滤镜组中的“蒸汽波”滤镜是一种诞生于网络的艺术视觉风格，最初出现在电子音乐领域，这种滤镜色彩非常迷幻，色调也比较夸张，整体画面效果偏冷色调，非常适合渲染情绪。

9.1.6　实操：青橙天空调色

扫码观看示例操作

青橙色调一直都是很受广大网友喜爱的色调，放在夜景、风光、肖像摄影中都十分好看，而且在很多好莱坞电影中经常用来描绘冲突场面。下面将以实操的方式讲解青橙天空调色的方法，调色前后的效果如图9-24所示。

图9-24

01 打开剪映App，在素材添加界面选择一段天空的视频素材添加至剪辑项目中。在未选中任何素材的状态下，点击底部工具栏中的“滤镜”按钮，打开滤镜选项栏，如图9-25和图9-26所示。

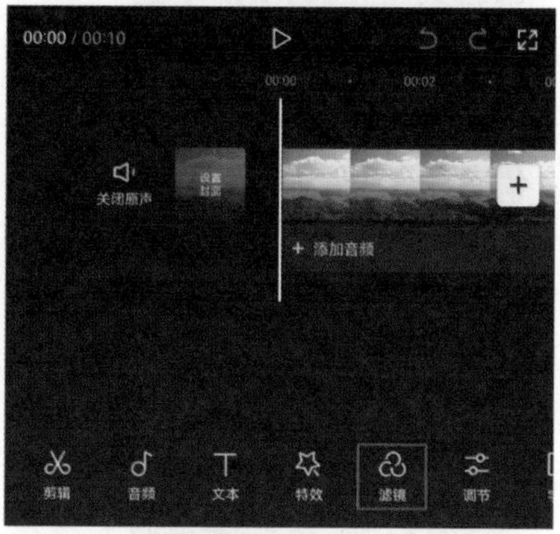

图9-25

图9-26

02 在滤镜选项栏中选择影视级选项中的“青橙”滤镜，并点击按钮保存操作，如图9-27所示。

03 执行操作后，即可为视频添加滤镜效果，如图9-28所示，完成所有操作后，可点击界面右上角的“导出”按钮，将视频保存至相册。

图9-27

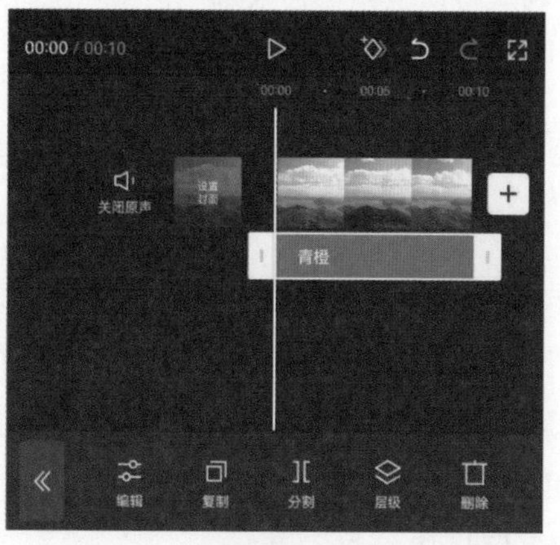

图9-28

9.2 其他功能辅助调色

在剪映中，用户不仅可以使用“调节”和“滤镜”功能来为视频调色，还可以使用其他功能来辅助调色，比如色卡调色、蒙版调色、关键帧调色等。

9.2.1　色卡调色

色卡是一种颜色预设工具，使用它来调色是非常新颖和实用的。在剪映中运用色卡调色还需设置混合模式，两者相辅相成，下面介绍使用色卡调色的具体操作。

导入视频素材后，在未选中素材的状态下点击"画中画"按钮▣，如图9–29所示，然后点击"新增画中画"按钮⊞，此处导入一张"白色"色卡，并将其在预览区放大至覆盖原画面，如图9–30所示。

选中色卡素材，点击底部工具栏中的"混合模式"按钮，如图9–31所示，打开混合模式选项栏，选择其中的"滤色"效果，并将数值设置为20，如图9–32所示。完成所有操作后，即可为画面增加一些朦胧的氛围感，使画面变得更加梦幻。

图9–29

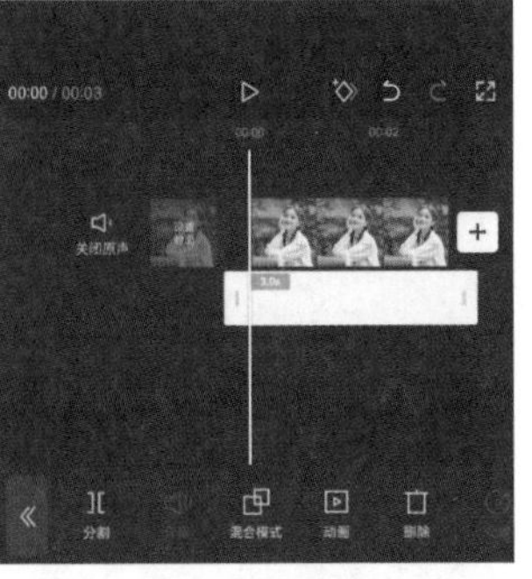

图9–30

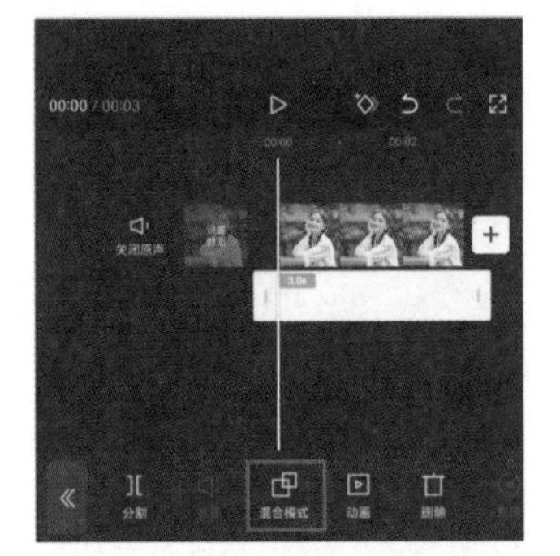

图9–31

图9–32

> **提示**　利用不同颜色的色卡便可以使画面呈现各种颜色，色卡不一定是纯色的，使用颜色混杂的色卡有时也能达到让人眼前一亮的效果。

9.2.2 蒙版调色

在剪映中运用“蒙版”功能，可以对视频进行局部调色。选择合适的蒙版形状，再配合“调节”或“滤镜”功能，就能改变画面的局部色调，下面介绍具体的操作方法。

在剪映App中导入一段背景素材后，使用“复制”功能在轨道中复制一段一模一样的素材，然后选中第一段素材，点击底部工具栏中的“滤镜”按钮，如图9-33所示。打开滤镜选项栏，选择风景选项中的“旷野”滤镜，如图9-34所示。

执行操作后，选中复制的素材，使用“切画中画”功能将其切换至画中画轨道，并将其移动至原素材的下方，选中画中画素材，点击底部工具栏中的“蒙版”按钮，如图9-35所示，打开蒙版选项栏，选择其中的“线性”蒙版，在预览区域将蒙版移动至天空和森林的交界处，并拉动按钮羽化蒙版边缘，如图9-36所示。

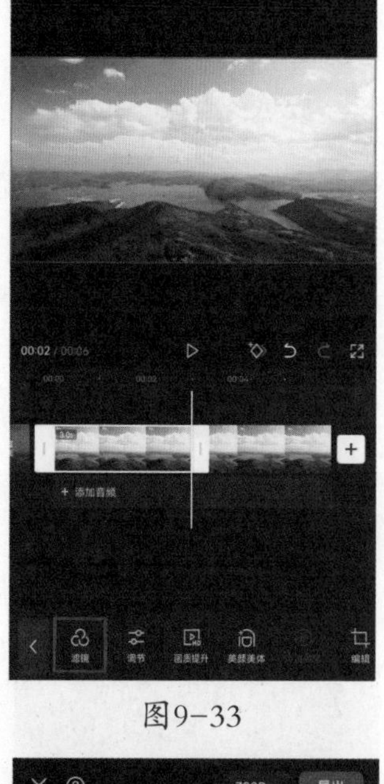

图9-33

图9-34

图9-35

图9-36

执行操作后，可以看到天空的区域呈现的是原素材的画面，而森林区域呈现的则是添加滤镜后的画面。

9.2.3　关键帧调色

色彩渐变效果可以让观众直观地感受到画面色彩的变化过程，这种效果不能通过“调节”和“滤镜”功能直接实现，而需要搭配关键帧来实现，下面介绍具体的操作方法。

在时间线区域选中一段已经添加过滤镜效果的视频素材，将时间指示器定位至视频的起始位置，点击界面中的按钮◇为其添加一个关键帧，然后打开滤镜选项栏，滑动白色圆圈滑块，将滤镜强度的数值设置为0，并点击按钮✓保存操作，如图9-37所示。

将时间指示器移动至视频的尾端，选择素材，打开滤镜选项栏，滑动白色圆圈滑块，将滤镜强度的数值设置为100。执行操作后，剪映将自动在时间指示器所在的位置添加一个关键帧，如图9-38所示。播放预览视频，可以看到视频从原画面逐渐转变为添加滤镜后的画面。

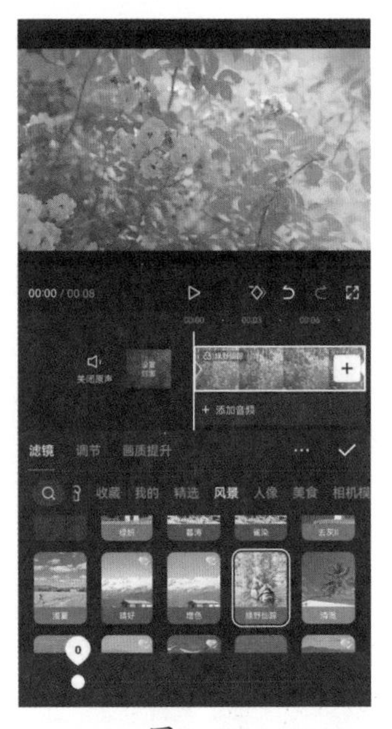

图9-37

图9-38

9.2.4　实操：梦幻海景调色

克莱因蓝又被称为“绝对之蓝”，拥有极强的视觉冲击力和氛围感

染力，也是当下极为流行的一种色调。下面将介绍克莱因蓝的调色方法，效果如图9-39所示。

图9-39

01 打开剪映，在素材添加界面选择1段海景的视频素材添加至剪辑项目中。在未选中任何素材的状态下，点击底部工具栏中的“画中画”按钮，再点击“新增画中画”按钮，如图9-40和图9-41所示。

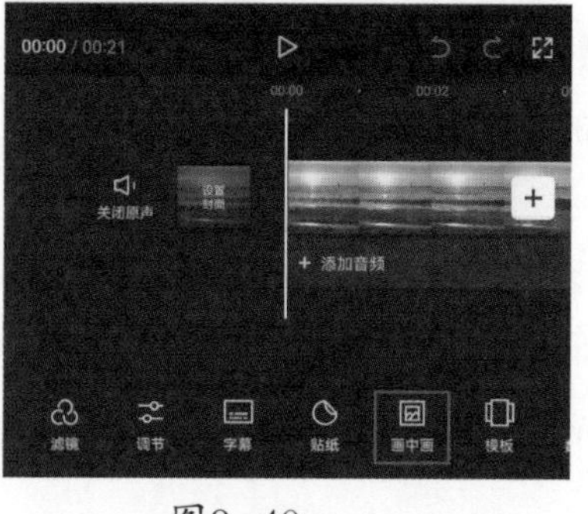

图9-40

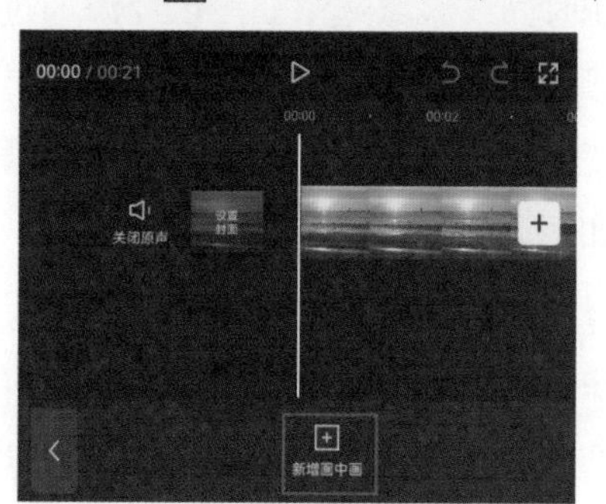

图9-41

02 在素材添加界面切换至“素材库”选项，如图9-42所示，在搜索栏中输入关键词“纯蓝色背景”，点击键盘中的“搜索”按钮，如图9-42所示，在搜索出的色卡素材中选择图9-43中的选项。

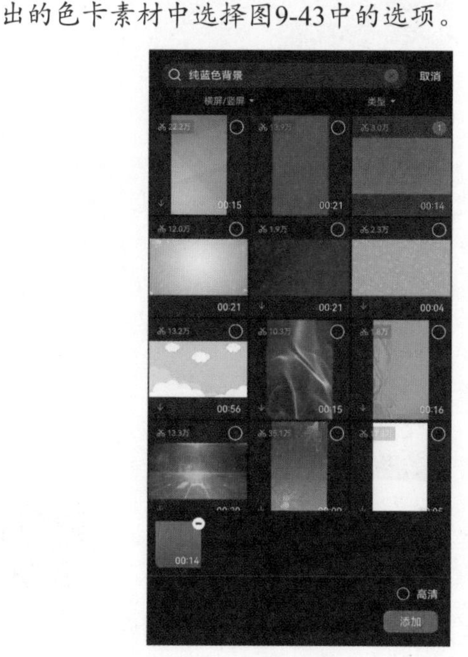

图9-42

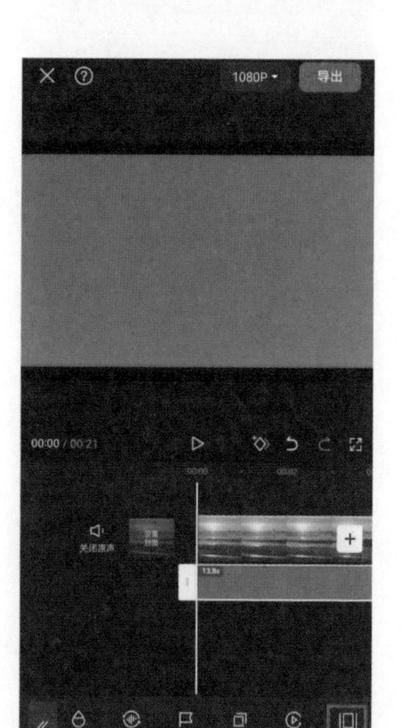

图9-43

03　将时间轴移动至视频的起始位置，选中色卡素材，在预览区域将素材放大，使其将画面全部覆盖，并点击底部工具栏中的“定格”按钮，如图9-44所示。执行操作后，轨道中即可生成一段定格片段，选中衔接在定格片段之后的色卡素材，点击底部工具栏中的“删除”按钮，如图9-45所示，将其删除。

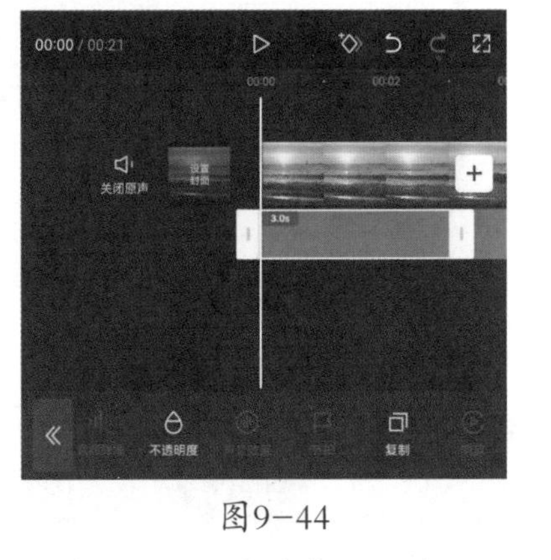

图9-44

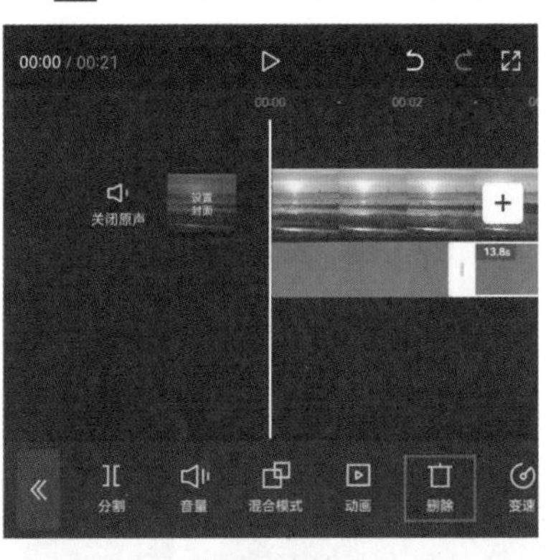

图9-45

04　在时间线区域选中定格片段，将其右侧的白色边框向右拖动，使其尾端和海景素材的尾端对齐，并点击底部工具栏中的“混合模式”按钮，如图9-46所示，打开混合模式选项栏，选择其中的“叠加”效果，点击按钮保存操作，如图9-47所示。

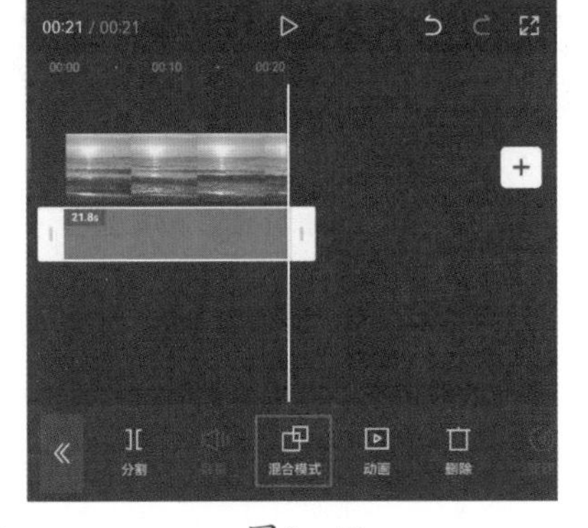

图9-46

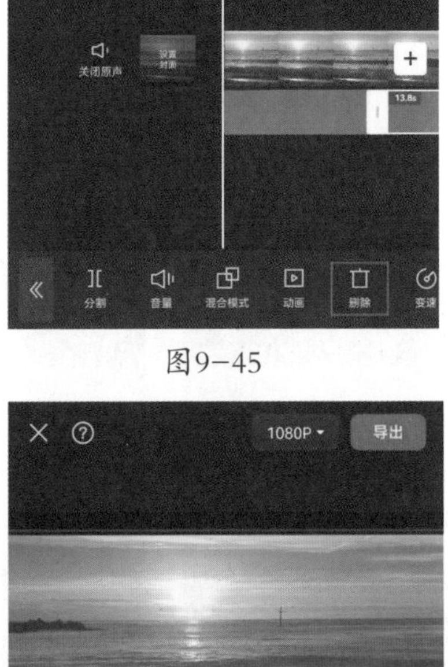

图9-47

05　在时间线区域选中定格片段，点击底部工具栏中的“不透明度”按钮，如图9-48所示，在底部浮窗中滑动不透明度滑块，将数值设置为80，点击按钮✓保存操作，如图9-49所示。

06 在时间线区域选中海景素材，点击底部工具栏中的“调节”按钮，如图9-50所示，打开调节选项栏，根据画面的实际情况，将饱和度、颗粒和暗角调到合适的数值，使画面更具氛围感，如图9-51所示。具体数值参考：饱和度-20、颗粒10、暗角6。

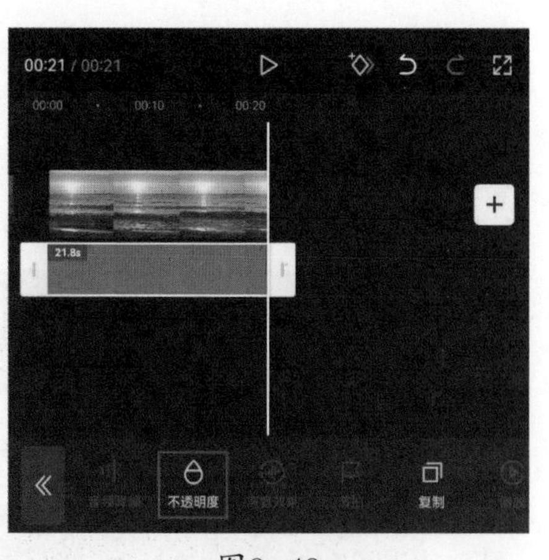

图9-48

图9-49

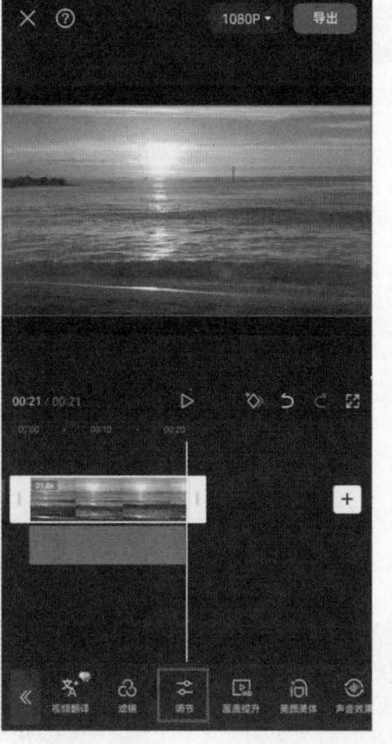

图9-50

图9-51

07 完成所有操作后，即可点击界面右上角的“导出”按钮，将视频保存至相册。

> **提示** 克莱因蓝是以艺术家克莱因名字命名的蓝色，是极致的蓝。1957年，法国艺术家Yves Klein（伊夫·克莱因）在米兰画展上展出了八幅同样大小、涂满近似群青色颜料的画板——“克莱因蓝”正式亮相于世人眼前，从此，这种色彩被正式命名为“国际克莱因蓝”（International Klein Blue，简称IKB）。

9.2.5　实操：夏日唯美漏光效果

扫码观看示例操作

小清新漏光效果是一种具有浓郁文艺气息的复古效果，适用于各种日光场景，如打造夏日唯美画面。下面将介绍小清新漏光效果的具体制作方法，效果如图9-52所示。

图9-52

01　打开剪映，在素材添加界面选择1段森林的视频素材添加至剪辑项目中。在时间线区域选中素材，点击底部工具栏中的“滤镜”按钮，如图9-53所示，打开滤镜选项栏，选择室内选项中的“潘多拉”滤镜，在界面底部滑动滑块，将其强度的数值设置为60，并点击按钮保存操作，如图9-54所示。

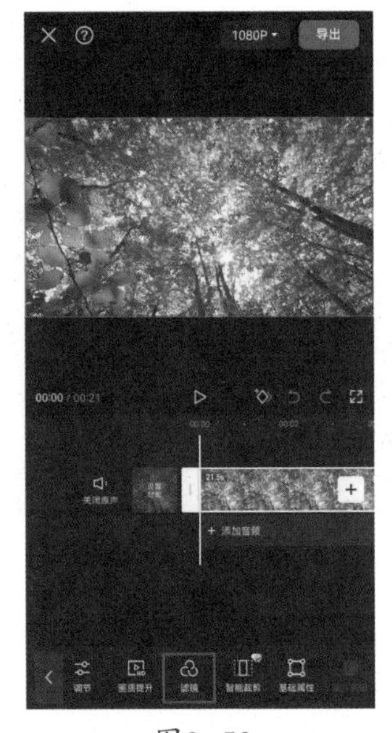

图9-53

图9-54

02　在未选中任何素材的状态下，点击底部工具栏中的“特效”按钮，如

图9-55所示，打开特效选项栏，点击其中的“画面特效”按钮，如图9-56所示。

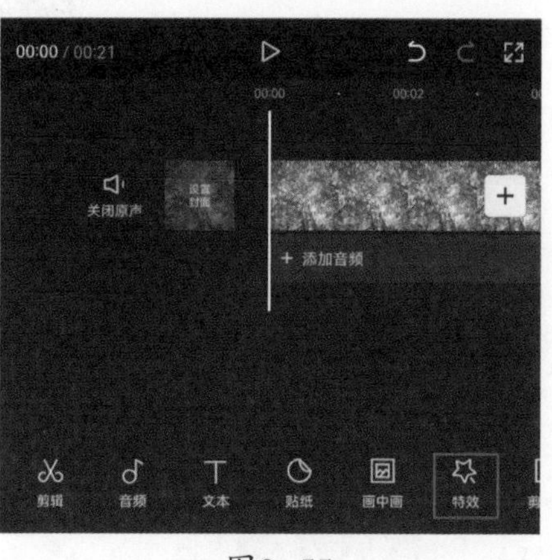

图9-55

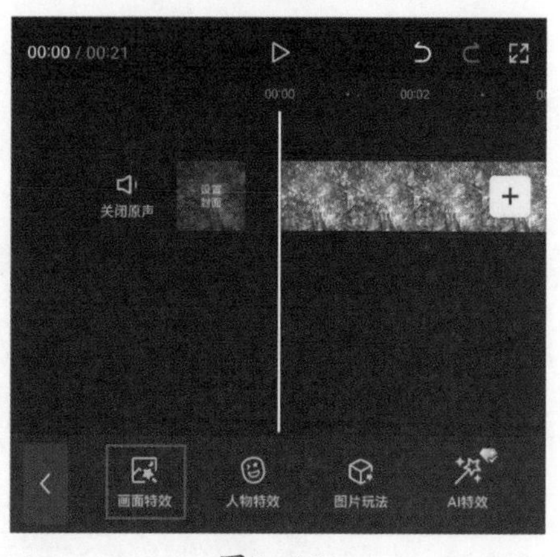

图9-56

03 打开画面特效选项栏，选择“光”选项中的“丁达尔光线”特效，点击按钮保存操作，如图9-57所示。

04 在时间线区域选中特效素材，将其右侧的白色边框向右拖动，使其尾端和视频素材的尾端对齐，如图9-58所示。

05 完成所有操作后，即可点击界面右上角的“导出”按钮，将视频保存至相册。

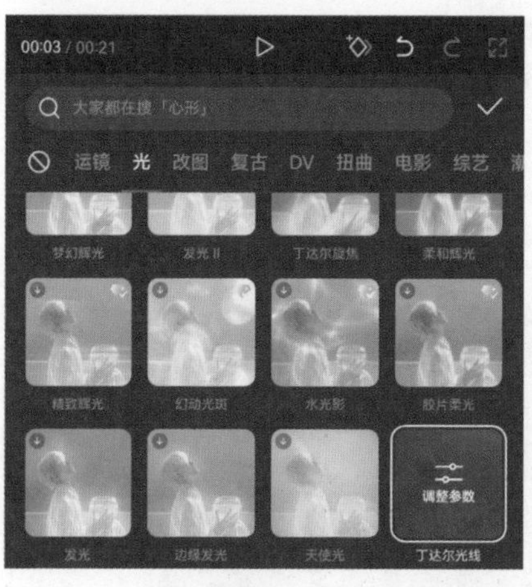

图9-57

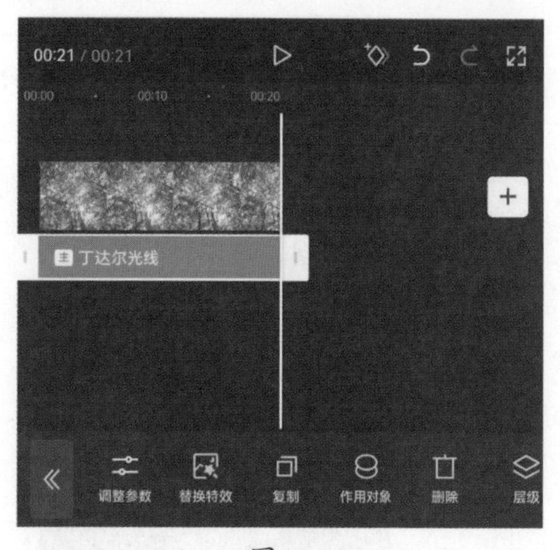

图9-58

9.3 使用剪映专业版调色

剪映专业版中的调色功能比剪映App中的更为丰富，不仅拥有剪映App的基本调节功能、曲线、滤镜和HSL等色彩调节功能，还拥有色轮、调色预设等剪映App尚未具备的功能。

9.3.1　色轮功能

剪映专业版中有四个色轮，其中前三个色轮分别调节画面中阴影、中间调和亮光区域，最后一个“偏移”色轮是对画面三个区域进行整体调整，如图9–59所示。

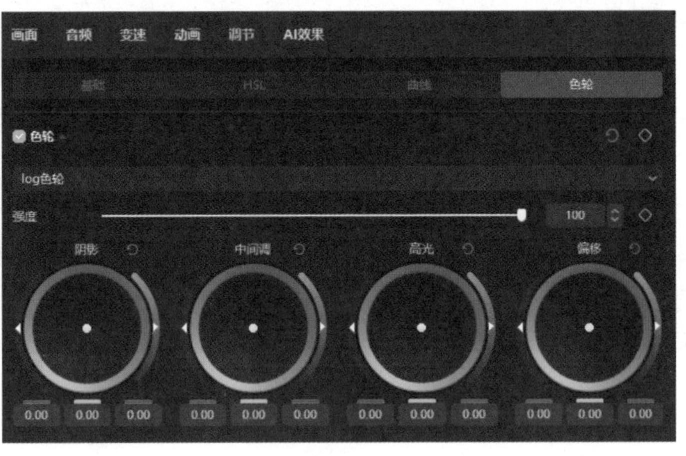

图9−59

每个色轮都可以对画面的色彩、亮度和饱和度进行调整，在调整颜色时，将色轮中心的白点往某个颜色拖动，画面的颜色就会往该颜色偏移，色轮下方的数值也会同步发生改变，改变的数值代表当前颜色调整的参数。用户也可以手动输入数值，当数值发生变化时，色轮中心的白点会随之移动，画面的颜色也会随之产生变化。

仔细观察，可以发现色轮的两侧各有一个三角形按钮，左边的按钮代表饱和度，上下滑动便能调整区域中颜色的饱和度，如图9–60所示；右边的按钮代表亮度，上下滑动便能调整区域中颜色的亮度，如图9–61所示。

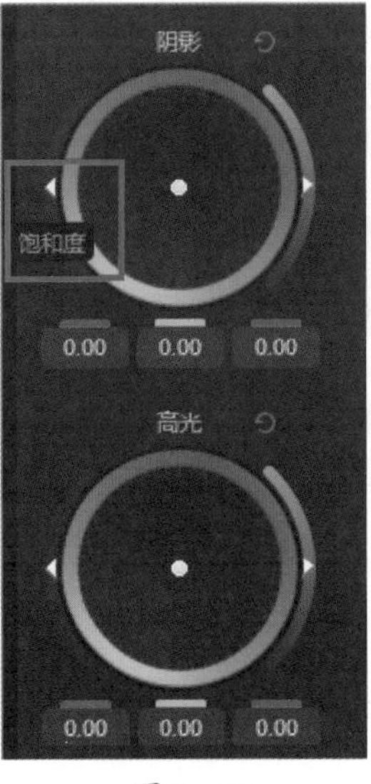

图9−60

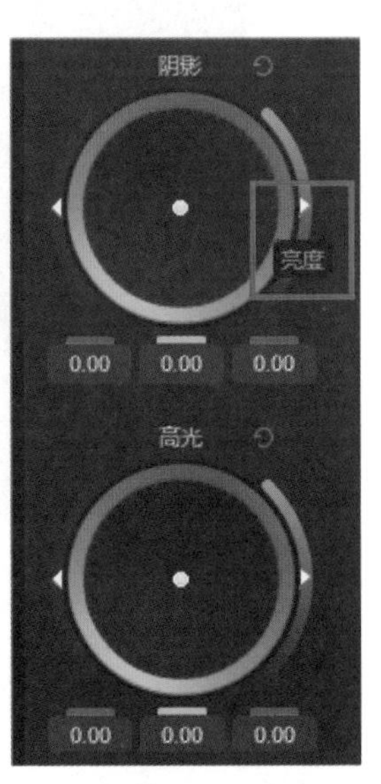

图9−61

9.3.2　调色预设

在剪映专业版中，用户在完成调色工作之后，可以单击

“保存预设”按钮，如图9-62所示，执行操作后，用户此前做的调色操作将被保存在“我的预设”选项中。

图9-62

保存预设之后，单击上方工具栏中的“调节”按钮，即可在“我的预设”选项里面看到刚刚保存的预设，即“预设调色1”。使用预设调色的方法也很简单，选中“预设调色1”，然后将其拖曳至时间线区域，置于需要进行调色的素材的上方即可，如图9-63所示。

图9-63

9.3.3 实操：枯黄草地调色

在给草地调色时，颜色的调整是非常重要的，尤其是对绿色元素的处理，这时候可以使用HSL功能对画面中的颜色进行精细处理。下面

将通过实操的方式讲解枯黄草地调色的方法，效果如图9–64所示。

图9–64

01　启动剪映专业版，在剪辑项目中导入需要进行调色的素材，并将其添加至时间线区域，选中素材，在素材调整区域单击切换至调节选项栏，如图9-65所示。

02　根据画面的实际情况，将色温、饱和度、亮度、对比度调到合适的数值，使画面变得比较清新、通透，颜色更加鲜活，具体数值参考图9-66。

图9–65

图9–66

03 切换至HSL功能，将画面中的橙色元素的饱和度数值调低至-90，如图9-67所示。

图9-67

04 将黄色元素的色相数值设置为50，如图9-68所示，将绿色元素的色相数值设置为50、饱和度数值设置为50，使画面中的绿色更加鲜明，如图9-69所示。

05 完成上述操作后，再为视频添加一首合适的背景音乐，即可单击界面右上角的“导出”按钮，将视频保存至指定位置。

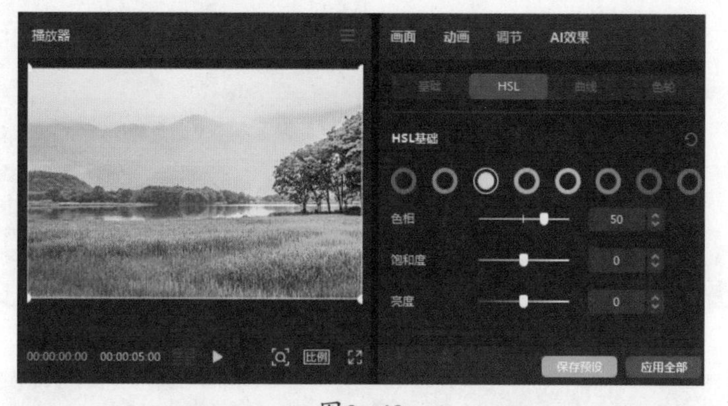

图9-68

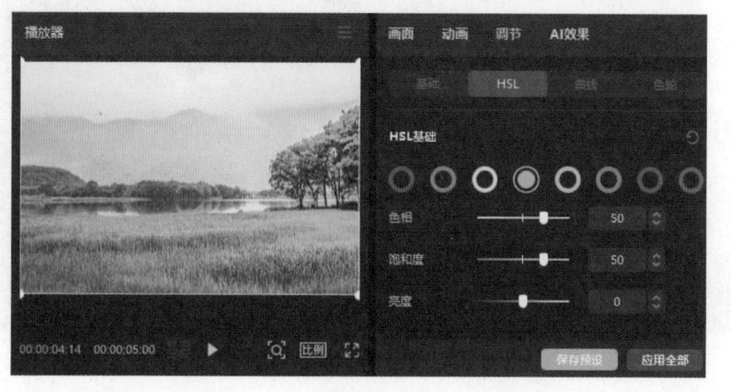

图9-69

9.3.4　实操：小清新人像调色

小清新色调明亮，风格温柔、舒缓，所以在后期调色时，通常遵循“高明度、低对比、低饱和”的原则。下面将通过实操的方式讲解小清新人像调色的方法，效果如图9-70所示。

图9-70

01　启动剪映专业版，在剪辑项目中导入需要进行调色的素材，并将其添加至时间线区域，选中素材，在素材调整区域单击切换至调节选项栏，再单击“肤色保护”按钮，如图9-71所示。

图9-71

02　单击切换至“曲线”选项栏，在亮度曲线的中间位置单击添加一个控制点，并将其微微向上拖曳，如图9-72所示。

图9-72

03 单击切换至“基础”选项，根据画面的实际情况，将色温、色调、亮度、对比度、高光调到合适的数值，使画面更加清新通透，颜色更加鲜活，具体数值参考图9-73。

04 完成所有操作后，再为视频添加一首合适的背景音乐，即可单击界面右上角的“导出”按钮，将视频保存至指定位置。

图9-73

第10章 抖音热门特效制作

特效，顾名思义，是指特殊的效果，通常是通过后期制作实现一些现实中一般不会出现的特殊效果。给视频添加特效不仅可以丰富画面元素，也可以营造视频整体氛围感、节奏感。在剪映中有非常丰富的特效，用户既可以给视频一键添加特效，也可以通过各种功能的组合应用制作出特效。本章将讲解在剪映中制作视频特效的方法。

10.1 剪映的特效功能

剪映中有非常丰富的特效，不仅可以帮助用户打造炫酷的画面效果，还可以突出画面重点、营造画面氛围、增强画面节奏感。

10.1.1 画面特效

剪映的画面特效里包含了旅行、基础、氛围、动感、DV、复古、Bling等20多种类别，如图10–1所示，画面特效可以很好地帮助用户点缀和装饰视频画面。

以画面特效中的“复古”类别为例，在该类别中，用户可以选择录像带、监控、电视纹理、色差默片、荧幕噪点、色差故障等特殊效果，这类特效主要是通过在画面中添加一种朦胧感或噪点质地，使画面呈现出一种浓烈的复古氛围，非常适合在制作一些纪录片或街访短片时使用，图10–2为应用“放映滚动”特效之后的画面效果。

图10–1

图10–2

10.1.2 人物特效

剪映的人物特效里包含了情绪、头饰、身体、克隆、挡脸、装饰、环绕等10多种类别，如图10–3所示，人物特效可以很好地帮助用户点缀和装饰视频中的人物，帮助用户打造炫酷且综艺感十足的视频效果。

以人物特效中的“情绪”类别为例，在该类别中，用户可以选择笑、哭、生气、气炸了、害羞、灵机一动、憔悴等特殊效果，这类特效主要是通过在人物身上或周围添加文字和特殊符号，来突出和衬托人物的情绪或心理状态，使视频变得生动形象且趣味十足。图10–4为应用“大头”特效之后的画面效果。

图10-3

图10-4

10.1.3　图片玩法

剪映的图片玩法里面包含了运镜、AI写真、表情、分割、场景变换等类别，如图10-5所示，里面为用户提供了很多抖音上的热门特效，如立体相册、漫画写真、AI绘画、3D运镜、性别反转等，图10-6为应用“漫画写真”特效之后的画面效果。

如果用户仔细观察，可以发现“图片玩法”里面的分类和特效与“抖音玩法”之中的高度雷同，实际上，“图片玩法”的应用方法与效果呈现与“抖音玩法”是一致的，二者之间的区别在于，图片玩法只能在图像素材上应用，而在抖音玩法中，有一部分特效支持在视频素材上应用。

图10-5

图10-6

10.1.4　抖音玩法

在剪映的抖音玩法里集合了抖音平台当下比较潮流的一些玩法，如立体相册、性别反转、3D运镜等，用户只需导入素材，即可一键应用效果，生成视频。

“抖音玩法”的应用在抖音上很常见，其操作方法也很简单，下面将通过人物立体相册效果的制作，来讲解这项功能的具体应用方法。

首先，在剪辑项目中导入一张需要使用的人物图像素材，然后在时间线区域选中该素材，点击底部工具栏中的“抖音玩法”按钮，在效果选项栏中选择“立体相册”，如图10-7和图10-8所示。

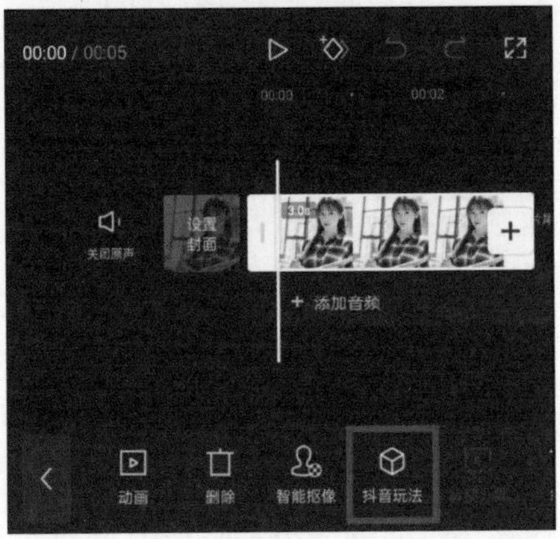

图10-7

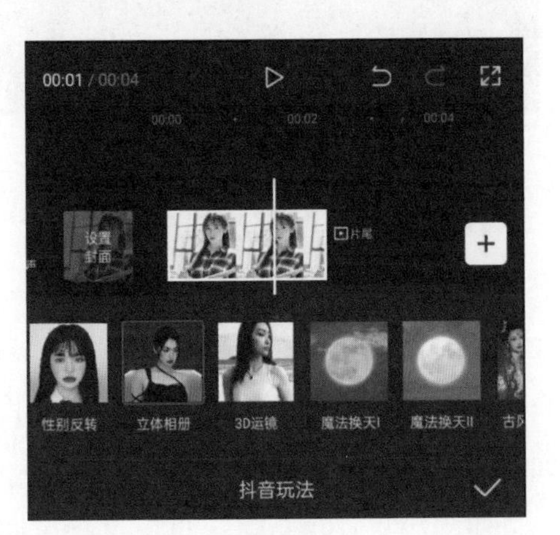

图10-8

等待片刻，剪映即会自动合成立体相册效果，最后，点击界面右下角的按钮，即可保存操作。图10-9为“立体相册”效果的示意图。

图10-9

10.1.5 实操：制作闪光变速效果

在下面将通实操的方式讲解使用抖音玩法制作闪光变速效果的方法，效果如图10-10所示。

扫码观看示例操作

图10−10

01　打开剪映App，进入素材添加界面，选择一段视频素材添加至剪辑项目中。打开音频选项栏，点击其中的“音乐”按钮，如图10-11所示，进入剪映音乐素材库，在卡点选项栏中选择图10-12中所示的音乐。

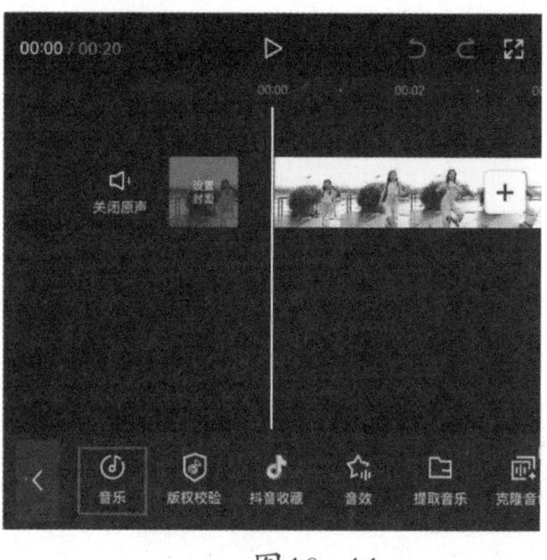

图10−11

图10−12

02　在时间线区域选中视频素材，点击工具栏中的“抖音玩法”按钮，如图10-13所示，打开抖音玩法选项栏，选择变速卡点选项中的“闪光”选项，如图10-14所示。

03　完成所有操作后，即可点击“导出”按钮，将视频保存至相册。

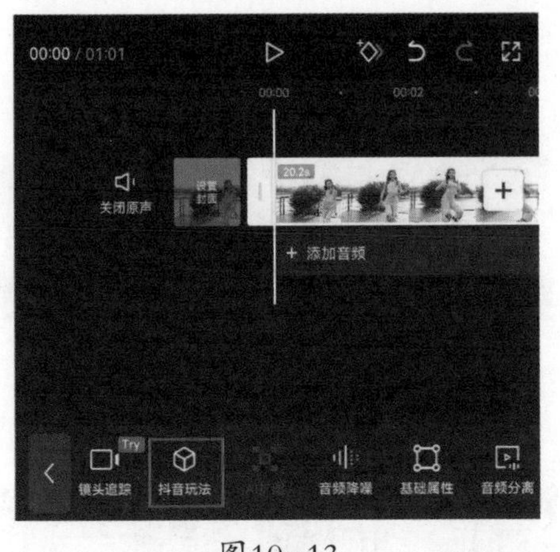

图10-13

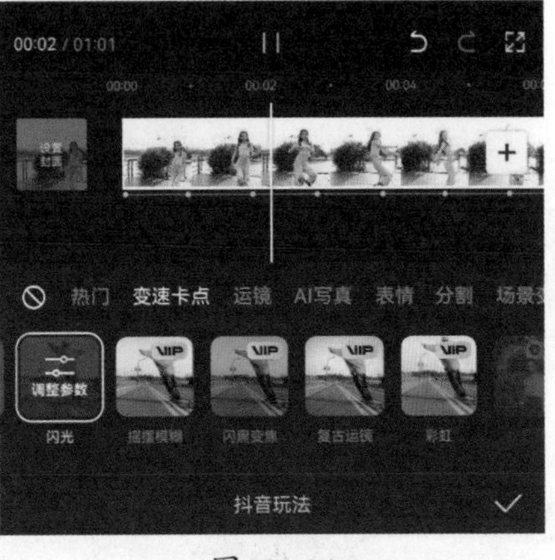

图10-14

10.1.6　实操：制作人物大头特效

在短视频和综艺里经常看见大头特效，在剪映中，可以通过添加人物特效中的“大头”效果来制作。下面将通过实操的方式讲解使用人物特效制作大头效果的方法，视频效果如图10–15所示。

图10–15

01　打开剪映App，进入素材添加界面，选择一段视频素材添加至剪辑项目中。在未选中任何素材的状态下，点击底部工具栏中的“特效”按钮，如图10-16所示，打开特效选项栏，选择其中的“人物特效”按钮，如图10-17所示。

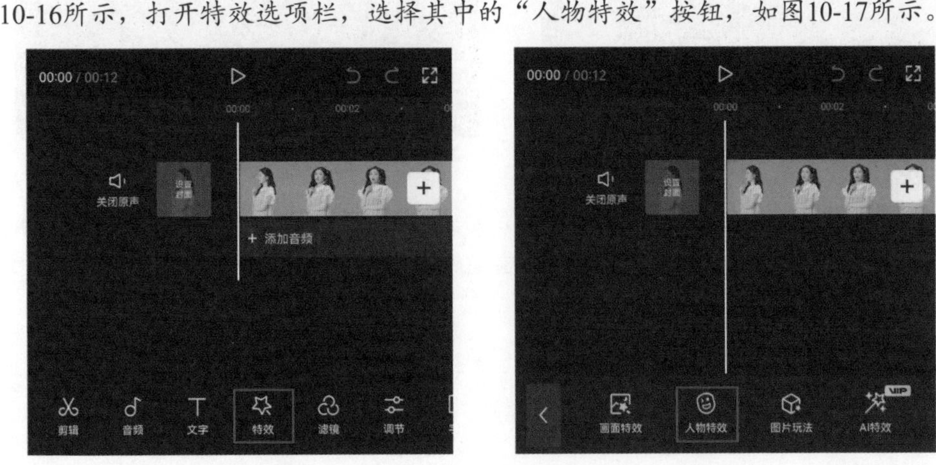

图10–16

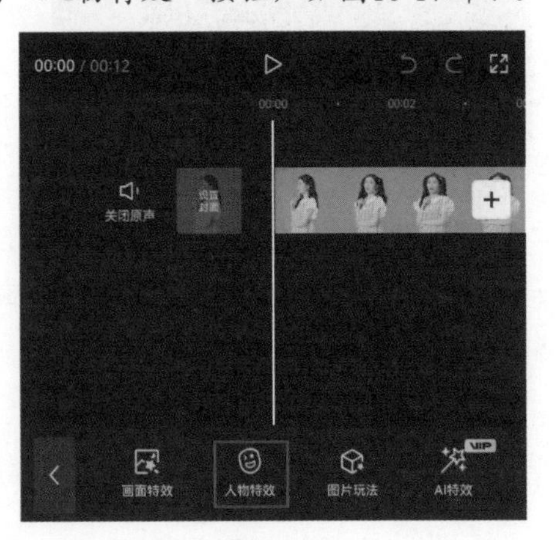

图10–17

02 打开人物特效选项栏，选择“情绪”选项中的“大头”效果并保存操作，如图10-18所示。

03 在时间线区域选中特效素材，将其右侧的白色边框向右拖动，使其长度和视频素材的长度保持一致，如图10-19所示。

04 完成上述操作后，即可点击“导出”按钮，将视频保存至相册。

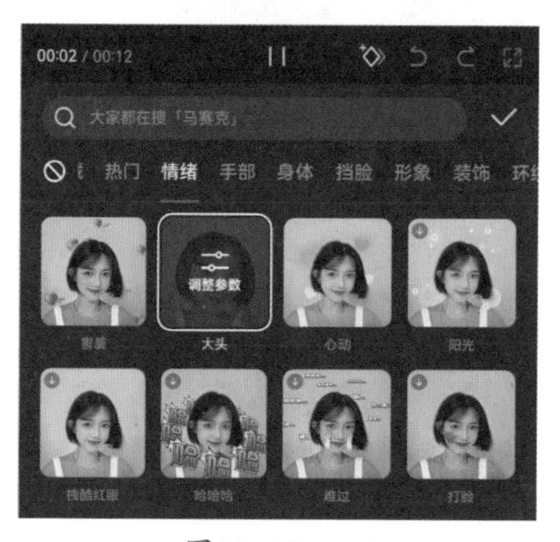

图10-18

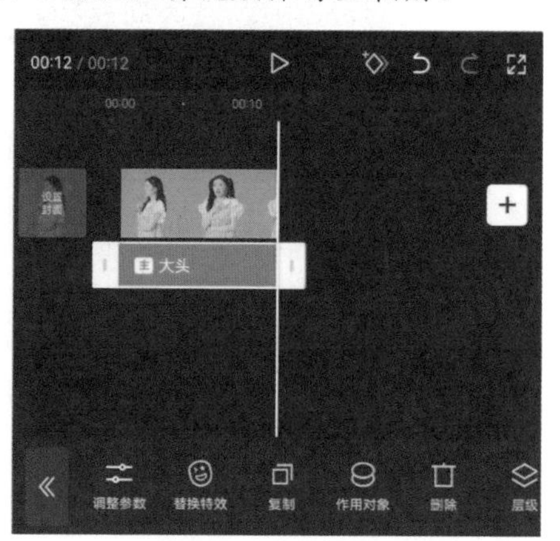

图10-19

10.1.7　实操：制作3D运镜效果

在剪映中，为图像素材添加运镜效果，可以使静止的画面动起来。下面将通过实操的方式讲解制作3D运镜效果的方法，效果如图10-20所示。

扫码观看示例操作

图10-20

01 打开剪映App，点击“开始创作”按钮，如图10-21所示，进入素材添加界面，选择6张图像素材，点击“添加”按钮，如图10-22所示。

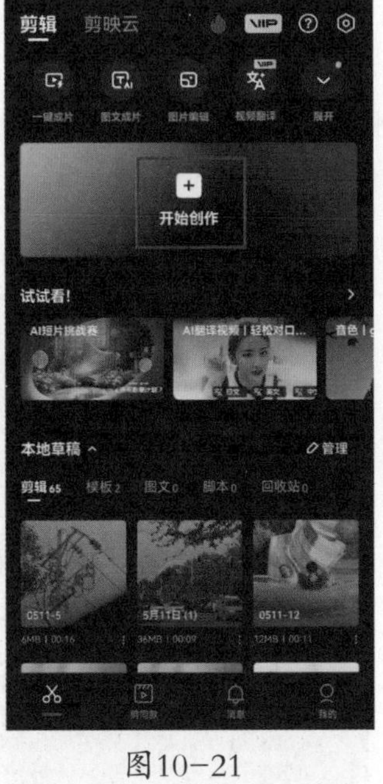

图10-21

图10-22

02 进入视频编辑界面，在未选择任何素材的状态下，点击底部工具栏中的“特效”按钮，如图10-23所示，打开特效选项栏，点击其中的“图片玩法”按钮，如图10-24所示。

图10-23　　图10-24

03 打开“图片玩法”选项栏，选择“运镜”选项中的“3D运镜”效果，如图10-25所示，在时间线面板选中第2段素材，再次选择“运镜”选项中的“3D运镜”效果，如图10-26所示，将效果应用至第2段素材上。

04 参照步骤03的操作方法，为余下素材添加“3D运镜”效果。

05　完成上述操作后，再为视频添加一首合适的背景音乐，即可点击界面右上角的“导出”按钮，将视频保存至相册。

图10-25

图10-26

10.1.8　实操：制作AI魔法变身效果

在剪映App中，为素材添加AI绘画效果再结合氛围特效，可以制作出唯美的变身效果，下面将通过实操的方式讲解使用剪映App制作AI特效变身视频的方法，效果如图10-27所示。

扫码观看示例操作

图10-27

01 打开剪映App，在素材添加界面选择一张个人写真照添加至剪辑项目中。在时间线区域选中素材，点击底部工具栏中的“复制”按钮，在轨道中复制一段一模一样的素材，如图10-28和图10-29所示。

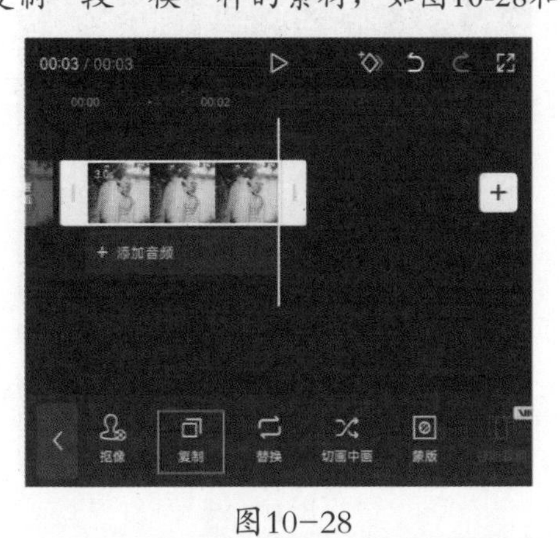

图10-28

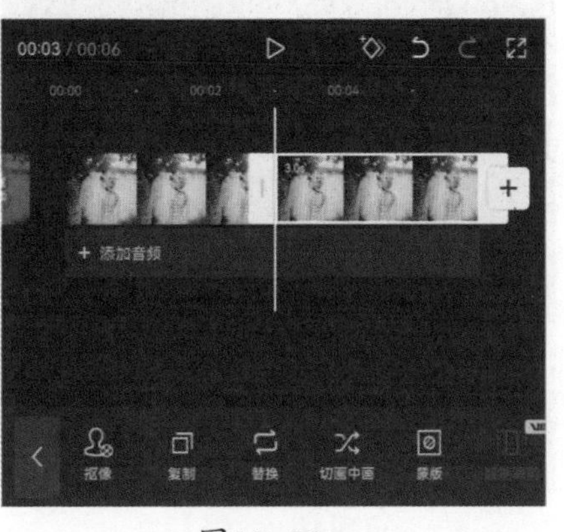

图10-29

02 在时间线区域选中第一段素材，将其右侧的白色边框向右拖动，使素材的时长延长至3.5s，如图10-30所示。参照上述操作方法，将第2段素材的时长延长至5.0s，如图10-31所示。

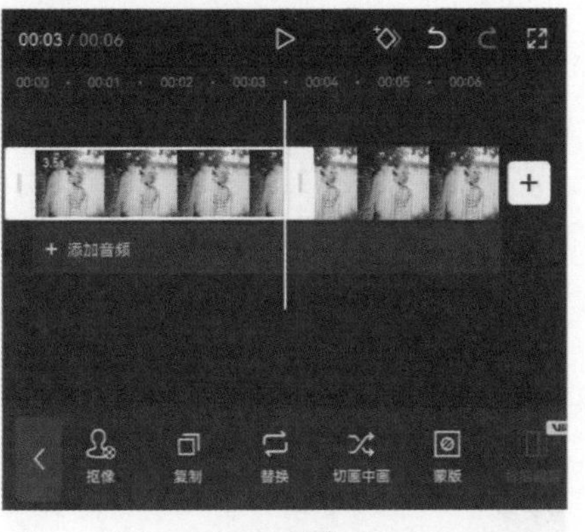

图10-30

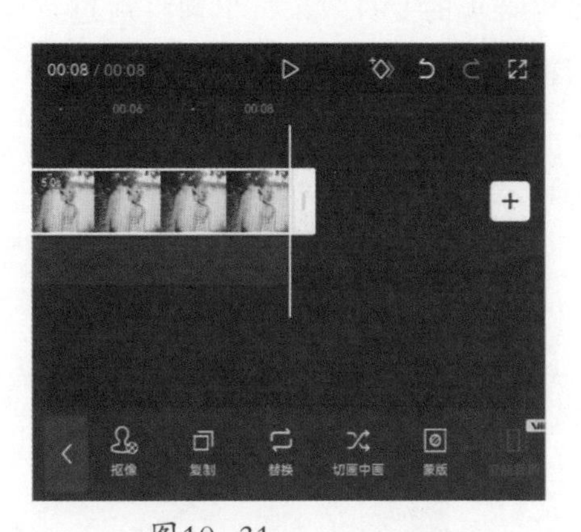

图10-31

03 在时间线区域选中第2段素材，点击底部工具栏中的“抖音玩法”按钮，如图10-32所示，在“AI绘画”选项中选择“神明”效果，并点击按钮保存操作，如图10-33所示。

04 将时间指示器移动至第2段素材的起始位置，在未选中任何素材的状态下，点击底部工具栏中的“特效”按钮，如图10-34所示，打开特效选项栏，点击其中的“画面特效”按钮，如图10-35所示。

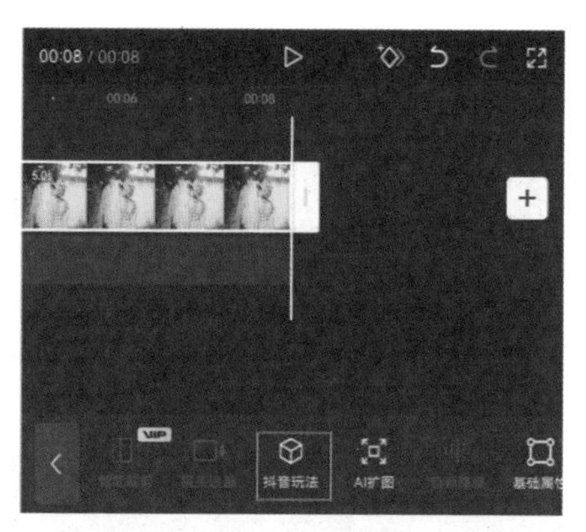

图10-32

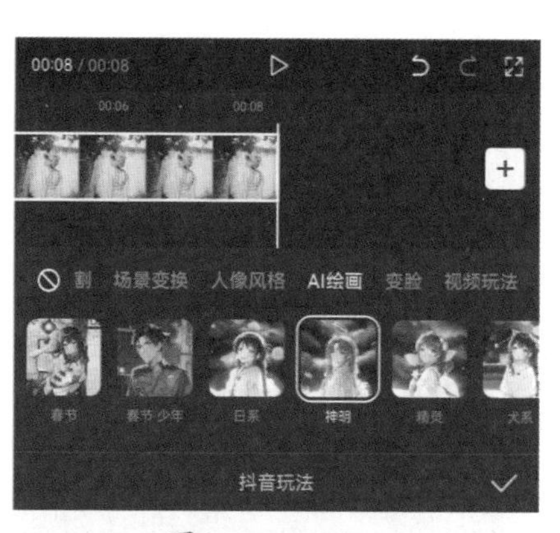

图10-33

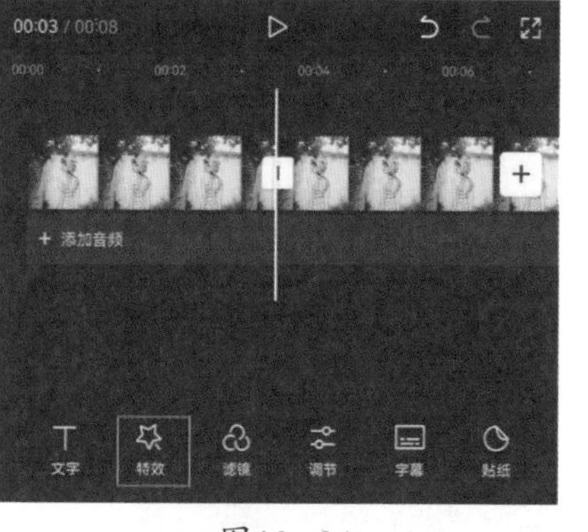

图10-34

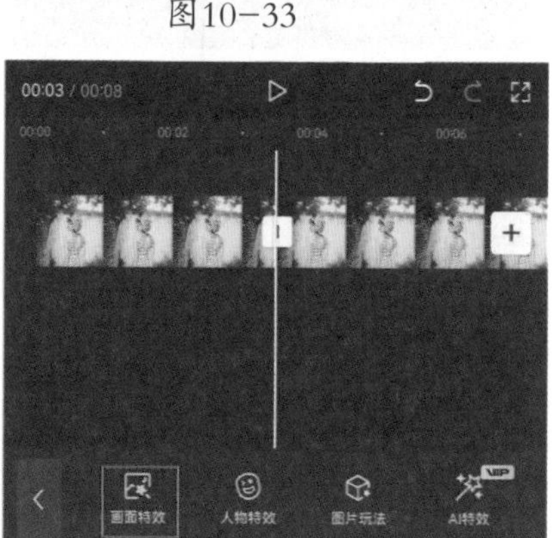

图10-35

05　打开“画面特效”选项栏，选择“氛围”选项中的“梦蝶”特效，并点击按钮✓保存操作，如图10-36所示。执行操作后，参照步骤02中的方法将特效素材延长，使其尾端和第2段素材的尾端对齐，如图10-37所示。

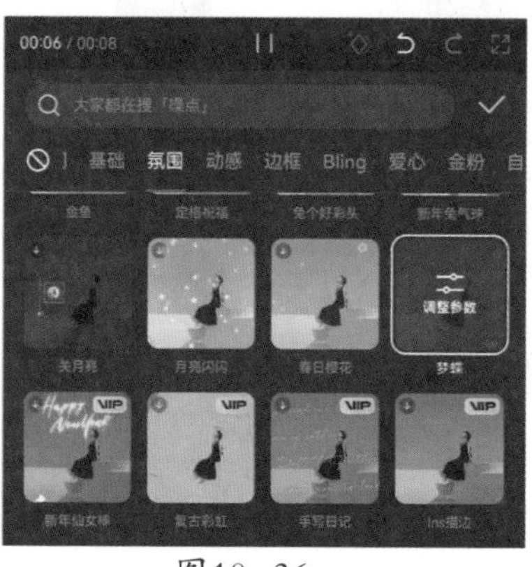

图10-36

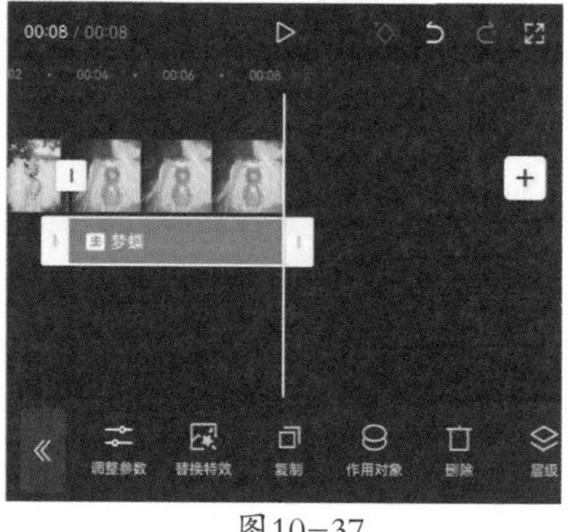

图10-37

06　参照步骤04和步骤05的操作方法，为第2段素材添加其他特效，如图

10-38所示，在第1段素材的起始位置添加“模糊开幕”特效，如图10-39所示。

图10-38

图10-39

07　将时间指示器移动至视频的起始位置，选中第1段素材，点击界面中的按钮，打一个关键帧，如图10-40所示。再将时间轴移动至素材的尾端，在预览区域双指背向滑动，将画面放大，剪映将会自动在时间指示器所在的位置打上一个关键帧，如图10-41所示。

08　完成上述操作后，再为视频添加一首合适的背景音乐，即可点击界面右上角的“导出”按钮，将视频保存至相册。

图10-40　　　　图10-41

10.2　剪映专业版中的AI效果

剪映专业版的素材调整区域有一个AI效果选项，展开该选项栏，可以看到AI特效和玩法两个选项，勾选任意一个选项，即可打开该功能，进行效果制作，但两者不能同时使用。

10.2.1　AI特效

启动剪映专业版，在剪辑项目中导入一段素材，在选中素材的状态下，在素材调整区域切换至AI效果选项栏，勾选AI特效选项，执行操作后，用户可以看到轻厚涂、油画、漫画Ⅰ、漫画Ⅱ等9种效果，用户可以选择其中的任意一种效果，这里以“油画”效果为例，完成选择后，下面将出现一段风格描述词，可以使用剪映推荐的描述词，也可以自己输入新的描述词，然后单击“生成”按钮，如图10–42所示。

图10−42

执行开始，稍等片刻，剪映即可根据导入的素材和风格描述词，生成4种油画效果，如图10–43所示，用户可以单击选择任意一种效果应用至剪辑项目中。

图10−43

10.2.2 玩法

启动剪映专业版，在剪辑项目中导入一段素材，在选中素材的状态下，在素材调整区域切换至玩法选项栏，勾选玩法选项，执行操作后，用户可以看到执行、运镜、AI写真、表情、分割等10种类别，如图10-44所示，用户可以单击选择其中的任意一种类别。

图10-44

这里以人像风格这一类别为例，单击选择人像风格，可以看到该类别中有漫画写真、3D游戏、复古、美漫、魔法变身、萌漫、剪纸等9种效果，用户可以单击选择其中任意一种效果应用至剪辑项目中，如图10-45所示。

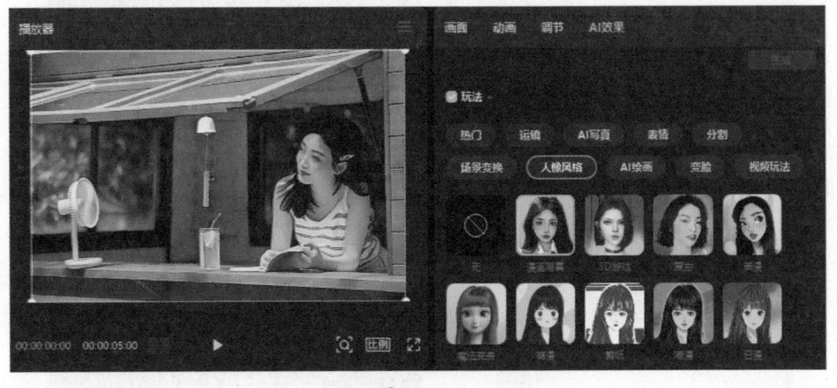

图10-45

10.2.3 实操：将真人变漫画

在剪映专业版中使用玩法功能，再结合关键帧功能，可以制作出真人变漫画人物的效果，下面将通过实操的方式讲解在剪映专业版中将真人变漫画人物的方法，效果如图10-46所示。

扫码观看示例操作

图10-46

01　启动剪映专业版，在剪辑项目中导入一段素材，在选中素材的状态下，在素材调整区域切换至玩法选项栏，勾选玩法选项，在“人像风格”类别中选择“漫画写真”效果，如图10-47所示。

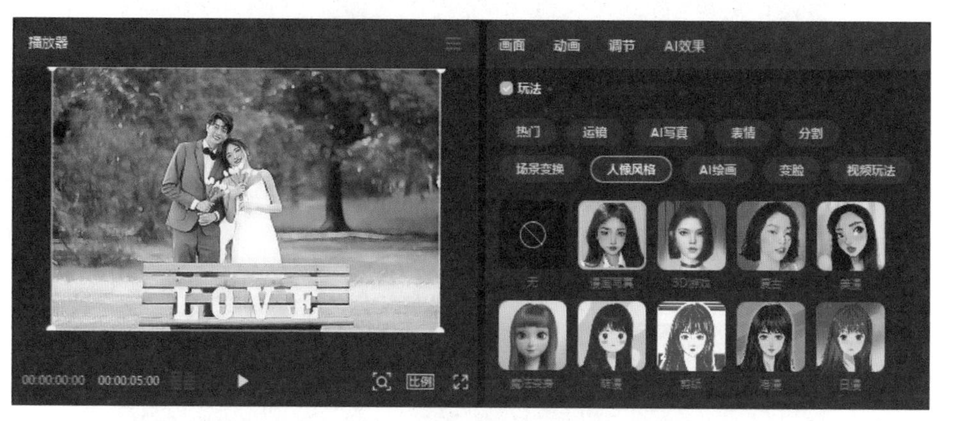

图10-47

02　在时间线区域将素材向上复制一层，如图10-48所示，选中复制的素材，展开AI效果选项栏，取消勾选玩法选项，如图10-49所示。

图10-48

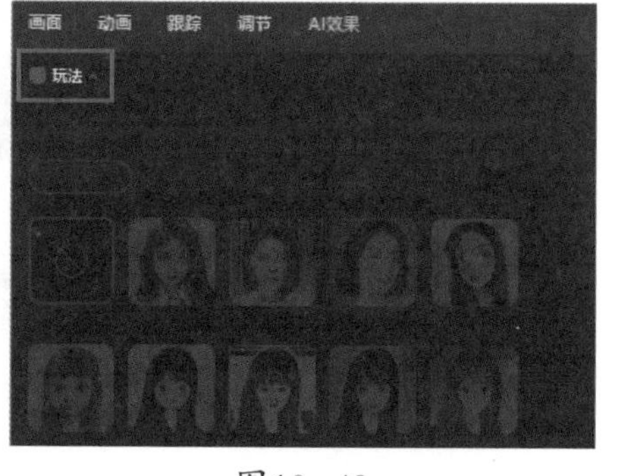

图10-49

03 将时间指示器移动至视频的起始位置，在素材调整区域切换至画面选项栏，再单击“蒙版”选项，选择其中的“线性蒙版”，在播放器的预览区域将蒙版旋转90°，移动至画面的最左侧，并单击位置选项右侧的“关键帧”按钮，在时间指示器所在的位置添加一个关键帧，如图10-50所示。

图10−50

04 将时间指示器移动至视频的尾端，在播放器的预览区域将蒙版移动至画面的最右侧，剪映将自动在时间指示器的位置添加一个关键帧，如图10-51所示。

05 完成所有操作后，再为视频添加一首合适的音乐，即可单击界面右上角的“导出”按钮，将视频保存至指定位置。

图10−51

10.2.4 实操：AI时空穿越效果

剪映专业版中内置了很多AI效果，合理地运用这些效果，可以打造出非常震撼的视频特效。下面将通过实操的方式讲解制作AI时空穿越效果的方法，效果如图10−52所示。

扫码观看示例操作

图10-52

01　启动剪映专业版软件，进入视频编辑界面，在“媒体池”面板中单击“导入”按钮，如图10-53所示，打开“请选择媒体资源”对话框，进入素材所在的文件夹，选择需要使用的素材文件，单击“打开”按钮，如图10-54所示。

图10-53

图10-54

02　在本地素材库中选中素材，按住鼠标左键将其拖曳至时间线面板，如图10-55所示。

03　在选中素材的状态下，在素材调整区域切换至“AI效果”，勾选“玩法”选项，选择其中的“时空穿越”效果，如图10-56所示，执行操作后，稍等片刻，即可制作出AI时空穿越效果。

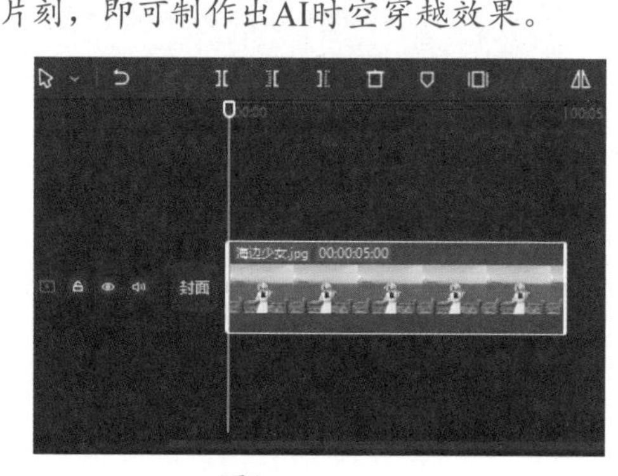

图10-55

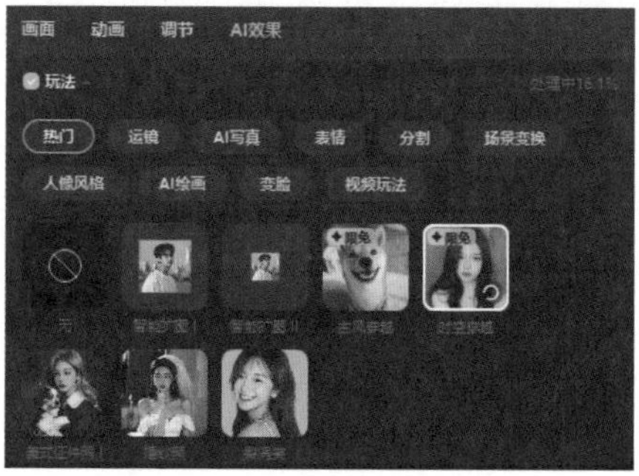

图10-56

04 完成所有操作后，再为视频添加一首合适的音乐，即可单击界面右上角的“导出”按钮，将视频保存至指定位置。

10.2.5 实操：利用DeepSeek等AI工具制作特效海报图

扫码观看示例操作

使用剪映专业版中的漫画效果，可以制作出漫画写真图。下面将通过实操的方式讲解在剪映专业版中制作AI特效海报图的方法，效果如图10–57所示。

图10–57

01 启动剪映专业版，在剪辑项目中导入一段写真素材，将其添加至时间线区域并将时长缩短至00:00:03:22，将时间指示器移动至00:00:00:22处，点击工具栏中的“分割”按钮，如图10-58所示。

02 执行操作后，即可在时间指示器所在的位置对素材进行分割，如图10-59所示。

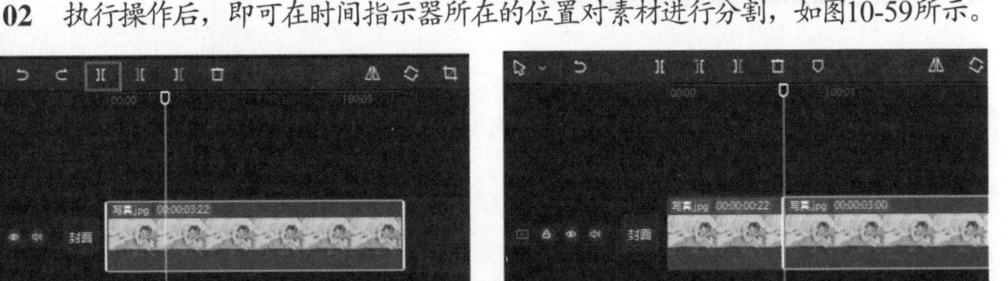

图10–58　　图10–59

03 选中分割出的后半段素材，在素材调整区域切换至“AI效果”，勾选“玩法”选项，选择“人像风格”类别中的“复古漫画”效果，如图10-60所示。

04 切换至动画选项栏，选择入场选项中的“水墨”效果，并将动画时长设置3.0s，如图10-61所示。

05 将时间指示器移动至两段素材的中间位置，单击顶部菜单栏中的“转场”按钮，打开转场效果选项栏，选中“叠化”选项中的“闪白”效果，如

图10-62所示，将其拖曳至时间指示器所在的位置。

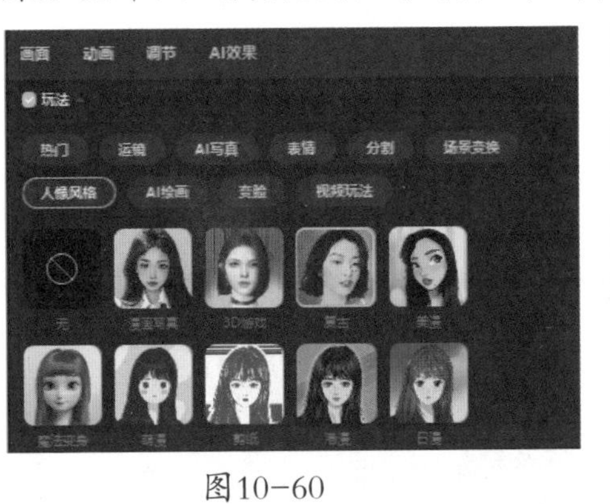

图10-60

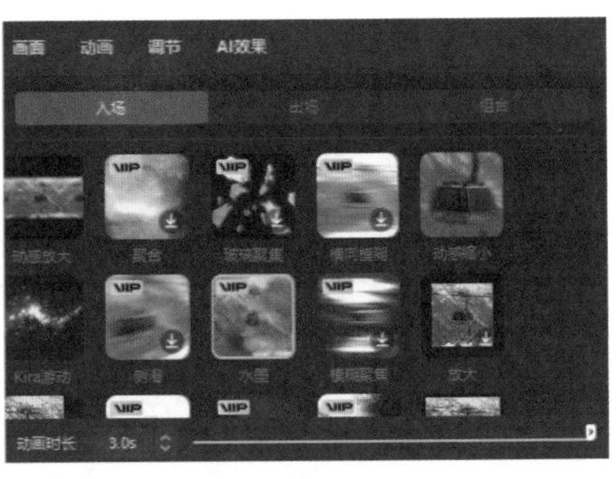

图10-61

06　单击顶部菜单栏中的“文本”按钮TI，打开文本选项栏，在“片头标题”选项中选择图10-63中的字幕，将其添加至第2段素材的上方。

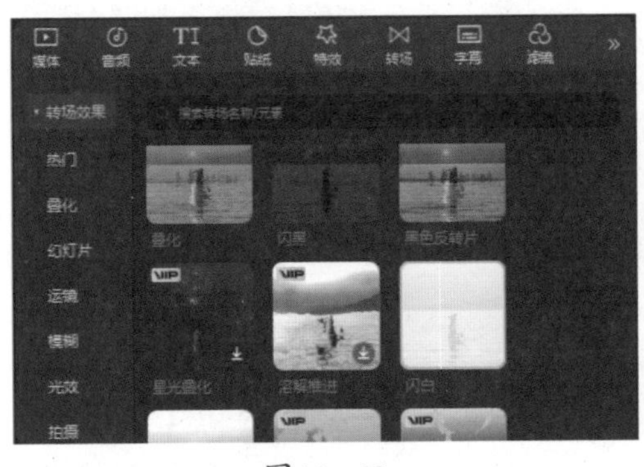

图10-62

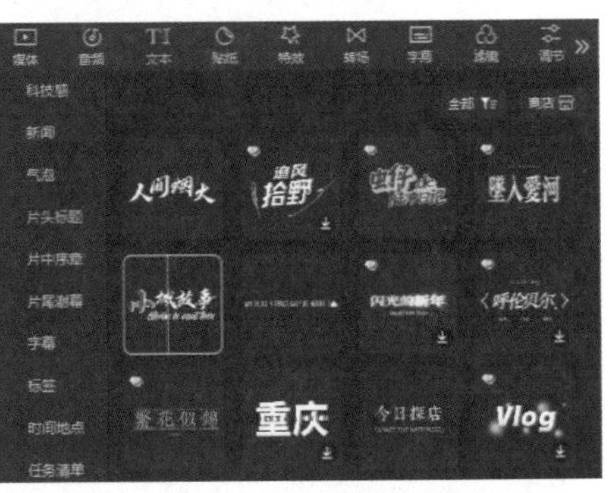

图10-63

07　选中文字素材，并将文本内容替换为新的文字，也可以利用DeepSeek重新生成或优化内容，结果如图10-64所示，并将07第1段文本的描边颜色设置为黑色，将粗细的数值设置为4如图10-65所示，将第3段文本的字体设置为“苍耳小丸子”，将颜色设置为灰色，如图10-66所示。

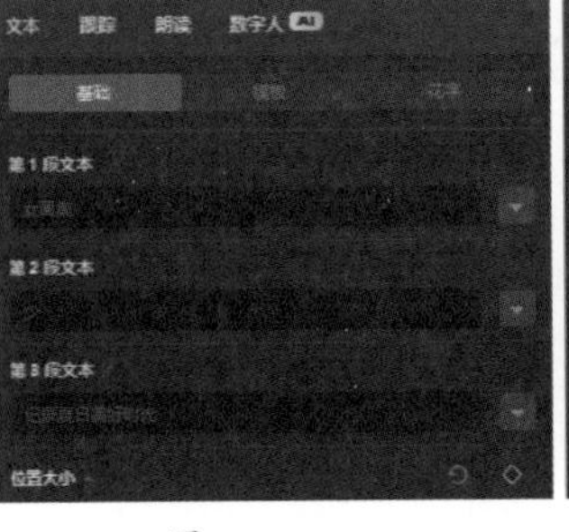

图10-64

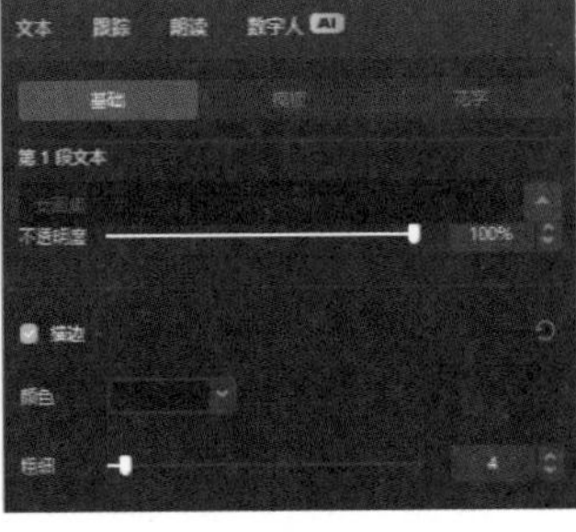

图10-65

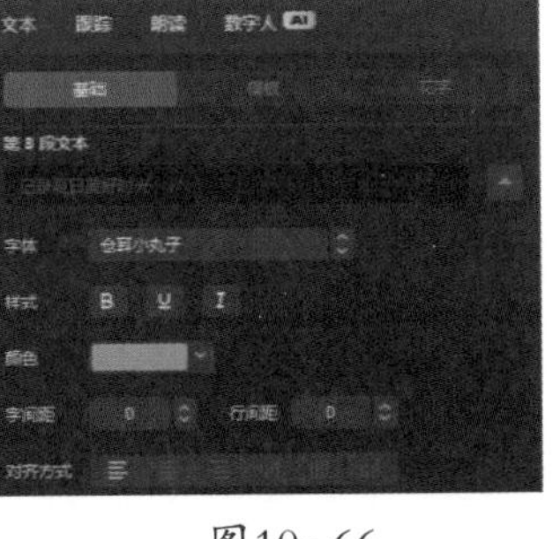

图10-66

08 在时间线区域选中文字素材，在播放器的显示器区域将字幕缩小并置于画面的左下方，如图10-67所示。

09 将时间指示器移动至两段素材的中间位置，单击顶部菜单栏中的“特效”按钮，打开特效选项栏，选中“光”选项中的“柔光”特效，如图10-68所示。

图10-67

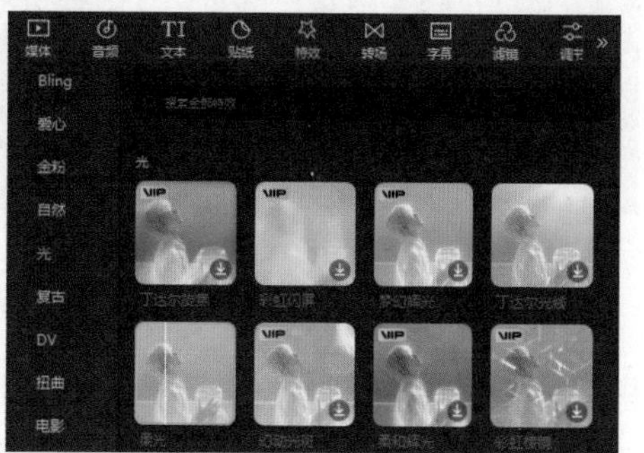

图10-68

10 按住鼠标左键，将选择的特效拖曳至时间线区域，并将其延长至和视频同长，如图10-69所示。

11 完成所有操作后，再为视频添加一首合适的音乐，即可单击界面右上角的“导出”按钮，将视频保存至指定位置。

图10-69

综合案例篇
（结合DeepSeek使用）

第11章 动态相册剪辑实操

动态相册具有传统相册无法比拟的优越性，即图、文、声、像并茂的表现手法，可随意修改编辑的功能，快速的检索方式，以及永不褪色的恒久保存特性、廉价复制分发的优越手段。动态相册的内容并不局限于摄影照片，也可以包括各种艺术创作图片。

11.1　动态相册制作要点

动态相册与传统相册相比更加方便，且交互性强，因此现在很多人都会选择将照片做成动态相册。一般来说，动态相册的制作要点有以下几点。

1. 选择合适的照片

选择具有共同主题或故事线的照片，这样制作出的动态相册才能连贯且吸引人，而且要确保照片清晰度高，色彩鲜艳，避免使用模糊或质量不佳的照片。

2. 规划布局与节奏

在制作前，可以添加一张参照图（如十二宫格图），以便更好地规划照片的布局。剪辑时要根据动态相册的时长和照片数量，合理安排每张照片的展示时间，确保整体节奏流畅。

3. 音乐要与主题相符

选择一段与动态相册主题相符的音乐，这样能够增强观看体验与视频感染力。如果需要制作卡点效果，可以使用软件的自动踩点功能，使照片的变化与音乐节奏相匹配，使动态相册更加生动自然。

4. 图片编辑与调整

对照片进行必要的编辑，如调整图片比例、裁剪、旋转等，以确保它们在动态相册中呈现最佳效果，而且每一张素材都要与布局图对齐，确保良好的视觉效果。

5. 添加背景与抠像

为动态相册选择一个合适的背景，可以是纯色背景或具有特定图案的背景，但需要注意的是，背景尽量简洁一些，且颜色和图案都不能与照片风格冲突。

11.2　动态相册案例解析

本节将以双屏滚动相册和动态翻页相册的制作过程为例，讲解动态相册的制作方法，帮助读者充分掌握动态相册的制作技巧。

11.2.1　制作双屏滚动相册

扫码观看
示例操作

本案例将介绍双屏滚动相册的制作方法，帮助读者充分掌握双屏滚动相册的制作技巧，效果如图11-1所示。

图11-1

案例制作解析

1）使用“背景”和“画中画”功能在预览区域调整素材位置。

2）使用“关键帧”功能制作滚动效果。

3）使用蒙版控制素材的显示区域，制作白边效果。

4）添加一首合适的音乐，增强视频感染力。

11.2.2　制作动态翻页相册

扫码观看示例操作

本案例将介绍动态翻页相册的制作方法，帮助读者充分掌握动态翻页相册的制作技巧，效果如图11-2所示。

图11-2

案例制作解析

1）使用“画中画”和“蒙版”制作画册页面效果。

2）添加“特效”制作白色边框效果。

3）添加“动画”制作翻页效果。

4）添加背景音乐和音效，增强视频感染力。

第12章

Vlog视频剪辑实操

Vlog的全称是VideoBlog，是视频博客和视频日记的意思，主要就是以视频为载体记录日常生活，以影像代替文字或照片，上传后与网友分享。创作者通过拍摄视频记录日常生活，这类创作者被称为Vlogger。Vlog视频大致可以分为两大类：生活记录Vlog和旅拍类Vlog。

12.1　Vlog视频制作要点

随着互联网的不断发展，视频和Vlog流行是大势所趋，因为视频比文字更能展现风采，拉近与观众的距离。将一次旅行的过程或者周末的活动记录下来，甚至是一些生活经验的分享，都可以算作Vlog。一般来说，Vlog视频的制作要点有以下几点。

1. 素材整理与筛选

很多Vlog的素材通常会比较细碎，为了方便后续的剪辑工作，可以将拍摄好的素材按照主题、场景或时间顺序进行分类整理，然后再根据视频的主题和剪辑思路，筛选出有价值的素材，去除无关或冗余的部分。

2. 剪辑与编排

按照剪辑思路，将筛选出的素材进行拼接，形成初步的视频框架，要注意控制视频的节奏，确保每个片段的时长和过渡自然流畅，避免观众感到拖沓或跳跃。

3. 调色与美颜

对视频进行色彩校正，确保画面色彩准确、饱满，保持视频整体风格的统一性。如果Vlog中涉及人物出镜，可以对人物进行适当的美颜处理，提升视觉效果，但要注意保持自然度，避免过度美化导致失真。

4. 音频处理

为Vlog添加合适的背景音乐，可以增强氛围感和感染力。背景音乐的选择应与视频主题和情绪相契合，还可以在需要的地方添加音效，如环境声、动作声等，以增加视频的真实感和沉浸感。

12.2　Vlog视频案例解析

本节将以日常碎片Vlog和高级旅拍Vlog的制作过程为例，讲解Vlog视频的制作方法，帮助读者充分掌握Vlog视频的制作技巧。

12.2.1　制作日常碎片Vlog

本案例将介绍日常碎片Vlog的制作方法，帮助读者充分掌握日常碎片Vlog的制作技巧，效果如图12-1所示。

扫码观看
示例操作

图12-1

> **提示** 用户可在Vlog中加入生活感悟类文案，通过DeepSeek直接生成或优化已有内容。例如：输入“生成‘珍惜时间’的Vlog结尾文案”或“优化‘时间很宝贵’文案增强感染力”，即可获得适用于开头/结尾的优质文本，使内容更具表现力。

案例制作解析

1）导入背景音乐并添加节拍点。

2）根据音乐节拍点对素材进行粗剪。

3）导入画中画素材制作分屏效果。

4）添加字幕和贴纸丰富视频画面。

12.2.2 制作高级旅拍Vlog

扫码观看示例操作

本案例将介绍高级旅拍Vlog的制作方法，帮助读者充分掌握高级旅拍Vlog的制作技巧，效果如图12-2所示。

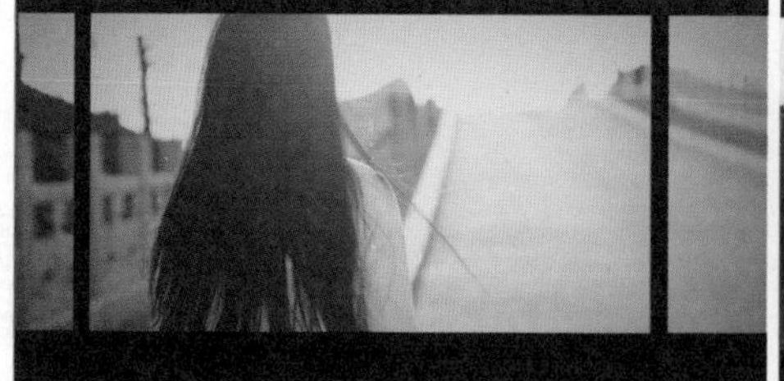

图12-2

提示 旅拍 Vlog 呈现方式多样，有的靠精美画面吸睛，有的借文案与画面融合引发共鸣。用户可按需添加文案。若需文案，可依视频风格在 DeepSeek 生成匹配内容。比如拍海边日落，输入“请为海边日落旅拍视频生成突出宁静治愈感的文案”；拍古城探秘，输入“请为古城探秘旅拍视频生成突出文化历史厚重感的文案”。DeepSeek 会生成适配文案，助力用户表达核心主题。

案例制作解析

1）根据音乐节拍点对素材进行粗剪。

2）添加转场效果使视频过渡更自然。

3）使用添加字幕和贴纸丰富视频画面。

4）添加特效和字幕使视频效果更丰富。

第13章

广告视频剪辑实操

广告视频，也称为视频广告，是一种通过视频形式进行产品或服务推广的媒介。广告视频可以分为传统视频广告和移动视频广告两大类。传统视频广告通常是在电视、电影院或其他传统媒体平台上播放的，而移动视频广告则主要在手机、平板电脑等移动设备上进行展示。随着移动互联网的普及和发展，移动视频广告逐渐成为广告市场的重要组成部分。

13.1　广告视频制作要点

广告视频结合了视觉、听觉和动态元素，能够以生动、直观的方式向观众传达广告信息，随着互联网的发展，深受广大广告主和商家的青睐。一般来说，广告视频的制作要点有以下几点。

1. 强化广告主题

后期制作需要紧密围绕广告主题进行，确保广告的信息在剪辑、特效、音效等各个环节中得到充分体现和强化，不能偏离主题。

2. 视频节奏要流畅

在剪辑过程中，必须确保视频的节奏连贯、流畅。画面切换、音乐节奏等应与广告的整体氛围和节奏相匹配，避免让观众感到突兀或混乱。通过合理的剪辑和安排，确保广告中的信息能够清晰、准确地传达给观众。

3. 画面质感与色彩统一

保持画面质感的一致，确保整个广告视频在视觉上具有统一性和协调性。色彩是影响观众视觉感受的重要因素。在后期制作中，应注意色彩的协调性，且色彩要符合广告的主题和风格，避免突兀感。

4. 音效与画面的匹配

选择与广告内容、画面相匹配的音效，增强广告的氛围和感染力，且要确保音效与画面的节奏、动作等协调一致，使观众在观看广告时能够获得更好的视听体验。

13.2　广告视频案例解析

本节将以饮品广告视频和潮流女包广告的制作过程为例，讲解广告视频的制作方法，帮助读者充分掌握广告视频的制作技巧。

13.2.1　制作饮品广告视频

本案例将介绍饮品广告视频的制作方法，帮助读者充分掌握饮品广告视频的制作技巧，效果如图13-1所示。

扫码观看
示例操作

图13-1

提示 广告文案类型丰富多样，用户可根据视频类型和营销目标选择合适的文案风格。无论是新品上市、促销活动、产品介绍还是使用教程，都可以通过DeepSeek快速生成。如你正在推广一款咖啡店的新品“焦糖玛奇朵”，只需在DeepSeek中输入关键词“焦糖玛奇朵、新品上市、咖啡、香甜、优惠”，并选择“轻松活泼”的语言风格，DeepSeek就会根据你的需求生成精准匹配的文案。

案例制作解析

1）导入视频素材进行粗剪。

2）添加特效和转场丰富视频画面。

3）添加滤镜为视频调色。

4）添加字幕完善视频信息。

13.2.2 制作潮流女包广告

扫码观看示例操作

本案例将介绍潮流女包广告的制作方法，帮助读者充分掌握潮流女包广告的制作技巧，效果如图13-2所示。

图13-2

提示　用户在创作外语文案时，如果使用DeepSeek生成，可以在提问时明确指出需要英语文案，DeepSeek会直接生成相应的英文内容。此外，DeepSeek还支持生成其他语言的文案，满足用户的多样化需求。

案例制作解析

1）导入素材进行粗剪。

2）调整视频画面并添加转场效果。

3）使用调节功能为视频调色。

4）添加特效和贴纸丰富视频画面。

5）添加字幕完善视频效果。

第14章

综艺感短片剪辑实操

一个综艺节目是否好看，除看主持人和嘉宾的发挥外，后期剪辑也有着不容小觑的作用，优秀的综艺剪辑能够把控节奏，突出亮点，制造悬念，赋予节目戏剧张力，吸引观众眼球。

14.1 综艺感短片制作要点

综艺感剪辑能把原本平平无奇的视频片段组合在一起，使其变得妙趣横生且符合逻辑。一般来说，综艺感短片的制作要点有以下几点。

1. 筛选素材

在剪辑时，浏览视频素材，从中寻找比较有趣、有亮点的镜头，比如演员无意间做出的有趣的“小动作”、露出的可爱或滑稽的表情、具有节目效果的意外失误等。找到这些镜头，并将它们分割提取出来，方便后面对它们进行包装制作，然后删除余下片段中重复、冗长的镜头，避免观众感到无聊。

2. 包装高光片段

精彩的片段能够轻松抓住观众的视线，给观众留下深刻的印象。在剪辑综艺感短片时，需要重点对高光片段进行包装处理，使制作出的视频能够提起观众兴趣，留下深刻的印象。

3. 丰富视觉效果

在搭建好视频框架并完成高光片段的制作后，需要继续丰富视频的视觉效果，可以浏览画面，在合适的位置加上花字、贴纸和特效，使视频画面显得更加生动有趣。同时可以在画面切换、出现突发情况等位置，加上合适的音效，给观众提供音效深刻的视听体验。

14.2 综艺感短片案例解析

本节将以旅行综艺片头和综艺人物介绍的制作过程为例，讲解综艺感短片的制作方法，帮助读者充分掌握综艺感短片的制作技巧。

14.2.1 制作旅行综艺片头

本案例将介绍旅行综艺片头的制作方法，帮助读者充分掌握旅行综艺片头的制作技巧，效果如图14-1所示。

图14-1

案例制作解析

1）导入素材粗剪并添加转场效果。

2）导入画中画素材并制作人物抠像效果。

3）使用圆形蒙版调整画面显示区域。

4）添加贴纸和字幕丰富视频效果。

14.2.2 制作综艺人物介绍

扫码观看示例操作

本案例将介绍综艺人物介绍的制作方法，帮助读者充分掌握综艺人物介绍的制作技巧，效果如图14-2所示。

图14-2

案例制作解析

1）导入素材制作人物抠像效果。

2）添加贴纸丰富视频效果。

3）添加字幕完善人物信息。

4）添加音乐增强视频感染力。